# 金蝶K/3

## 财务软件实用教程

### ·全程视频教学+图解讲析+技巧实验·

武新华　李防　张晓新　等编著

机械工业出版社
China Machine Press

本书以实际应用为主线，以如何进行账务系统处理为基石，全面介绍了金蝶 K/3 财务软件 12.0 版的账务处理实务流程和以总账系统为基础的设计案例。采用了以实例操作流程导入会计实务范例的讲解方式，是既涉及会计电算化的基础知识，又涉及如何使用会计电算化软件进行实际操作的典型流程实例。这是作为一个现代会计人员或计算机人员以及经贸管理人员所必须掌握的知识。

　　本书主要包括金蝶 K/3 财务软件 12.0 版的安装、总账系统应用技术、会计报表系统应用技术、工资核算系统应用技术、固定资产系统应用技术、应收款管理系统应用技术、应付款管理系统应用技术等内容，每部分均配有相应的具体操作步骤。全文采用图文并茂的方式，逻辑流程脉络清晰、内容衔接紧密，具有极强的整体感。每章的软件应用部分还提供样本案例，以供广大学习者上机演练。

**图书在版编目（CIP）数据**

金蝶 K/3 财务软件实用教程/武新华等编著. —北京：机械工业出版社，2010.5

ISBN 978-7-111-30424-1

Ⅰ. 金… Ⅱ. 武… Ⅲ. 会计-应用软件-教材　Ⅳ. F232

中国版本图书馆 CIP 数据核字（2010）第 070765 号

机械工业出版社（北京市西城区百万庄大街 22 号　邮政编码　100037）

责任编辑：邵朝怡

北京京师印务有限公司印刷

2010 年 6 月第 1 版第 1 次印刷

184mm×260mm・22 印张

标准书号：ISBN 978-7-111-30424-1

　　　　　　ISBN 978-7-89451-506-3（光盘）

定价：39.80 元（附光盘）

凡购本书，如有缺页、倒页、脱页，由本社发行部调换

客服热线：（010）88378991；88361066

购书热线：（010）68326294；88379649；68995259

投稿热线：（010）88379604

读者信箱：hzjsj@hzbook.com

# 前　言

随着国家税务总局对会计电算化工作的要求不断提高和企业为实行现代化管理的需要，财务软件的应用平台、开发技术和功能体系不断更新，企事业单位对会计电算化人才的需求也越来越多，要求也越来越高。财务软件应用不仅是高校财会类专业学生的必修课程，也是从事会计工作的各类人员所必须掌握的内容。

## 为什么写这本书

作为企业运营的"命脉"，财务软件的稳定性怎么样，其所具备的功能是否能够适应企业日益发展的业务需求，是否具备了易操作性和可延展性等通用软件的基本要素等，这一切都将是每一个财务工作者所要面临的首要问题。

作为国家金税工程的主推财务软件，金蝶软件的市场潜力不容小觑，由此而引发的潜在读者自然也不容小视。为照顾初学者，我们特编写此书，尽力做到以图例讲解代替大段枯燥的文字说教，使得各个层面的读者，甚至是那些从未接触过财务管理软件和没有多少财务软件操作经验的读者，也能够在阅读本书后轻松入门。

## 关于本书

本书以配图、图释、标注、指引线框等丰富的图解手段，再辅以浅显易懂的语言，不但介绍了金蝶 K/3 财务处理的一般方法、步骤，而且可使读者在了解日常财务处理方法的前提下，注重对操作技巧的剖析，使读者在遇到不同的财务疑难问题时，能够尽可能地做到心中有数，采取相关的方法来制定相应措施。

## 本书特色

本书以情景教学、案例驱动与任务进阶为鲜明特色，在书中可以看到一个个生动的情景案例。通过完成一个个实践任务，读者可以轻松掌握各种知识点，在不知不觉中快速提升实战技能。

- 情景教学：紧扣"理论+实战　图文+视频=全面提升学习效率！"的主导思想，采用最为通俗易懂的图文解说，为读者阐述操作流程。
- 案例驱动：盘点金蝶 K/3 财务软件最新版本技术，并详述范例完整操作过程，便于读者实战演练。
- 任务进阶：详细分析每一个操作案例，以帮助读者用更少的时间尽快掌握用友财务软件的操作，并对实战过程中的常见问题作必要的说明与解答。

本书融知识性、实用性、真实性于一体，采用了以实例操作流程导入会计实务范例的讲解方式，既涉及会计电算化的基础知识，又涉及如何使用会计电算化软件进行实际操作的典型流程实例。

## 读者定位

本书作为一本面向广大财务工作者的速查手册，适合于以下读者学习使用。

- 电脑爱好者、想提高电脑使用技能的读者
- 具备一定财务知识基础和用友财务软件使用基础的读者
- 公司管理人员
- 喜欢财务工作的网友
- 大中专院校相关学生

## 光盘使用说明

本书所附 DVD 光盘提供了完整的账务处理教学视频，汇集了众多财务高手的操作精华，通过增加读者对日常财务处理感性认识的方式，使读者实现高效学习。

## 读者服务

本书由众多经验丰富的高校教师编写，其中大多长期从事财务管理工作，同时也得到了众多网友的支持。参与编写本书的老师有：王英英（第 1 章）、陈艳艳（第 2 章）、李防（第 3、4、5 章）、杨平（第 6 章）、王肖苗（第 7 章）、张晓新（第 8 章）、郑静（第 9 章）、王丽平（第 10 章），最后由武新华统审全稿。我们虽满腔热情，但水平有限，书中难免有失误、遗漏之处，因此，如发现本书中有不妥或需要改进之处，可通过访问 http://www.newtop01.com 或 QQ：274648972 与笔者进行沟通，笔者将衷心感谢提供建议的读者，并真心希望在和广大读者互动的过程中能得到提高，在此致谢！

编　者
2010 年 5 月

# 目　　录

# 第 1 章

# 金蝶 K/3 V12.0 安装流程

**主要内容：**

- ◉ 金蝶 K/3 V12.0 系统概述
- ◉ 安装金蝶 K/3 V12.0

　　本章首先介绍了金蝶 K/3 V12.0 系统的基础知识，包括金蝶 K/3 V12.0 系统的特性、安全性等，然后介绍了安装金蝶 K/3 V12.0 的软硬件环境以及安装流程、方法等，有助于读者对金蝶 K/3 V12.0 系统有一个全面了解。

## 1.1　金蝶 K/3 V12.0 系统概述

金蝶 K/3 成长版 V12.0 是金蝶公司为满足小型企业的业务需要，基于 K/3 和微软公司的 Windows DNA 技术体系架构研发而成，以三层结构技术为基石，实现了大型分布式应用的系统。

金蝶 K/3ERP 通过 K/3 BOS 的业务配置功能，可实现模块、功能、单据、流程、报表、语言、应用场景和集成应用等环节的灵活配置，帮助企业实现个性化管理需求的快速部署；还可通过 K/3 BOS 集成开发，快速实现新增功能的定制开发和第三方系统的紧密集成，支持系统的灵活扩展与平滑升级，最大程度地保护企业信息化投资，降低总体拥有成本（TCO）。

### 1.1.1　金蝶 K/3 管理理念

金蝶 K/3 ERP 系统在帮助企业实现业务应用的基础上，进一步提出"让管理精细化"的产品理念，从管理方法、流程控制、管理对象等方面，引导企业从常规管理迈向深入应用，使企业在激烈的竞争环境中，不断提升边际利润，实现企业的卓越价值，使基业长青。

- 管理方法精细化。金蝶 K/3 ERP 针对不同业务领域、不同行业应用、不同管理模式，将日成本管理、作业成本管理、车间工序管理、精益生产、MTO 计划、绩效过程管理等管理方法充分融合，帮助企业逐步迈入管理精细化阶段。
- 流程控制精细化。金蝶 K/3 ERP 基于 K/3 BOS 平台，借助灵活可变的流程，将系统模块、功能、单据、数据、角色等要素紧密关联，通过参数精确控制，帮助企业实现管理流程的规范化和精细化。
- 管理对象精细化。金蝶 K/3 ERP 以企业的人、财、物为基本分类，将产、供、销等业务运营过程中涉及的物料、产品、伙伴等基本对象从数量、价值、时点、质量、状态等多纬度进行全面细致的监控，实现对管理对象的精细化管理。

### 1.1.2　金蝶 K/3 V12.0 系统应用框架

金蝶 K/3 系统的质量管理模块与生产、计划、设备、物料、人力资源等模块有着密切联系，它不但能随时监控生产各环节的质量问题，而且能从企业整体流程上为企业领导提供质量信息，供企业领导决策。

金蝶 K/3 系统质量管理模块在结构上包括数据采集、数据存储、数据处理三层。数据采集可完成所有质量数据的采集，数据存储可完成对采集数据的存储、导出及安全控制，数据处理则可对存储数据进行多角度处理，产生各类统计分析报表，从而实现监控生产、服务决策。

数据采集层的重要职责是保证数据的准确性、有效性，包括终端维护、设备接口、数据校验等功能；数据存储对确保数据的准确性、安全性来说必不可少；数据处理采用灵活、多样的处理方式，对数量庞大的存储数据进行统计、分析、对比、模拟，最终产生各类输出报表。

### 1.1.3　金蝶 K/3 V12.0 系统的安全性

金蝶 K/3 基于国内外先进的企业管理思想及理论，同时融入了中国企业的管理精髓，为企业规范、科学的管理提供了工具。企业通过 Internet 异地收取重要数据的同时，又要面临由于 Internet 的开放所带来的数据安全问题。任何一家企业都不希望自己的技术和重要信息，尤其是财务数据被他人获得，所以对企业管理者来说，安全性是非常重要的问题。

作为企业承包网络的第一道安全防线，防火墙技术是用来保证对主机和应用安全访问以及多种客户机和服务器的安全性，保护关键部门不会受到来自内部或者外部的攻击，这是普通用户保护企业站点安全性的首要措施。金蝶 K/3 系统运行于 Windows 2000/2003 网络应用系统，采用微软活动目录/域用户权限机制，属于操作系统级别的用户识别，比传统的企业管理软件只要求输入用户名和口令的身份识别更加安全。

金蝶 K/3 系统的数据由底层协议加密，无需改变应用层协议，也无需改变传输层协议，只是在应用层和传输层之间加了一层安全加密协议以实现安全传输。Secure Socket Layer（SSL）是由 Secure Channel（SChannel）安全提供程序实现的基于公众密钥加密的安全协议，Internet 浏览器和服务器使用这些安全协议来做认证，信息完整性和保密性也就更高。

金蝶 K/3 系统采用大型数据库管理系统作为数据存储方案，它有一套严格的权限管理机制，对用户、密码进行了严格管理，定义用户的数据库角色，最大程度地保证了数据的安全性。

## 1.2　金蝶 K/3 V12.0 的安装与卸载

金蝶 K/3 系统的安装和使用对计算机的配置有所要求，在正式安装金蝶软件之前，还需做很多方面的准备工作，否则将无法使用或根本不能进行安装。

### 1.2.1　安装金蝶 K/3 V12.0

在对金蝶财务软件功能有了相应的了解之后，就可以安装该财务软件了。

#### 1. 安装 IIS 组件

由于金蝶 K/3 V12.0 系统的 Web 服务器必须在 IIS 基础上运行，因此在安装金蝶 K/3 V12.0 软件前，需要先安装 IIS 组件。

下面以 Windows Server 2003 系统为例，简单讲述安装 IIS 组件的具体操作步骤。

**步骤 01**　选择【开始】→【设置】→【控制面板】命令，即可打开【控制面板】窗口，如图 1-1 所示。双击【添加或删除程序】图标按钮，即可打开【添加或删除程序】对话框，如图 1-2 所示。单击左侧的【添加/删除 Windows 组件】按钮，即可打开【Windows 组件向导】对话框。

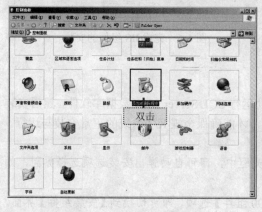

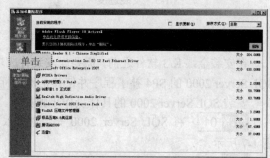

图 1-1　【控制面板】窗口　　　　　　　图 1-2　【添加或删除程序】对话框

**步骤 02**　打开【Windows 组件向导】对话框，如图 1-3 所示。在【组件】列表框中找到【应用程序服务器】选项，单击【详细信息】按钮或双击该项，即可打开【应用程序服务器】对话框，如图 1-4 所示。在【应用程序服务器的子组件】列表框中勾选要安装的 IIS 信息服务组件，然后单击【确定】按钮，即可返回【Windows 组件向导】对话框。

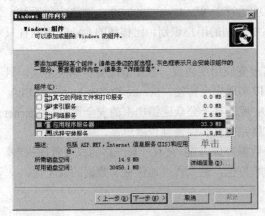 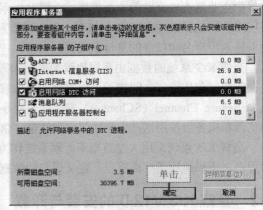

图 1-3　【Windows 组件向导】对话框　　　　图 1-4　【应用程序服务器】对话框

**步骤 03**　单击【下一步】按钮，即可开始安装所选的组件程序，如图 1-5 所示。

**步骤 04**　安装完毕后，切换到【完成"Windows 组件向导"】界面，单击【完成】按钮，即可完成 IIS 组件的安装操作，如图 1-6 所示。

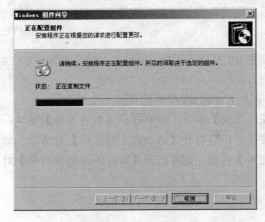 

图 1-5　安装进度　　　　　　　　　　图 1-6　完成 IIS 组件的安装

### 2. 安装 SQL Server 2000 及其补丁程序

在安装金蝶 K/3 软件之前，需要先安装并成功运行 SQL Server 2000 数据库软件，然后安装 SQL Server 2000 的 SP4 补丁程序并使其正确运行，才能确保金蝶 K/3 系统的正常安装与运行。

安装 SQL Server 2000 的具体操作步骤如下。

**步骤 01**　将 SQL Server 2000 安装盘放入光驱中，即可自动弹出安装选项选择界面，如图 1-7 所示。

**步骤 02**　在其中选择【安装 SQL Server 2000 组件】选项，即可切换到【安装组件】界面，如图 1-8 所示。

**步骤 03**　在【安装组件】界面中选择【安装数据库服务器】选项，即可打开【欢迎】对话框，如图 1-9 所示。单击【下一步】按钮，即可打开【计算机名】对话框。

**步骤 04**　在其中选择在"本地计算机"中进行安装，还是在"远程计算机"中进行安装

（默认选中【本地计算机】单选按钮），如图 1-10 所示。单击【下一步】按钮，即可打开【安装选择】对话框。

图 1-7 安装选项选择界面        图 1-8 "安装组件"界面

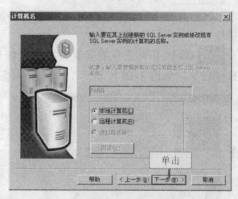

图 1-9 【欢迎】对话框        图 1-10 【计算机名】对话框

步骤 05 在其中选择相应的安装选项，如图 1-11 所示。单击【下一步】按钮，即可打开【用户信息】对话框，在"姓名"和"公司"文本框中输入相应的内容，如图 1-12 所示。单击【下一步】按钮，即可打开【软件许可证协议】对话框。

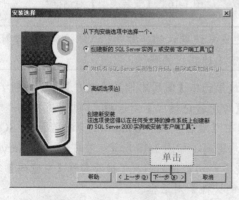

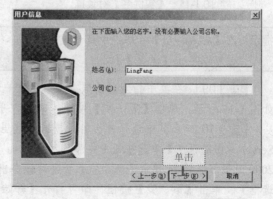

图 1-11 【安装选择】对话框        图 1-12 【用户信息】对话框

步骤 06 在其中可以查看相应的安装协议，如图 1-13 所示。单击【是】按钮，即可打开

【安装定义】对话框，在其中选择相应的安装类型，如图 1-14 所示。单击【下一步】按钮，即可打开【实例名】对话框。

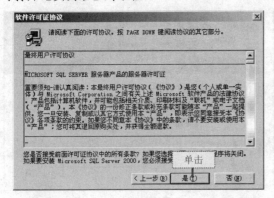

图 1-13 【软件许可证协议】对话框

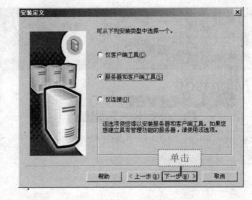

图 1-14 【安装定义】对话框

**步骤 07** 在"实例名"文本框中输入相应的名称，如果是第一次安装 SQL Server 2000 程序，则可勾选【默认】复选框，如图 1-15 所示。单击【下一步】按钮，即可打开【安装类型】对话框。

**步骤 08** 在其中设置安装的程序文件夹、数据文件夹以及安装的类型（默认选中【典型】单选按钮），如图 1-16 所示。单击【下一步】按钮，即可打开【服务账户】对话框。

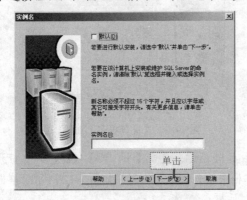

图 1-15 【实例名】对话框

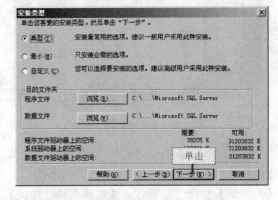

图 1-16 【安装类型】对话框

> **提示：** 在【安装类型】对话框中目标文件夹的路径也是系统默认的，用户可以保持默认的路径，也可以单击【浏览】按钮，在打开的对话框中选择相应的路径。

**步骤 09** 在其中指定登录服务系统的账户（这里选中【使用本地系统账户】单选按钮），如图 1-17 所示。单击【下一步】按钮，即可打开【身份验证模式】对话框。

**步骤 10** 在其中选择身份验证模式（这里选中【混合模式（Windows 身份验证和 SQL Server 身份验证）】单选按钮）并添加相应的 sa 登录密码，如图 1-18 所示。在安装 SQL Server 2000 时最好保持 sa 登录密码为空，否则可能会出现不能初始化的情况（推荐勾选【空密码】复选框）。单击【下一步】按钮，即可打开【开始复制文件】对话框。

**步骤 11** 此时 SQL Server 2000 安装程序已经设置完毕，如图 1-19 所示。单击【下一步】按钮，即可打开【选择许可模式】对话框，在其中选择相应的模式，如图 1-20 所示。单击【继续】按钮，即可开始文件的复制和系统的配置操作。

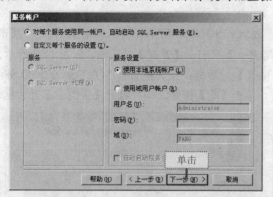

图 1-17　【服务账户】对话框

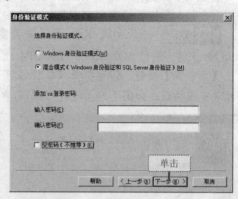

图 1-18　【身份验证模式】对话框

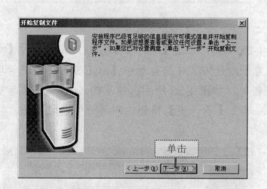

图 1-19　【开始复制文件】对话框

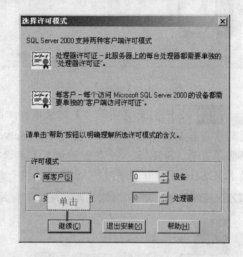

图 1-20　【选择许可模式】对话框

**步骤 12**　经过以上操作后，即可开始文件的复制和系统的配置操作，如图 1-21 所示。在文件复制完毕和系统配置完毕后，即可弹出【安装完毕】对话框，如图 1-22 所示。单击【完成】按钮，即可完成 SQL Server 2000 的安装操作。

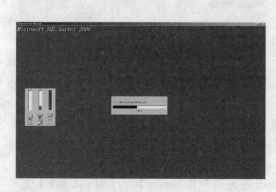

图 1-21　复制文件

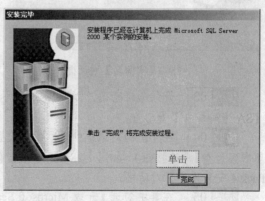

图 1-22　【安装完毕】对话框

金蝶 K/3 的运行还需要安装 SQL Server 2000 SP4 补丁程序，其安装过程较为简单，用户只需根据安装向导进行设置即可。具体的操作步骤如下。

**步骤 01** 打开金蝶 K/3 资源安装盘，进入 *:\SQL2000SP4\SQL2KSP4 文件夹，双击 setup.bat 文件，运行 SQL Server 2000 SP4 补丁程序，即可打开【欢迎】对话框，如图 1-23 所示。单击【下一步】按钮，即可打开【软件许可证协议】对话框，在其中查看 SQL Server 2000 SP4 的相关安装协议，如图 1-24 所示。查看完毕后，单击【是】按钮，即可打开【实例名】对话框。

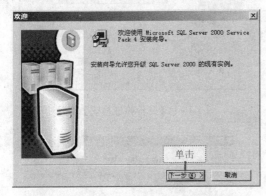

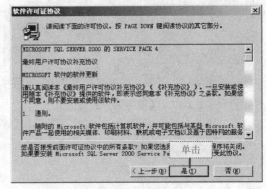

图 1-23　【欢迎】对话框　　　　　　　　图 1-24　【软件许可证协议】对话框

**步骤 02** 打开【实例名】对话框，如图 1-25 所示。单击【下一步】按钮，即可打开【连接到服务器】对话框，在其中指定 SQL Server 身份验证方式（这里选中【SQL Server 系统管理员登录信息（SQL Server 身份验证）】单选按钮），如图 1-26 所示。这里的 sa 密码需要与安装 SQL Server 2000 程序时的 sa 密码保持一致。单击【下一步】按钮，即可开始验证密码。

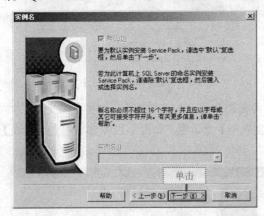

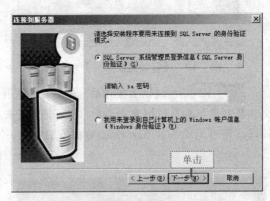

图 1-25　【实例名】对话框　　　　　　　　图 1-26　【连接到服务器】对话框

**步骤 03** 开始验证密码，如图 1-27 所示。如果密码验证无误，且 sa 密码为空，则弹出【SA 密码警告】对话框。

**步骤 04** 在弹出的对话框中提示用户设置 SA 密码（这里选中【忽略安全威胁警告，保留密码为空】单选按钮），如图 1-28 所示。单击【确定】按钮，即可打开【SQL Server 2000 Service Pack 4 安装程序】对话框。

**步骤 05** 在其中勾选【升级 Microsoft Search 并应用 SQL Server 2000 SP4（必需）】复选框，如图 1-29 所示。单击【继续】按钮，即可打开【错误报告】对话框。

图 1-27　验证密码

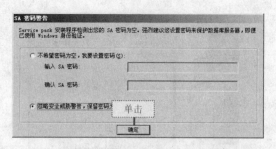

图 1-28　【SA 密码警告】对话框

步骤 06　　　在对话框中提示已启用 SQL Server 的错误报告功能，可勾选【自动将致命的错误报告发送到 Microsoft】复选框，如图 1-30 所示。单击【确定】按钮，即可开始收集系统信息。

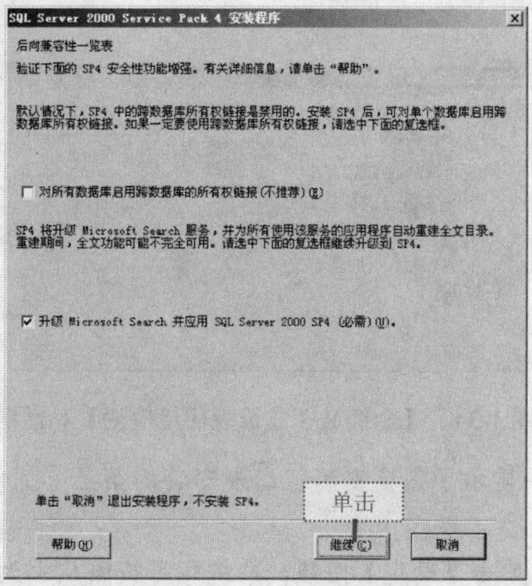

图 1-29　【SQL Server 2000 Service Pack 4 安装
　　　　　程序】对话框

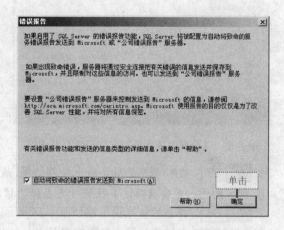

图 1-30　【错误报告】对话框

步骤 07　　　在完成信息收集后，即可打开【开始复制文件】对话框，如图 1-31 所示。单击【下一步】按钮，即可开始复制文件并进行系统配置。

步骤 08　　　系统配置完毕后，即可打开【安装完毕】对话框，如图 1-32 所示。单击【完成】按钮，即可完成 SQL Server 2000 SP4 补丁的安装操作。

3. 安装金蝶 K/3 的第三方插件

金蝶 K/3 系统安装盘集中了所有金蝶 K/3 系统所需要的第三方插件（SQL Server 2000 除外），所以通过金蝶 K/3 系统的环境检测功能，系统将搜索当前操作系统中没有的第三方插件，并自动进行安装。具体的操作步骤如下。

步骤 01　　　将金蝶 K/3 系统安装盘放入光驱，即可自动弹出【金蝶 K/3 成长版安装程序】对话框，如图 1-33 所示。单击【环境检测】按钮，即可打开【金蝶 K/3 成长版环境检测】对话框。

步骤 02　　　在其中根据安装的计算机角色确定所需安装的部件，如图 1-34 所示。单击【检测】按钮，即可开始检测。

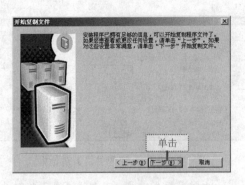

图 1-31 【开始复制文件】对话框

图 1-32 【安装完毕】对话框

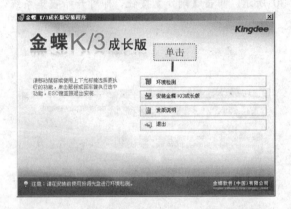

图 1-33 【金蝶 K/3 成长版安装程序】对话框

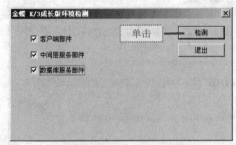

图 1-34 【金蝶 K/3 成长版环境检测】对话框

**步骤 03** 在检测完毕后会给出检测结果，从中显示了需要安装但尚未安装的第三方插件，如图 1-35 所示。单击【确定】按钮，则会弹出信息提示框。

**步骤 04** 弹出的信息提示框如图 1-36 所示。单击【确定】按钮，系统即可按照从上到下的顺序安装第三方插件，用户只需按照每个软件的安装向导提示进行操作即可完成安装。如果某一个第三方插件不能由系统自动启动安装，则可进入光盘中，打开该软件所在的文件夹，双击其安装程序即可进行安装。

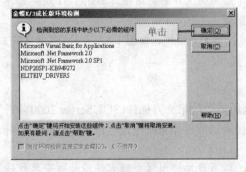

图 1-35 检测结果

图 1-36 信息提示框

> **提示** 如果服务器上已经安装了客户端或用户使用的 Windows Server 2003 没有启动金蝶 K/3 所需的服务，则在【金蝶 K/3 成长版环境检测】对话框中单击【检测】按钮，即可切换到如图 1-37 所示的界面，只有在单击【确定】按钮之后才开始进行系统检测。

**步骤 05**　当将需要安装的第三方软件都安装完毕之后，将弹出如图 1-38 所示的信息提示框。单击【确定】按钮，即可结束金蝶 K/3 第三方插件的安装。

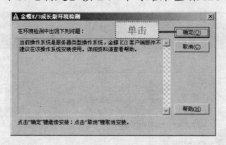

图 1-37　提示信息

图 1-38　信息提示框

**4. 安装金蝶 K/3**

所有准备工作就绪后，用户以本机系统管理员的身份登录操作系统，并关闭其他应用程序，特别是防病毒软件及相关防火墙，就可以正式安装金蝶 K/3 程序文件了。具体操作步骤如下。

**步骤 01**　将金蝶 K/3 系统安装盘放入光驱后，即可弹出【金蝶 K/3 成长版安装程序】对话框，如图 1-39 所示。单击【安装金蝶 K/3 成长版】按钮，即可打开【金蝶 K/3 成长版】对话框。

**步骤 02**　打开【金蝶 K/3 成长版】对话框，如图 1-40 所示。单击【下一步】按钮，即可切换到【许可证协议】对话框。

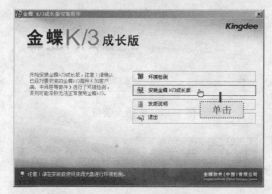

图 1-39　【金蝶 K/3 成长版安装程序】对话框　　　图 1-40　【金蝶 K/3 成长版】对话框

**步骤 03**　在其中显示了金蝶 K/3 的相应安装协议，如图 1-41 所示。单击【是】按钮，即可切换到【信息】界面。

**步骤 04**　在其中叙述了金蝶 K/3 在各种角色计算机中的配置要求以及安装与卸载等内容，如图 1-42 所示。单击【下一步】按钮，即可切换到【客户信息】界面。

**步骤 05**　在"用户名"和"公司名称"文本框中输入相应的用户名和公司名称，如图 1-43 所示。单击【下一步】按钮，即可切换到【选择目的地位置】界面。

**步骤 06**　在其中设置金蝶 K/3 的安装路径，如图 1-44 所示。用户可以选择系统默认的路径，也可以单击【浏览】按钮，在打开的对话框中指定金蝶 K/3 系统的安装路径。单击【下一步】按钮，即可切换到【安装类型】界面。

**步骤 07**　在其中根据当前计算机在整个系统中的角色来选择不同的安装类型（这里选择【全部安装】选项），如图 1-45 所示。单击【下一步】按钮，即可切换到【安装状态】界面。

**步骤 08** 系统自动进行安装，如图 1-46 所示。安装完毕后，即可切换到【安装完毕】界面。

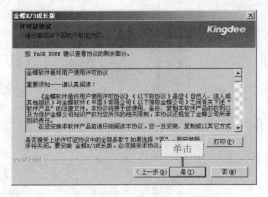

图 1-41 【许可证协议】界面

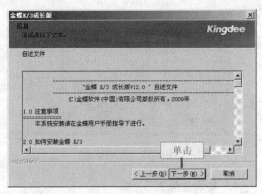

图 1-42 【信息】界面

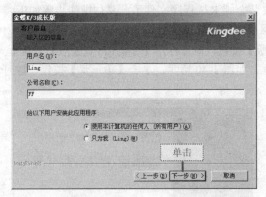

图 1-43 输入客户信息

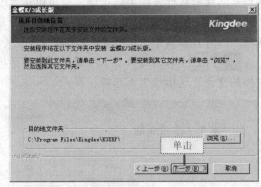

图 1-44 选择安装位置

图 1-45 选择安装类型

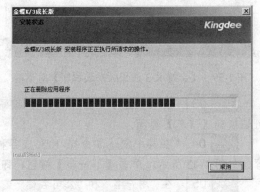

图 1-46 安装状态

**步骤 09** 切换到【安装完毕】界面，如图 1-47 所示。单击【完成】按钮，则金蝶 K/3 安装程序即可开始系统配置操作。

**步骤 10** 金蝶 K/3 安装程序开始系统配置操作，如图 1-48 所示。当系统配置完毕后，金蝶 K/3 的整个安装过程就全部结束了。

**Kingdee**

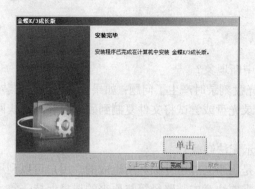

图 1-47　安装完毕

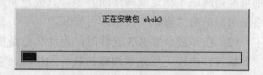

图 1-48　配置组件

## 1.2.2　金蝶 K/3 V12.0 的修改、修复和卸载

与其他软件一样，金蝶 K/3 V12.0 也提供了修改、修复和卸载的功能，如果要对安装的金蝶软件进行这些操作，可按如下方法进行。

**步骤 01**　选择【开始】→【所有程序】→【金蝶 K/3 成长版】→【添加或删除金蝶 K/3】命令，即可自动启动金蝶 K/3 的修改、修复或删除向导，如图 1-49 所示。如果要对安装的金蝶组件进行修改，则可选中【修改】单选按钮。单击【下一步】按钮，即可切换到【选择功能】界面。

**步骤 02**　在其中选择要安装的组件，如图 1-50 所示。单击【下一步】按钮，即可自动添加或删除金蝶 K/3 组件。如果要重新安装以前安装的所有程序组件，则可在金蝶系统修改向导中选中【修复】单选按钮，然后单击【下一步】按钮，则可自动修复金蝶 K/3 系统存在的问题。

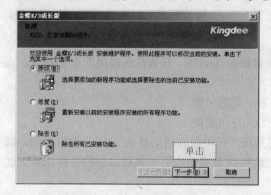

图 1-49　金蝶系统修改向导

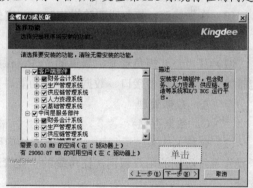

图 1-50　选择要安装的组件

**步骤 03**　如果要卸载金蝶 K/3 系统，则在金蝶系统修改向导中选中【除去】单选按钮，单击【下一步】按钮，弹出如图 1-51 所示的提示框，单击【是】按钮，即可将金蝶 K/3 系统中所有安装的组件删除。在做修改、修复或删除操作时，一定先要备份好所需的账套，以免造成不必要的损失。

图 1-51　信息提示框

## 1.3 专家点拨：提高效率的诀窍

（1）在安装金蝶 K/3 时，为什么会突然出现中断现象？

**解答**：如果是通过光盘直接安装，则可能是光盘刻录时产生了问题；如果是通过网络安装，则可能是网络不稳定或网络断开了。只要重新刻录光盘或尝试将文件复制到硬盘安装，确认网络正常后单击"重试"按钮即可安装。

（2）在卸载金蝶 K/3 软件时，为什么总是提示无法卸载？

**解答**：出现无法正常卸载该软件的情况，多是由于某些组件损坏所造成的。用户可以利用同版本的安装卸载程序，修复安装后再卸载，但需要注意安装路径等与原来的选择保持一致。另外，也可通过手工删除安装信息的方法进行卸载，安装的基本信息放在%systemdrive%\Program Files\InstallShieldInstallation Information 文件夹中，里边都有一个 GUID（全球统一编码，32 位），10.2 的{9A9695BC-76E6-46DB-8055-40D20D5276C0}文件。在删除该信息后，金蝶 K/3 就可以安装了，这是解决金蝶 K/3 无法卸载造成的无法正常安装的一个最简单的办法。

## 1.4 沙场练兵

**1. 填空题**

（1）金蝶 K/3 系统质量管理模块在结构上包括＿＿＿＿＿、＿＿＿＿＿、＿＿＿＿＿三层。

（2）金蝶 K/3 系统安装盘集中了所有金蝶 K/3 系统所需的第三方软件（SQL Server 2000 除外）。因此，通过金蝶 K/3 系统的＿＿＿＿＿＿功能，系统将搜索当前操作系统中没有的第三方软件，并自动进行安装。

（3）在做修改、修复或删除操作时，一定先要＿＿＿＿＿所需账套，以免造成不必要的损失。

**2. 选择题**

（1）（    ）担负着非常繁重的工作，保证数据的准确性、有效性是该层的重要职责，它包括终端维护、设备接口、数据校验等功能。

    A. 数据处理              B. 数据采集

    C. 数据存储              D. 导出数据

（2）金蝶 K/3 系统运行于（    ）网络应用系统，采用微软活动目录/域用户权限机制，属于操作系统级别的用户识别，比传统的企业管理软件只要求输入用户名和口令的身份识别更加安全。

    A. Windows Vista         B. Windows XP

    C. Windows 2000/2003      D. Windows 7

（3）在安装金蝶 K/3 V12.0 时，以下说法正确的是（    ）。

    A. 服务器与工作站上都需要安装数据库

    B. 需要在服务器上安装数据库，而不需要在工作站上安装

    C. 需要在工作站上安装数据库，而不需要在服务器上安装

**3. 简答题**

（1）金蝶 K/3 V12.0 系统的管理理念是什么？

（2）金蝶 K/3 V12.0 系统的应用特性有哪几点？

（3）在安装 SQL Server 2000 和其 SP4 补丁程序时，如何设置 SA 登录密码？

## 习题答案

1. 填空题

（1）数据采集、数据存储、数据处理　　　（2）环境检测　　　（3）备份

2. 选择题

（1）B　　（2）C　　（3）A

3. 简答题

（1）**解答**：管理理念有如下 3 点。

① 管理方法精细化。金蝶 K/3 ERP 针对不同业务领域、不同行业应用、不同管理模式，将日成本管理、作业成本管理、车间工序管理、精益生产、MTO 计划、绩效过程管理等管理方法充分融合，帮助企业逐步迈入管理精细化阶段。

② 流程控制精细化。金蝶 K/3 ERP 基于 K/3 BOS 平台，将系统模块、功能、单据、数据、角色等要素紧密关联，通过参数精确控制，帮助企业实现管理流程的规范化和精细化。

③ 管理对象精细化。金蝶 K/3 ERP 以企业的人、财、物为基本分类，将产、供、销等业务运营过程中涉及的物料、产品、伙伴等基本对象从数量、价值、时点、质量、状态等多纬度进行全面细致的监控，实现对管理对象的精细化管理。

（2）**解答**：金蝶 K/3 V12.0 系统应用特性有如下 7 点。

①全方位的管理能力；②灵活的业务适应性；③强大的业务扩展性；④个性化管理；⑤国际化管理；⑥快速应用实施；⑦销售分析。

（3）**解答**：在安装 SQL Server 2000 时，最好保持 SA 登录密码为空，否则可能会出现不能初始化的情况；在安装 SP4 补丁程序时，SA 密码需要与安装 SQL Server 2000 程序时的 SA 密码保持一致。

**Kingdee**

# 第 2 章

# 轻松实现账套管理

**主要内容：**

- 金蝶 K/3 操作流程
- 管理账套与管理用户
- 常用菜单介绍

　　本章内容有助于读者对金蝶 K/3 V12.0 基本操作流程有一个全面认识，如账务系统的建立与管理，如系统的登录、账套的创建、操作员权限的设置等，还对账套管理窗口中的常用菜单进行了介绍，使用户更加熟练掌握金蝶 K/3 V12.0 的基本操作流程。

## 2.1 金蝶 K/3 操作流程

在使用金蝶 K/3 软件之前，需要对其操作流程（见图 2-1）加以了解。从流程图中可以看出，在使用金蝶 K/3 进行业务操作之前，必须先建立账套，成功建立账套后才可进行系统设置。

金蝶 K/3 软件功能包括财务管理、物流管理、生产制造管理和人力资源管理等几大部分，在进行操作之前需要先建立账套并设置账套的有关选项，确定操作员，设置每个操作员的操作权限，创建符合自己企业实际情况的会计科目、核算项目与币别，要求操作员熟练掌握账套的备份与恢复的操作，从而为计算机会计信息系统的正常运行打下良好基础。

系统设置包含系统参数设置、基础资料设置和初始数据录入 3 项。

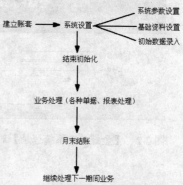

图 2-1　金蝶 K/3 系统的操作流程

- 系统参数设置：是与账套有关的信息，如账套的公司名称、地址和记账本位币等。
- 基础资料设置：是录入业务单据时要获取的基础数据，如会计科目、客户资料等。
- 初始数据录入：是启用会计期间的初始数据，如会计科目的期初数据和累计数据，检查数据是否正确，是否符合启用要求，如符合则可结束初始化并启用账套。在启用账套后可进行日常的业务处理，如凭证录入、应收/应付账套的处理、固定资产的管理等。当每月业务工作完成后才可进行月末结账，进入下一会计期间继续处理业务。

## 2.2 管理账套

账套是一个数据库文件，存放所有的业务数据资料，所有工作都需要登录账套后才可以进行。

待所有的前期准备就绪后，就可以运用准备的材料实现财务系统的建立，并根据实际情况对建立的财务系统进行合理的管理。

### 2.2.1 建立账套

在金蝶 K/3 应用中只有建立正确的账套才能保证账套的正常使用，在建立账套前需要确定公司名称、要使用哪些模块、启用账套时间及本位币币别等。建立账套的操作步骤如下。

步骤 01　选择【开始】→【程序】→【金蝶 K/3】→【金蝶 K/3 服务器配置工具】→【账套管理】菜单项，即可打开【金蝶 K/3 系统登录】对话框，如图 2-2 所示。在 "用户名" 文本框中输入账套管理员的名称，默认为 "Admin"，"密码" 保持为空，单击【确定】按钮，即可进入【金蝶 K/3 账套管理】窗口。

提示　金蝶 K/3 系统将 "Admin" 预设为登录账套管理界面的用户名称，其初始登录密码为空。系统管理员可在使用该用户名称登录后更改其密码，以防其他非法用户使用该用户名称随意登录账套管理系统，保护账套数据的安全。

步骤 02　【金蝶 K/3 账套管理】窗口如图 2-3 所示。

步骤 03　选择【数据库】→【建立账套】菜单项，即可打开【信息】对话框，如图 2-4 所示。在阅读之后单击【关闭】按钮，即可打开【新建账套】对话框，如图 2-5 所示。

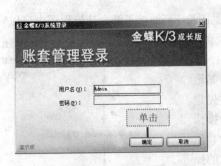

图 2-2　【金蝶 K/3 系统登录】对话框

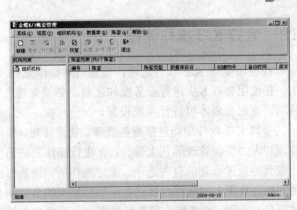

图 2-3　【金蝶 K/3 账套管理】窗口

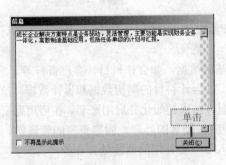

图 2-4　【信息】对话框

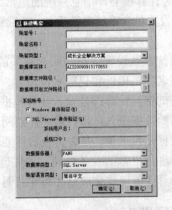

图 2-5　【新建账套】对话框

**步骤 04**　在"账套号"文本框中输入新建账套的编号"0001"，在"账套名称"文本框中输入新建账套的名称"金苑面业有限公司"（账套名称一般为公司的全称或是简称），在"账套类型"下拉列表框中选择相应的类型，如图 2-6 所示。

**步骤 05**　单击"数据库文件路径"右侧的 ＞ 按钮，即可打开【选择数据库文件路径】对话框，如图 2-7 所示。采用系统默认的保存路径，单击【确定】按钮保存设置并返回【新建账套】对话框，用同样的方法设置"数据库日志文件路径"。

图 2-6　输入账套信息

图 2-7　选择数据库文件路径

**步骤 06**　在"系统账号"选项区中建议选择"SQL Server 身份验证"单选项并输入系统

用户名和登录密码，再指定"数据服务器"并选择"数据库类型"以及"账套语言类型"。单击【确定】按钮，系统即可开始建账，在账套建立成功后，账套信息将会显示在"账套列表"中，如图 2-8 所示。

若系统管理员不想使用 SQL Server 默认的用户名称，则可在【金蝶 K/3 账套管理】窗口中选择【数据库】→【账号管理】菜单项，即可打开【数据库账号管理】对话框，如图 2-9 所示。单击【修改】按钮，即可打开【修改 SQL Server 口令】对话框，在其中修改相应的口令，如图 2-10 所示。或在【数据库账号管理】对话框中单击【增加】按钮，在【新增用户】对话框中重新设置新的用户信息，增加新的用户，如图 2-11 所示。

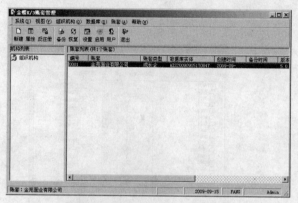

图 2-8　新建账套的显示

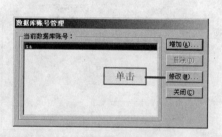

图 2-9　【数据库账号管理】对话框

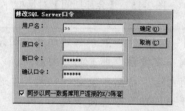

图 2-10　【修改 SQL Server 口令】对话框

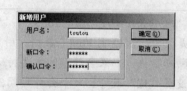

图 2-11　【新增用户】对话框

## 2.2.2　设置账套属性和启用账套

只有在账套属性设置完成后才可启用账套。设置账套属性即设置账套的机构名称、记账本位币和启用会计期间等内容。具体的操作步骤如下。

**步骤 01**　在【金蝶 K/3 账套管理】窗口的"账套列表"中选中新建的"0001 金苑面业有限公司"账套，选择【账套】→【属性设置】菜单项，或单击工具栏中的【设置】按钮，即可打开【属性设置】对话框。在【系统】选项卡中设置账套的基本信息，如图 2-12 所示。

**步骤 02**　在【总账】选项卡中设置记账时的基本信息，如本位币代码、名称以及小数点位数等，如图 2-13 所示。

**步骤 03**　切换到如图 2-14 所示的【会计期间】选项卡，单击【更改】按钮，即可打开【会计期间】对话框，在"启用会计年度"文本框录入"2009"，在"启用会计期间"文本框录入"1"，如图 2-15 所示。单击【确认】按钮，即可保存会计期间的设置并返回【属性设置】对话框。

**步骤 04**　再次单击【确认】按钮，系统则会弹出一个如图 2-16 所示的"确认启用当前账套吗?" 提示框。如果已经完成了属性设置的操作，则单击【是】按钮，否则单击【否】按钮。

图 2-12　【系统】选项卡

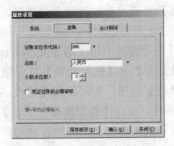

图 2-13　【总账】选项卡

图 2-14　【会计期间】选项卡

图 2-15　【会计期间】对话框

> **提示**　"启用会计年度"为"2009"，"启用会计期间"为"1"，表示初始设置中的期初数据是 2008 年 12 月的期末数据。用户在启用账套时一定要注意账套的期间启用，以便准备初始数据。如果会计期间需要特殊设置，可取消勾选"自然年度会计期间"复选项，以设置"12"或"13"个会计期间，且期间的"开始日期"可自由修改。

**步骤 05**　这里单击【是】按钮，即可打开一个如图 2-17 所示的"当前账套已经成功启用!"提示框。单击【确定】按钮，结束属性设置和启用账套操作。

图 2-16　提示是否要启用当前账套

图 2-17　提示账套已启用

这里的账套启用是指建立账套文件工作完成，而不是启用后可以录入业务单据。因为初始数据还没有录入，所以录入单据后的数据会与实际数据有出入。若要启用账套，还可以在【金蝶 K/3 账套管理】窗口中选择新建的账套，单击工具栏中的【启用账套】按钮，也会弹出如图 2-16 所示的信息提示框，从中单击【是】按钮可启用账套。

### 2.2.3　备份账套

为预防数据出错或发生意外（如硬盘损坏、电脑中毒），需要随时备份数据，以便恢复时使用。在金蝶 K/3 系统中对账套进行备份有两种方法，分别是单次备份和自动批量备份。

### 1. 单次备份账套

手工备份账套一次只能备份一个账套，为了提高系统运行的效率，减少账套的备份时间，金蝶 K/3 系统提供了多种账套备份方式，其中包括完全备份、增量备份、日志备份，但第一次备份时必须使用完全备份方式。具体的操作步骤如下。

**步骤 01**　在【金蝶 K/3 账套管理】窗口的"账套列表"中选择需要备份的账套，选择【数据库】→【备份账套】菜单项，即可打开【账套备份】对话框，如图 2-18 所示。在其中选择相应的备份方式，初次备份可选择"完全备份"单选项并输入备份文件的名称，单击 >> 按钮，即可打开【选择数据库文件路径】对话框。

**步骤 02**　【选择数据库文件路径】对话框，如图 2-19 所示。如要默认保存路径，单击【确定】按钮，返回【账套备份】对话框。

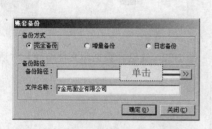

图 2-18　【账套备份】对话框

图 2-19　【选择数据库文件路径】对话框

**步骤 03**　再次单击【确定】按钮，系统则开始备份数据，则会弹出一个如图 2-20 所示的成功备份账套的信息提示框。

增量备份比完全备份小且备份速度快，可经常备份以减少丢失数据的危险。但增量备份基于完全备份之上，在进行增量备份之前须先做完全备份。事务日

图 2-20　信息提示框

志备份有时比数据库备份大。如，数据库的事务率很高，从而导致事务日志迅速增大，应更经常地创建事务日志备份。

### 2. 自动批量备份账套

当系统中有多个账套时，一次备份一个账套会比较麻烦，金蝶 K/3 提供了账套自动批量备份工具，可大大降低管理员的工作量。自动批量备份账套的具体操作步骤如下。

**步骤 01**　在【金蝶 K/3 账套管理】窗口中选择【数据库】→【账套自动批量备份】菜单项，即可打开【账套批量自动备份工具】对话框，如图 2-21 所示。

**步骤 02**　对需要进行自动备份的账套设置"增量备份时间间隔（小时）"和"完全备份时间间隔（小时）"，同时在"是否备份"和"是否立即执行完全备份"列中单击，以确定是否执行备份和立即执行完全备份操作。单击"备份路径"列右侧的 ... 按钮，即可打开【选择数据库文件路径】对话框，如图 2-22 所示。

**步骤 03**　选择对应账套数据文件的存储路径，单击【确定】按钮返回【账套批量自动备份工具】对话框，如图 2-23 所示。

**步骤 04**　单击【保存方案】按钮，即可打开【方案保存】对话框，在文本框中输入保存

方案的名称，如图 2-24 所示。单击【确定】按钮，即可将相应备份方案保存下来。用户如果需要立即执行自己的备份方案以备份账套数据，可单击【执行备份】按钮完成。用户还可设置账套的"备份开始时间"和"备份结束时间"，从而确定账套数据自动备份的时间段。

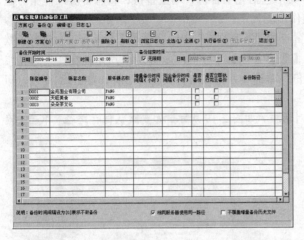

图 2-21　【账套批量自动备份工具】对话框

图 2-22　【选择数据库文件路径】对话框

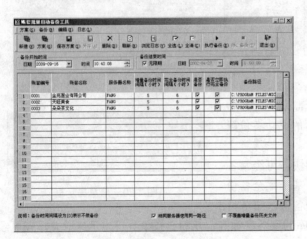

图 2-23　设置备份账套

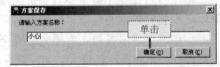

图 2-24　【方案保存】对话框

**步骤 05**　运用该方法可保存多个账套自动备份方案，需要执行某个备份方案时，只需在【账套批量自动备份工具】对话框中选择【方案】→【打开】菜单项，即可打开【账套批量自动备份方案】对话框，如图 2-25 所示。在其中选择要执行的备份方案，单击【打开】按钮，即可进入相应的方案。

　　在执行批量备份过程中，中间层服务器"任务管理器"中的 KdSvrMgr 不能关闭，否则系统无法执行批量的备份。

### 2.2.4　恢复账套

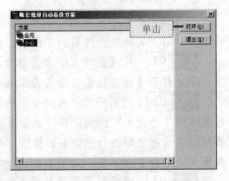

图 2-25　【账套批量自动备份方案】对话框

　　如果账套出现错误，可以利用"恢复账套"功能将备份文件恢复成账套文件，从而继续进行账套处理。恢复账套的具体操作步骤如下。

步骤 01 在【金蝶 K/3 账套管理】窗口中单击【恢复】按钮，即可打开【选择数据库服务器】对话框，在其中选择正确的身份验证、数据服务器及数据库类型，如图 2-26 所示。单击【确定】按钮，即可打开【恢复账套】对话框。

步骤 02 在"服务器端备份文件"列表框中选择需要恢复账套数据的备份文件，在"备份文件信息"框中则显示所选文件的相关信息，如图 2-27 所示。单击【确定】按钮，即可弹出一个信息提示框。

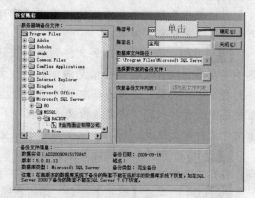

图 2-26 【选择数据库服务器】对话框　　　图 2-27 【恢复账套】对话框

步骤 03 信息提示框如图 2-28 所示。用户如果还要恢复其他账套就单击【是】按钮开始其他账套的恢复操作，如果不恢复其他账套，就单击【否】按钮完成恢复操作。

图 2-28 信息提示框

在恢复账套时"账套号"和"账套名"不能与系统内已存有的"账套号"和"账套名"相同。如果被恢复的账套是一个增量备份文件，则必须进行如下的操作才能完成。

步骤 01 在如图 2-29 所示的【恢复账套】对话框中单击"选择要恢复的备份文件"右侧的 > 按钮，即可打开【选择备份文件】对话框，如图 2-30 所示。在其中选取完全备份文件，单击【确定】按钮，即可返回【恢复账套】对话框。

图 2-29 执行命令　　　　　　　　　图 2-30 【选择备份文件】对话框

步骤 02 单击【添加到文件列表】按钮，将所选的完全备份文件及其路径信息添加到"恢复备份文件列表"中，如图 2-31 所示。单击【确定】按钮，系统将根据输入的"账套号"和"账套名"开始执行恢复账套，并在"数据库文件路径"指定的路径下生成一个新的账套，且将该账套信息在中间层账套列表中显示出来。

使用增量备份文件进行账套恢复，前提是必须要有一个完全备份文件。如果恢复的账套是日志备份文件，则需要如下的操作才能完成。

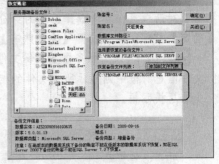

**步骤 01** 在【恢复账套】对话框中单击"选择要恢复的备份文件"右侧的 > 按钮，在【选择备份文件】对话框中选取完全备份文件，单击【确定】按钮可返回【恢复账套】对话框。

**步骤 02** 单击【添加到文件列表】按钮，将所选的完全备份文件及其路径信息添加到"恢复备份文件列表"中，

图 2-31　添加备份文件

如果在选择的日志备份文件前，还曾经作过增量备份，则需要重复上述步骤，将增量备份文件加入到"恢复备份文件列表"下。使用日志备份文件进行账套恢复与使用增量备份文件进行账套恢复一样，必须要有一个完全备份的文件。

**步骤 03** 如果在选择的日志备份文件前，还曾经作过多次日志备份，则需要重复上述步骤，将日志备份文件加入到"恢复备份文件列表"下。

**步骤 04** 单击【确定】按钮，即可根据输入的"账套号"和"账套名"执行恢复账套，并在"数据库文件路径"指定的路径下生成一个新的账套，且将该账套信息在中间层账套列表中显示出来。

"恢复备份文件列表"下各种类型备份文件加入的顺序是完全备份文件→增量备份文件→日志备份文件。日志备份文件则根据时间先后顺序加入，先备份的日志文件先加入，否则账套数据就会出错。

### 2.2.5　删除账套

如果某个账套不再使用，可以在账套系统中将其删除，以节约硬盘空间。

删除账套的具体操作步骤如下。

**步骤 01** 在【金蝶 K/3 账套管理】窗口的"账套列表"中选择要删除的账套，选择【数据库】→【删除账套】菜单项，即可弹出如图 2-32 所示的信息提示框。

**步骤 02** 单击【是】按钮，确认删除账套，则弹出如图 2-33 所示的信息提示框，询问用户是否备份要删除的账套。根据实际情况选择是否进行账套备份，这里不备份账套，单击【否】按钮，稍后在"账套列表"中就不再显示被删除的账套了，表示账套删除成功。

图 2-32　信息提示框

图 2-33　提示是否备份账套

## 2.3　管理用户

如果想控制指定用户登录到指定的账套、使用账套中指定的子系统或模块，就需要对用户进行管理，即对使用该账套的操作员进行管理，控制用户使用账套的权限。

系统中预设有 3 个用户和两个用户组，可以在系统中增加用户并进行相应的授权。

### 2.3.1　新增用户组

为方便管理用户信息，可将操作权限相同的用户都添加到一个用户组中，通过设置该用户组的属性和权限来控制这些用户的属性和权限，从而控制这些用户的操作行为。

新增用户组的具体操作步骤如下。

**步骤 01**　在【金蝶 K/3 账套管理】窗口中选择【账套】→【用户管理】菜单项，即可打开【用户管理】窗口，如图 2-34 所示。

**步骤 02**　选择【用户管理】→【新建用户组】菜单项，或单击工具栏中的【新建用户组】按钮，即可打开【新增用户组】对话框，如图 2-35 所示。

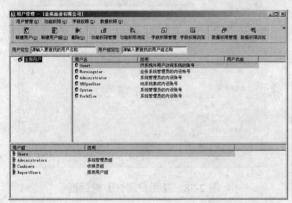

图 2-34　【用户管理】窗口

图 2-35　【新增用户组】对话框

**步骤 03**　在其中根据提示输入相应的用户组名、新增用户组的相关说明文字等内容，在"不隶属于该组"用户列表中选择需要指定给新建用户组的用户并单击【添加】按钮。再单击【确定】按钮，即可完成用户组的添加操作，如图 2-36 所示。若要将隶属于新建用户组中的用户删除，则可先在"隶属于该组"用户列表中将其选中再单击【删除】按钮。

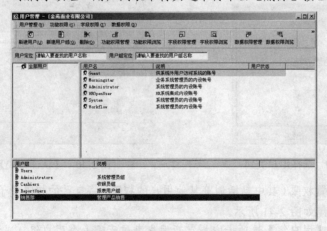

图 2-36　完成用户组的添加

### 2.3.2　新增用户

在添加完用户组之后，就可以添加用户了，但在添加用户时势必要将一些用户进行划分，如划分为销售部、采购部、财务部等，所以在进行新增用户前，最好先新增用户类别。

具体的操作步骤如下。

**步骤 01** 在【用户管理】窗口中选择【用户管理】→【新建用户类别】菜单项，即可打开【新增用户类别】对话框，如图 2-37 所示。在其中输入用户类别的名称并选择相应组别，单击【确定】按钮，即可完成用户类别的新增操作。

**步骤 02** 在【用户管理】窗口中选择【用户管理】→【新建用户】菜单项，即可打开【用户属性】对话框，在其中输入用户名称、用户说明，指定新用户的有效期和密码有效期，如图 2-38 所示。

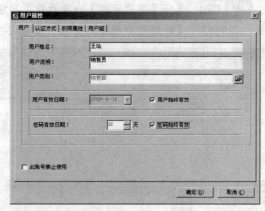

图 2-37 【新增用户类别】对话框　　　　图 2-38 【用户属性】对话框

**步骤 03** 单击"用户类别"文本框右侧的按钮，则可在显示的【选择用户类别】对话框中为新用户指定所属类别，如图 2-39 所示。

**步骤 04** 在【认证方式】选项卡中指定新用户登录账套的认证方式，如图 2-40 所示。

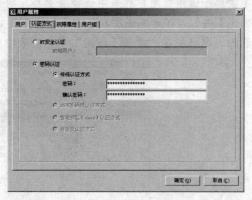

图 2-39 选择用户类别　　　　图 2-40 【认证方式】选项卡

**步骤 05** 设置权限（其中包括浏览其他用户的权限、将自己的权限授予其他用户的权限、用户管理权限等），如图 2-41 所示。

**步骤 06** 在【用户组】选项卡中指定新用户隶属于哪一个用户组，当指定其属于某一个组后，该用户即具有该用户组所具有的权限，如图 2-42 所示。

**步骤 07** 单击【确定】按钮，保存新增用户设置，这时新增的用户信息会显示在【用户管理】窗口中，如图 2-43 所示。

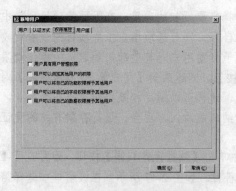

图 2-41　【权限属性】选项卡

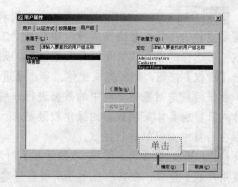

图 2-42　【用户组】选项卡

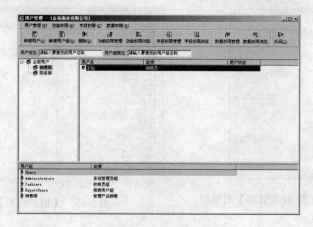

图 2-43　新增加的用户

### 2.3.3　设置用户权限

　　系统管理员通过权限控制可有效控制 ERP 资料的保密性，如管理现金银行账户的用户不能查看往来业务资料，所以权限设置在金蝶 K/3 系统中占有非常重要的位置。金蝶 K/3 系统为用户提供了功能权限、字段权限和数据权限三大权限。

　　1. 功能权限

　　下面介绍如何对用户和用户组的功能权限进行设置，具体操作步骤如下。

　　**步骤 01**　在【用户管理】窗口中选择已经创建的用户或用户组，选择【功能权限】→【功能权限管理】菜单项，或选择【用户管理】→【功能权限管理】菜单项，即可打开【用户管理_权限管理】对话框，如图 2-44 所示。在其中根据当前用户或用户组的职责，选取相应模块的操作权限之后，单击【授权】按钮，即可将所选项目的管理权或查询权赋予当前用户或用户组。但这只是对各功能模块权限的初步设置。

　　**步骤 02**　单击【高级】按钮，即可打开【用户权限】对话框，在"系统对象"列表框中选择需授权的系统对象，在右侧窗口中选择需授权的功能，如图 2-45 所示。❶单击【授权】按钮，即可将授权设置保存到系统中。❷单击【关闭】按钮则返回【用户管理_权限管理】对话框。

　　**步骤 03**　在【用户管理_权限管理】对话框中取消勾选【禁止使用工资数据授权检查】复选框之后，单击【工资数据授权】按钮，即可打开【项目授权】对话框，如图 2-46 所示。

**步骤 04** 在"授权项目列表"下拉列表中选择需要授权的项目,在下面的项目列表中选择需要授权的项目。若选择的授权项目是"工资项目",则可选取相应工资项目的查看权或修改权;若选择的授权项目是"部门职员",则可赋予当前用户对某些部门和职员的操作权限。单击【授权】按钮,即可完成操作。单击【退出】按钮,则返回到【用户管理_权限管理】对话框。数据授权是对基础资料中的数据进行分别授权,这样可以满足权限控制比较高的企业,对具体人只能有具体某项数据的操作权限要求。如出纳只能录入与现金、银行存款有关的凭证,可以在科目中对出纳进行授权。

**步骤 05** 在【用户管理_权限管理】对话框中单击【数据操作权限】按钮,即可打开【项目使用授权】窗口,在其中显示了所有已经建立的科目,如图 2-47 所示。在该窗口中选择需要控制授权的会计科目,单击【选择】按钮。

图 2-44 【用户管理_权限管理】对话框

图 2-45 【用户权限】对话框

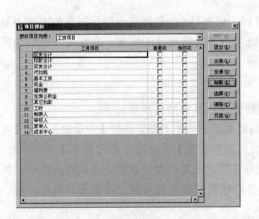

图 2-46 【项目授权】对话框

图 2-47 【项目使用授权】窗口

**步骤 06** 打开【项目使用授权设置】对话框,如图 2-48 所示。在"作用功能"栏中选中需要的复选框并在"作用范围"中选择【全部】或【当前选定范围】单选按钮,单击【确定】按钮,即可给所有项目或当前选定项目设置使用权并返回【项目使用授权】窗口。单击【关闭】按钮结束权限设置。

在用户组或用户的功能权限设置完毕之后,如果想浏览某些用户或用户组的相应权限的设置情况，只需进行如下操作即可完成。

**步骤 01** 在【用户管理】窗口中选择需要浏览的用户或用户组，选择【功能权限】→【功能权限浏览】菜单项，即可打开【用户功能权限列表】窗口并显示【过滤条件】对话框，其中过滤条件设置方式有"按用户方式浏览"和"按系统方式浏览"两种，如图 2-49 所示。在其中选择相应的设置方式，单击【确定】按钮。

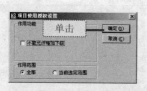

图 2-48 【项目使用授权设置】对话框          图 2-49 【过滤条件】对话框

**步骤 02** 进入【用户功能权限列表】窗口，查看所选用户的功能权限设置情况，如图 2-50 所示。如果还要浏览其他用户的功能权限设置情况，则只需在【用户功能权限列表】窗口中单击【过滤】按钮，在【过滤条件】对话框中设置相应的过滤条件即可。

**步骤 03** 如果需将查询的用户功能权限设置情况打印出来，只需在【用户功能权限列表】窗口中选择【文件】→【打印设置】菜单项，即可打开【打印设置】对话框，如图 2-51 所示。在其中选择相应的打印机，设置打印纸张以及纸张的方向等内容，设置完毕后单击【确定】按钮。

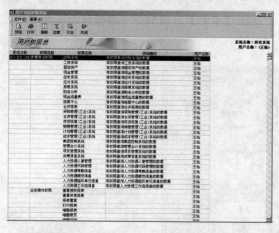

图 2-50 【用户功能权限列表】窗口          图 2-51 【打印设置】对话框

**步骤 04** 单击工具栏上的【预览】按钮，即可浏览相应的打印效果，如图 2-52 所示。如果此打印效果符合自己的要求，单击【打印】按钮即可将该用户的功能权限打印输出。

在打印用户（组）的功能权限列表时，打印输出的内容与【用户功能权限列表】窗口中显示的内容是一致的。有时某些内容不需要打印输出，系统管理员可通过页面设置来设置打印输出的效果。具体的操作步骤如下。

**步骤 01** 在【用户功能权限列表】窗口中选择【查看】→【页面设置】菜单项，即可打开【页面设置】对话框，在其中可对需要打印输出的内容在"显示"列中勾选"√"标记，如图 2-53 所示。

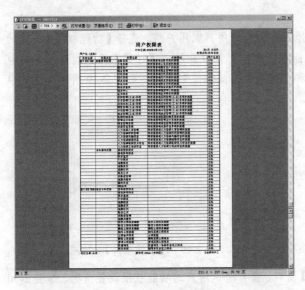

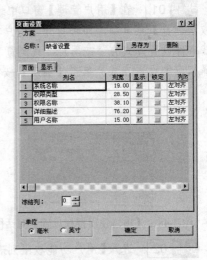

图 2-52　预览效果显示　　　　　　　　图 2-53　【页面设置】对话框

**步骤 02**　在【页面】选项卡中可以设置显示的"前景色"、"背景色"、"合计色"等内容，如图 2-54 所示。单击【页面设置】按钮，即可打开【页面选项】对话框。

**步骤 03**　在【页面选项】对话框中设置更详细的打印选项，如图 2-55 所示。单击【确定】按钮，返回【页面设置】对话框，单击【另存为】按钮，即可打开【保存设置】对话框。

**步骤 04**　在"设置名称"文本框中输入相应的内容，如图 2-56 所示，单击【确定】按钮，当以后再次使用该方案时，单击【页面设置】对话框【名称】右侧的下三角按钮，在显示的列表中选择保存的方案名称即可。

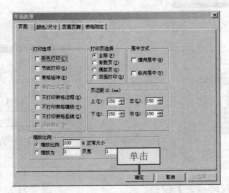

图 2-54　【页面】选项卡设置　　　图 2-55　【页面选项】对话框　　　图 2-56　【保存设置】对话框

为方便使用，用户可以将用户权限的设置引出为一定格式的文件，作为一个模板。具体的操作步骤如下。

**步骤 01**　在【用户功能权限列表】窗口中选择【文件】→【引出】菜单项，即可打开【引出'科目或核算使用权限表'】对话框，如图 2-57 所示。选择"Text（*.txt）"选项为引出的数据类型，单击【确定】按钮。

**步骤 02**　打开【选择 Text 文件】对话框，如图 2-58 所示。在其中选择文件的保存路径和保存文件名，单击【保存】按钮，即可完成引出操作。

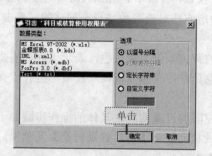

图 2-57  【引出‘科目或核算使用权限表’】对话框          图 2-58  【选择 Text 文件】对话框

2.  字段权限

所谓字段权限是指对各子系统中某数据类别的字段操作权限进行控制。默认情况下，系统不进行字段权限检查。当授权用户对指定字段设置了字段权限控制之后，用户在对该数据类别的指定字段进行操作时，系统将进行权限检查。只有当用户拥有了该字段的字段权限时，才能对该字段进行相应的操作。设置字段权限的具体操作步骤如下。

**步骤 01**　在【用户管理】窗口中选择需要设置字段权限控制的用户，选择【字段权限】→【设置字段权限控制】菜单项，即可打开【设置字段权限控制】对话框，如图 2-59 所示。在"子系统"下拉列表框中选择需要启用字段权限控制的项目，再在"数据类别"下拉列表框中选择需要启用字段权限控制的数据类别。选取需要启用字段权限控制的字段名所对应的复选框；也可单击【全部选择】按钮，选取当前数据类别的所有字段；或单击【全部清除】按钮，清除已经选取的所有字段。

**步骤 02**　单击【应用】按钮，即可使设置生效。单击【退出】按钮，即可关闭该对话框。在【用户管理】窗口中选择【字段权限】→【字段权限管理】菜单项可打开【字段授权】对话框，如图 2-60 所示。设置好一个数据类别的字段权限控制之后，单击【应用】按钮使设置生效，然后才能转向另一个数据类别的字段，否则系统将提示管理员保存先前的设置。

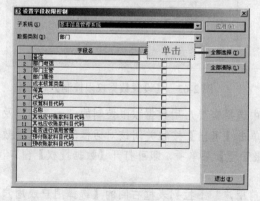

图 2-59  【设置字段权限控制】对话框              图 2-60  【字段授权】对话框

**步骤 03**　在【字段授权】对话框中显示了已经启用字段权限控制的所有数据类别及其字段，然后在对话框左侧"用户和用户组"列表中，选取需要进行字段权限设置的用户或用户组，在"子系统"下拉列表框中选择功能模块，在"数据类别"下拉列表框中选择该功能模块下的数据类别，再在具体字段列表中赋予相应字段的查询权或编辑权。

**步骤 04**    系统管理员也可单击【全部选择】按钮，将激活点所在列的所有字段全部选取；若单击【全部清除】按钮，则可将激活点所在列的所有已经选取的字段全部清除。单击【退出】按钮，即可结束字段权限的设置操作。

在【字段授权】对话框中的"是否必录"列的背景颜色为淡黄色，表示该列不需要设置。另外，若要取得某个字段的"编辑"权限，必须也具有相应的"查询"权限，但有"查询"权限不一定要有"编辑"权限。

设置好字段权限，即可浏览各用户字段操作权限的设置情况，具体的操作步骤如下。

**步骤 01**    在【用户管理】窗口中选择【字段权限】→【字段权限浏览】菜单项，即可打开【用户字段权限列表】窗口并弹出【过滤条件】对话框。

**步骤 02**    在【过滤条件】对话框中选择需要浏览字段权限的用户和系统范围，单击【确定】按钮，即可在【用户字段权限列表】窗口中显示出符合条件的字段权限列表，如图 2-61 所示。

**3. 数据权限**

所谓数据权限是指对系统中具体数据的操作权限进行控制，分为数据查询权、数据修改权、数据删除权。设置数据权限的操作步骤如下。

**步骤 01**    在【用户管理】窗口中选择【数据权限】→【设置数据权限控制】菜单项，即可打开【设置数据权限控制】对话框，如图 2-62 所示。

图 2-61   【用户字段权限列表】窗口        图 2-62   【设置数据权限控制】对话框

**步骤 02**    在【设置数据权限控制】对话框中选择需要启用数据权限控制的"子系统"及其"数据类别"，单击【应用】按钮保存设置；单击【退出】按钮关闭该对话框，结束启用数据权限控制操作。选择【数据权限】→【数据权限管理】菜单项，即可打开【数据授权】窗口，如图 2-63 所示。

**步骤 03**    单击【数据授权】窗口中的"当前用户"下拉列表框右侧的【选择用户或用户组】按钮🔳，在弹出的对话框中选择需要授权的用户或用户组，如图 2-64 所示。单击【确定】按钮，即可返回【数据授权】窗口。

**步骤 04**    单击【数据授权】窗口中的"数据类型"下拉列表框右侧的【选择数据类型】按钮🔳，在弹出的对话框中选择需要授权的数据类型，如图 2-65 所示。单击【确定】按钮，即可返回【数据授权】窗口。单击【测试授权】按钮，可调出相应功能窗口并对其中的内容进行操作，以检验授权的正确性。

**步骤 05**　在【数据授权】窗口中单击【浏览权限】按钮，可在窗口下方的字段列表框中查看当前数据类型的授权情况。单击【复制权限】按钮，即可打开【选择】对话框，在其中选择相应的用户或用户组，如图 2-66 所示。单击【复制】按钮即可将所选用户或用户组的权限，复制给【数据授权】窗口中的当前用户或用户组。为减少系统管理员授权的重复操作，可勾选【自动具有新增加数据的全部权限】复选框。单击【保存】按钮，即可使设置生效。单击【退出】按钮，关闭【数据授权】窗口。

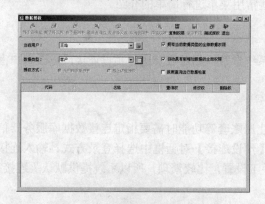

图 2-63　【数据授权】窗口

图 2-64　选择用户或用户组

图 2-65　选择数据类型

图 2-66　【选择】对话框

## 2.3.4　修改用户

实际使用中随着需求变化或增多，之前创建的用户有时不能完全满足使用需要，此时可在用户属性中修改用户信息。在【用户管理】窗口中选择需要修改的用户，选择【用户管理】→【属性】菜单项，即可打开【用户属性】对话框，在其中修改该用户的名称、密码和隶属的组别，以及是否禁用，如图 2-67 所示。

## 2.3.5　删除用户

当某些用户不再使用该账套时，为方便管理可以

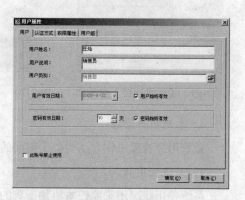

图 2-67　【用户属性】对话框

将该用户从系统中删除。在【用户管理】窗口中选择需要删除的用户，选择【用户管理】→【删除】菜单项，即可打开如图 2-68 所示的提示对话框。单击【是】按钮，即可将其删除。

## 2.4　常用菜单介绍

图 2-68　删除信息提示

　　在【账套管理】窗口中有一些菜单使用频率非常高，只有熟悉了这些菜单，才能更好地掌握金蝶软件。这里对一些常用菜单进行简单的介绍。

### 2.4.1　系统

　　系统菜单用于设置"账套管理"中的一些系统参数，如对账套进行预设连接，更改用户密码，设定是否对账套的有效性进行检测等。

　　1．预设连接

　　在使用新建账套、备份账套、恢复账套和注册账套等功能时需要指定连接数据库服务器信息（选择【系统】→【预设连接】菜单项，在【预设连接】对话框中选择登录方式、输入连接用户名和密码，如图 2-69 所示）。如果每次都手工设置，比较繁琐，所以系统提供默认"连接"设置功能，自动进入账套。

　　2．修改密码

　　选择【系统】→【修改密码】菜单项，即可打开【更改密码】对话框，如图 2-70 所示。在其中输入旧密码、新密码和确认密码后，单击【确定】按钮保存所作的密码修改，在下次登录"账套管理"时 Admin 用户就必须以新密码登录。

　　3．系统参数设置

　　选择【系统】→【系统参数设置】菜单项，即可打开【系统参数设置】对话框，如图 2-71 所示。

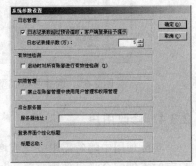

图 2-69　【预设连接】对话框　　　图 2-70　【更改密码】对话框　　　图 2-71　【系统参数设置】对话框

　　4．系统用户管理

　　系统用户管理操作方法类似于前面的"用户管理"，这里不再赘述。

　　5．系统使用状况

　　系统使用状况用来监控本机加密狗的使用情况。

### 2.4.2　数据库

账套是存放各种数据的载体，财务数据和业务数据都存放在账套中。数据库菜单中包含新建账套、账套属性、删除账套、恢复账套、备份账套、账套批量删除、账套自动批量备份、优化账套、执行命令、注册账套和取消账套注册等 12 个菜单项。

选择【数据库】→【注册账套】菜单项，即可打开【注册账套】对话框，如图 2-72 所示。在其中输入账套号、账套名称、数据服务器名称，选择登录数据服务器的方式等信息后，单击【确定】按钮，即可结束账套注册操作。

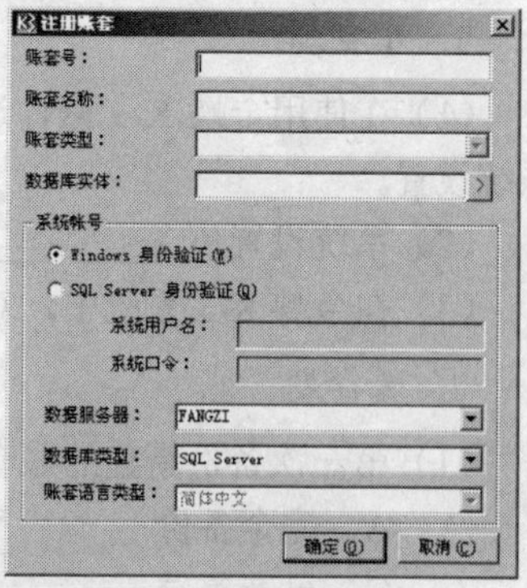

图 2-72　【注册账套】对话框

### 2.4.3　账套

账套菜单提供针对选中的账套文件进行管理的命令。账套菜单包含对账套的属性设置、参数设置、启用账套、数据有效性检查和用户管理等菜单项。其各项作用如下。

- 属性设置：对选中的账套进行属性管理。
- 启用账套：启用属性已经设置完成的账套。
- 参数设置：设置用户身份认证方式和离线查询功能。
- 数据有效性检查：在进行账套升级或结转账套前，使用该功能对账套数据的有效性进行检查，确保账套中数据的正确性。
- 用户引入引出：当系统中存在多个相同账套用户名称时，逐一对账套进行授权费时又费力。用户引入引出功能允许将一个账套的用户组、用户及其权限复制到其他多个账套。
- 用户名称引出：将账套中的所有用户信息引出为一个文本文件。
- 用户管理：对选中账套的用户信息进行管理。
- 网络控制：为保证最大限度的网络并发控制和数据的一致性，金蝶 K/3 提供了强大的网络控制功能（账套备份、年度独占、月份独占和一般互斥等）。正常情况下网络并发控制是由程序自动进行的，可以通过网络控制看到操作员正在执行的任务。
- 上机日志：查看用户选中账套的操作信息，如登录时间、从哪台机器登录和做了哪些操作等。这样便于对系统的运行情况进行监控，确保数据的安全。

## 2.5　专家点拨：提高效率的诀窍

（1）为什么会出现不能恢复备份的账套呢？

**解答**：如果在备份账套时出现"不能恢复已经备份的账套"问题，用户最好检查一下在恢复账套时，"账套号"和"账套名"是否与系统内已有的"账套号"和"账套名"重复，如果重复，则需更改"账套号"和"账套名"；此外，还要检查一下备份账套是否是在高版本数据库下进行的，若是，则不能恢复备份账套。

（2）在设置操作员的过程中，为什么不能删除不需要的用户组？

**解答**：不能删除用户组，可能是由于这个用户组中已经存在用户，如果存在用户，则需要将该组中的所有用户移出后才能删除。此外，最好再检查一下删除的用户组是否是系统预设的，系统预设的用户组不能删除。

## 2.6 沙场练兵

1. 填空题

（1）在使用金蝶 K/3 软件进行业务操作之前，必须先_____，成功建立账套后才可进行系统设置。

（2）系统设置包含_____、_____和_____3 项。

（3）在金蝶 K/3 系统中，对账套进行备份有_____和_____两种方法。

2. 选择题

（1）第一次备份新建的账套时必须使用（　　　）。

  A．完全备份        B．增量备份

  C．日志备份        D．以上三种都可以使用

（2）使用增量备份文件进行账套恢复，前提是必须要有一个（　　　）文件。

  A．增量备份   B．日志备份   C．完全备份   D．差额备份

（3）数据授权是对（　　　）中的数据进行分别授权，这样可以满足权限控制比较高的企业，对具体人只能有具体某项数据的操作权限要求。

  A．数据库   B．基础资料   C．账套   D．系统

3. 简答题

（1）简述金蝶 K/3 的操作流程。

（2）金蝶 K/3 系统为用户提供了哪些权限？其功能是什么？

（3）如何进行自动批量备份账套？

## 习题答案

1. 填空题

（1）建立账套 （2）系统参数设置、基础资料设置、初始数据录入 （3）单次备份、自动批量备份

2. 选择题

（1）A   （2）C   （3）B

3. 简答题

（1）**解答**：在使用金蝶 K/3 进行业务操作之前，必须先建立账套才可进行系统设置。系统参数设置是设置与账套有关的信息，如账套的公司名称、地址和记账本位币等。基础资料设置是设置录入业务单据时要获取的基础数据，如会计科目、客户资料等。初始数据录入是录入启用会计期间的初始数据（如会计科目的期初数据和累计数据），检查数据是否正确、是否符合启用要求，如果符合，则可以结束初始化并启用账套。启用账套后可进行日常的业务处理，如凭证录入、应收/应付账套处理、固定资产管理等。当每个月的业务工作完成后，就可以进行月末结账，进入下一会计期间继续处理业务。

（2）**解答**：金蝶 K/3 系统为用户提供了功能权限、字段权限和数据权限。

● 功能权限：是指对各子系统中模块功能的管理权和查询权进行设置，当用户拥有子系统模块的功能权限时，才能进行对应模块的功能操作。

- 字段权限：是指对各子系统中某数据类别的字段操作权限进行控置，用户只有拥有了该字段的字段权限，才能对该字段进行对应的操作。如对应收管理中的"金额"进行字段权限控制时，该用户必须具有该字段权限，才可以进行对应操作（如查询到金额数据），反之则查询不到金额，只可以看到其他信息。

- 数据权限：是指对系统中具体数据的操作权限进行控制。如对"客户"数据进行权限控制时，A 业务员只能看到 A 本人的客户资料，B 业务员只能看到 B 本人的客户资料，业务经理则可以同时看到所有业务员的客户资料。

（3）解答：在【金蝶 K/3 账套管理】窗口中选择【数据库】→【账套自动批量备份】菜单项，在【账套批量自动备份工具】对话框中对需要进行自动备份的账套设置增量备份时间间隔和完全备份时间间隔，同时在"是否备份"和"是否立即执行完全备份"列中单击，以确定是否执行备份和是否立即执行完全备份操作。单击"备份路径"列右侧的▁▁按钮，在【选择数据库文件路径】对话框中选择对应账套数据文件的存储路径，单击【确定】按钮返回【账套批量自动备份工具】对话框。单击【保存方案】按钮，在【方案保存】对话框的文本框中输入保存方案的名称。单击【确定】按钮，即可将相应备份方案保存下来。

# 第 3 章

# 设置金蝶 K/3 V12.0 系统

主要内容：

- ◉ 登录 K/3 V12.0 系统
- ◉ 设置基础资料
- ◉ 设置系统参数
- ◉ 录入初始数据

　　本章主要介绍了如何登录金蝶 K/3 V12.0 系统（包括设置登录密码和更换操作员）、对基础资料的设置（如币别、凭证、计量单位、结算方式等）、对系统参数的设置（如总账系统、应收/应付款系统、固定资产等）等内容，最后介绍了初始数据的录入方法。

## 3.1　金蝶 K/3 V12.0 系统设置概述

清晰的科目结构和明了准确的数据关系会使用户在账套启用后的日常处理和财务核算工作中思路顺畅，便捷处理问题。

金蝶 K/3 财务管理系统主要用于对企业的财务进行全面管理，除满足财务基础核算的基本功能外，还兼具集团层面的财务集中、全面预算、资金管理、财务报告等功能，帮助企业财务管理从会计核算型向经营决策型转变。

登录金蝶 K/3 系统后，在如图 3-1 所示的金蝶 K/3 系统主控台中单击【K/3 主界面】按钮，即可打开系统设置界面，其中包含【基础资料】、【初始化】、【系统设置】、【用户管理】和【日志信息】5 大部分，如图 3-2 所示。系统设置流程为：初始化准备→基础资料设置→系统参数设置→初始数据录入→结束初始化。

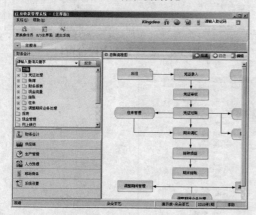

图 3-1　K/3 系统主控台

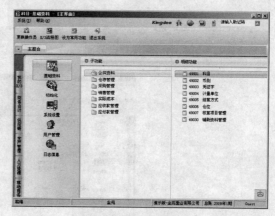

图 3-2　系统设置界面

## 3.2　登录金蝶 K/3 V12.0 系统

在用户建立好账套后，首先需登录 K/3 系统，系统确认用户身份的合法性后，用户才可进入系统处理相关业务。

### 3.2.1　系统登录

在金蝶 K/3 系统中，操作用户要登录主控台，需要输入正确的用户名和密码才能登录系统。登录系统的具体操作步骤如下。

**步骤 01**　选择【开始】→【程序】→【金蝶 K/3 成长版】→【金蝶 K/3 成长版】菜单项，或双击桌面上的【金蝶 K/3 成长版】快捷方式图标，即可打开【金蝶 K/3 成长版系统登录-V12.0.0】对话框，如图 3-3 所示。

**步骤 02**　在其中选择"组织机构"为"无"、"当前账套"为"0001|金苑面业有限公司"，选中【命名用户身份登录】单选按钮，在"用户名"和"密码"框中输入具有登录该账套权限的用户名和密码，单击【确定】按钮，即可打开金蝶 K/3 主控台窗口，如图 3-4 所示。

**步骤 03**　如果读者曾经使用过旧版本的金蝶 K/3 系统，对当前【流程图】界面不习惯，可单击工具栏中的【K/3 主界面】按钮，切换到【K/3 主界面】窗口模式，如图 3-5 所示。

左侧功能列表中列出了所建立账套具有的功能模块；右侧流程图界面为个性化设置，金蝶

K/3 系统实施人员可将正确的操作流程以图形化的方式设置在当前登录窗口，以达到操作员直观、快速、轻松操作的目的（流程图界面可自由编辑）；在下方状态栏中还显示了当前所处理的账套名称和进入该账套的用户名称。

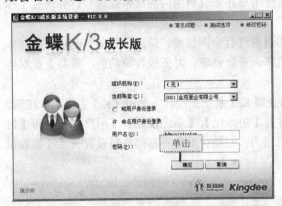

图 3-3  系统登录界面

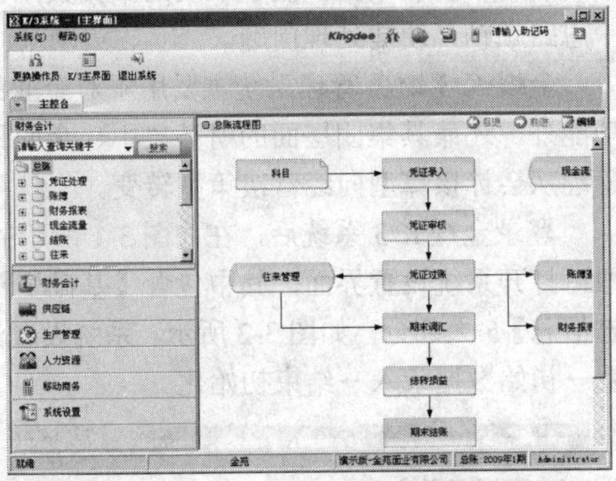

图 3-4  金蝶 K/3 主控台窗口

图 3-5  金蝶 K/3 主界面窗口模式

此外，在金蝶 K/3 主控台窗口中还提供了消息中心和短信平台，消息中心可协助进行业务系统中业务流程（工作流）的执行；短信平台可发送手机短信，前提是要与短信运营商合作。

### 3.2.2  设置用户登录密码

为了防止他人盗用自己的用户身份信息登录系统，造成不必要的损失，用户可以在登录金蝶 K/3 系统之后修改系统管理员为自己设置的密码。

在金蝶 K/3 主控台窗口中单击【系统】→【更换操作员】菜单项，即可打开【金蝶 K/3 成长版系统登录-V12.0.0】对话框。单击【修改密码】按钮，即可打开【修改密码】对话框，如图 3-6 所示。在其中输入新的密码之后，单击【确定】按钮，即可完成密码修改操作。

此外，用户还可以通过修改用户属性的方式来更改登录密码，具体的操作步骤如下。

**步骤 01**  在金蝶 K/3 主控台窗口中单击左侧列表中的【用户管理】选项，在右侧列表中即可显示出用户管理的【子功能】和【明细功能】列表，如图 3-7 所示。双击【明细功能】下的【用户管理】选项，即可在金蝶 K/3 主控台窗口中打开【用户管理】界面。

**步骤 02**  在其中选择需要修改登录密码的用户名称并双击，如图 3-8 所示。

**Kingdee**

步骤 03　弹出【用户属性】对话框，切换到【认证方式】选项卡下，在【密码认证】下的文本框中输入新密码，单击【确定】按钮，即可修改用户的登录密码，如图 3-9 所示。

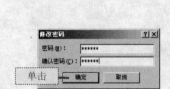

图 3-6　【修改密码】对话框

图 3-7　用户管理列表

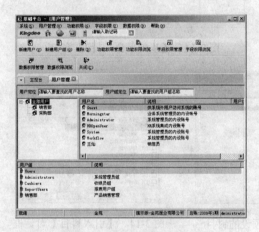

图 3-8　用户管理界面

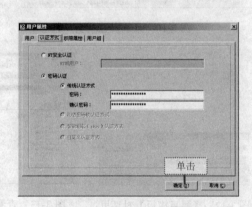

图 3-9　【用户属性】对话框

## 3.3　引入会计科目

金蝶 K/3 系统为用户预设了相关行业的一级会计科目和部分二级明细科目，有企业会计制度科目、新会计准则科目、工业企业和股份制企业的会计科目，用户需要先引入账套，再自行增加更加详细的明细科目。

引入会计科目的具体操作步骤如下。

步骤 01　在金蝶 K/3 系统主控台窗口中，在左侧列表中单击【系统设置】标签，选择【基础资料】→【公共资料】选项，如图 3-10 所示。

步骤 02　双击【公共资料】中的【科目】选项，即可进入【基础平台-科目】窗口，如图 3-11 所示。

步骤 03　从【基础平台-科目】窗口中选择【文件】→【从模板中引入科目】菜单项，即可打开【科目模板】对话框，如图 3-12 所示。在【行业】下拉列表框中可自由选择所需的行业科目，单击【查看科目】按钮，即可查看该行业下预设的会计科目。

**步骤 04** 查看该行业下预设的会计科目，如图 3-13 所示，在其中选择好科目后，单击【引入】按钮。

**步骤 05** 打开【引入科目】对话框，如图 3-14 所示。❶单击【全选】按钮选中全部科目，❷单击【确定】按钮，即可开始引入所选会计科目。如果不需要引入所有科目，可以单独选择所需要的科目，勾选代码前的复选框后再单击【确定】按钮即可。

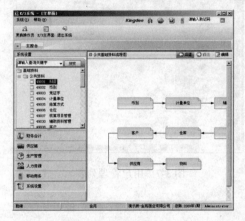

图 3-10 系统设置列表

图 3-11 【基础平台-科目】窗口

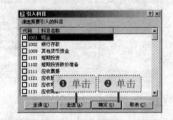

图 3-12 【科目模板】对话框　　　图 3-13 查看预设的科目　　　图 3-14 【引入科目】对话框

**步骤 06** 稍后系统即可弹出成功引入科目的提示信息，如图 3-15 所示。单击【确定】按钮返回【基础平台-科目】窗口。

**步骤 07** 此时在【基础平台-科目】窗口中即可看到引入的科目，如图 3-16 所示。

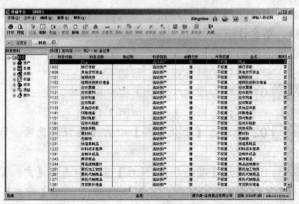

图 3-15 提示框　　　　　　　　　图 3-16 引入的科目

如果屏幕上没有显示所引入的会计科目，则单击工具栏中的【刷新】按钮即可显示出来。金蝶 K/3 系统将会计科目分为资产、负债、共同、权益、成本、损益和表外 7 大类，要查看相应类别下的科目，可单击该类别前的"+"号，层层展开查看。

## 3.4　设置基础资料

在金蝶 K/3 系统中，基础资料可细分为公共资料和各个子系统的基础数据两大类。

公共资料是多个子系统都会使用的公共基础数据，如会计科目、客户和职员等；各子系统的基础数据是公共资料不能满足业务需求时还要进行设置的资料，如应收款下的信用管理、价格和折扣等资料。

### 3.4.1　币别

币别是金蝶 K/3 基础资料中的一种，因为所有财务数据都是通过"钱"表示出来的。它是针对企业经营活动中所涉及的币别进行管理，具有新增、修改、删除、币别管理、禁用、禁用管理、相关属性、引出、打印和预览等功能。在金蝶 K/3 主控台窗口的左侧列表中单击【系统设置】标签，展开【基础资料】→【公共资料】系统功能选项，双击【币别】选项，即可打开【基础平台-币别】窗口，在其中可进行币别设置，如图 3-17 所示。

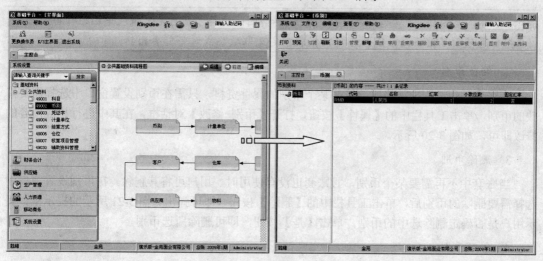

图 3-17　币别设置窗口

**1. 新增币别**

中国内地的企业通常采用"人民币"作为本位币，其他币种作为外币进行核算。对于与外贸密切相关的企业可能需要设置多种外币，如美元、日元、法郎、马克等。要将这些账套中所涉及的币别都增加到金蝶 K/3 基础资料中，具体的操作步骤如下。

步骤 01　在币别设置窗口中单击【新增】按钮，即可打开【币别-新增】对话框，如图 3-18 所示。在其中输入币别代码、币别名称，设置"记账汇率"和"折算方式"并指定汇率变动方式，即该币种采用固定汇率还是浮动汇率，并设置金额小数倍数，最后单击【确定】按钮，即可完成币别的添加操作。

步骤 02　完成币别添加操作后的效果，如图 3-19 所示。

图 3-18　【币别-新增】对话框　　　　　　　图 3-19　新增的币别

记账汇率指在经济业务发生时的记账汇率，期末调整汇兑损益时系统自动按对应期间的记账汇率折算，并调整汇兑损益额度。

> **提示**　在输入货币代码时尽量不要使用"$"符号，因为该符号在自定义报表中已经有特殊含义，如果使用了该符号，则在自定义报表中定义取数公式时可能会出错。

**2. 修改币别**

在账套使用过程中如果需要修改某个币别的属性资料，只需在币别设置窗口中选择需要修改的币别，单击工具栏中的【属性】按钮，打开【币别-修改】对话框，在其中进行相应内容的修改即可，如图 3-20 所示。

**3. 删除币别**

当账套中不再需要某个币别，且账套也没有使用时，用户可将其删除。在币别设置窗口中选择需要删除的币别后，单击工具栏中的【删除】按钮，即可弹出如图 3-21 所示的提示框，提示用户是否确定删除选中的币别。单击【是】按钮，即可删除所选币别。

**4. 管理币别**

单击币别设置窗口工具栏中的【管理】按钮，即可打开【币别】对话框，在其中可进行币别的增加、修改和删除等操作，如图 3-22 所示。

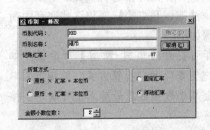

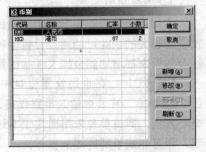

图 3-20　【币别-修改】对话框　　　图 3-21　信息提示框　　　图 3-22　【币别】对话框

**5.　禁用币别**

对于一些暂时不需要的币别，用户可以将其暂时禁用，待需要使用时再将其解禁。

禁用币别的具体操作步骤如下。

**步骤 01**　在币别设置窗口中选择需要禁用的币别后，单击工具栏中的【禁用】按钮，即可弹出一个如图 3-23 所示的提示对话框，提示用户是否确定要禁用所选的币别。单击【是】按钮，即可禁用所选币别。

**步骤 02**　如果想要重新将禁用的币别恢复使用，则可单击工具栏中的【反禁用】按钮，即可打开【管理币别禁用】对话框，如图 3-24 所示。在其中选择需要恢复使用的被禁用币别，❶单击【取消禁用】按钮，即可恢复币别的使用权限。❷单击【关闭】按钮返回【币别】窗口。

图 3-23　信息提示框　　　　　　　　　　图 3-24　【管理币别禁用】对话框

本位币不能被删除和禁用，被禁用后的币别在浏览界面中看不到，其他系统也不能使用。

## 3.4.2　凭证字

凭证字是管理凭证处理时使用的凭证字（如收、付、转、记等字）。在金蝶 K/3 主控台窗口的左侧列表中单击【系统设置】标签，展开【基础资料】→【公共资料】系统功能选项，双击【凭证字】选项，即可打开【基础平台-凭字证】窗口，在其中可进行凭证字的设置，如图 3-25 所示。

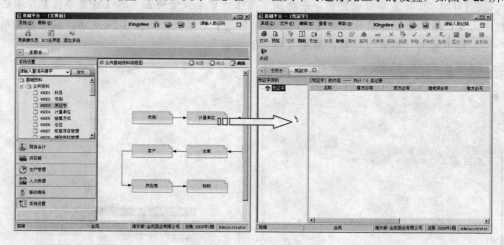

图 3-25　凭证字设置窗口

单击【基础平台-凭证字】窗口工具栏中的【新增】按钮，即可打开【凭证字-新增】对话框，如图 3-26 所示。在"凭证字"文本框中输入"记"，其他选项保持默认值，单击【确定】按钮，即可新增一个凭证字并在【凭证字】窗口中显示出来，如图 3-27 所示。

如果勾选"限制多借多贷凭证"复选框，则不允许保存该凭证，但可保存一借一贷、一借多贷或多借一贷的凭证。在账套中有多个凭证字时，可将使用频率高的凭证字设为默认值，这样在录入凭证时系统将默认使用该凭证字。在凭证字设置窗口中选择凭证字后，选择【编辑】→【设为默认值】菜单项，即可将所选凭证字设为默认值。

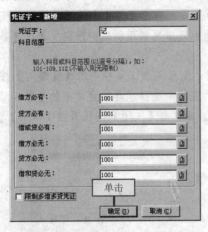

图 3-26  【凭证字-新增】对话框

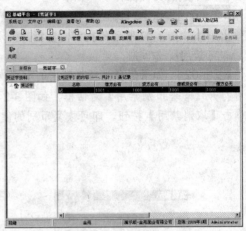

图 3-27  新增的凭证字

### 3.4.3  计量单位

计量单位是在系统进行存货核算和固定资产资料录入时，为不同的存货、固定资产设置的计量标准，如公斤、台、张等。在金蝶 K/3 主控台窗口的左侧列表中单击【系统设置】标签，展开【基础资料】→【公共资料】系统功能选项，双击【计量单位】选项，即可打开【基础平台-计量单位】窗口，在其中可进行计量单位的设置，如图 3-28 所示。

在计量单位设置窗口中，新增计量单位前必须先新增计量单位组，具体操作步骤如下。

**步骤 01**　在计量单位设置窗口中选择左侧【计量单位资料】下的【计量单位】，单击工具栏中的【新增】按钮，即可打开【新增计量单位组】对话框，如图 3-29 所示。在"计量单位组"文本框中输入"重量组"后，单击【确定】按钮。

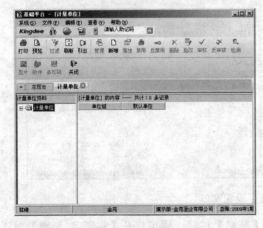

图 3-28  计量单位设置窗口

图 3-29  【新增计量单位组】对话框

**步骤 02**　返回计量单位设置窗口，则新增的计量单位即可显示在左侧列表中，如图 3-30 所示。

在新增计量单位组后，就可以添加计量单位了，具体的操作步骤如下。

**步骤 01**　选中计量单位设置窗口左侧列表中的【重量组】后单击右侧窗口任意空白处，再单击工具栏中的【新增】按钮，即可打开【计量单位-新增】对话框，如图 3-31 所示。设置"代码"为"001"、"名称"为"公斤"、"换算率"为"1"，单击【确定】按钮，保存设置并返回计量单位设置窗口。

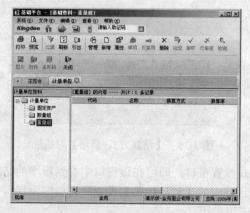

图 3-30　新增的计量单位

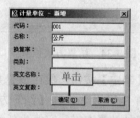

图 3-31　【计量单位-新增】对话框

**步骤 02**　在其中可看到新增的计量单位资料，如图 3-32 所示。用同样的方法新增表中其他数据，如图 3-33 所示。

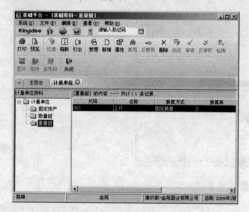

图 3-32　新增的计量单位资料

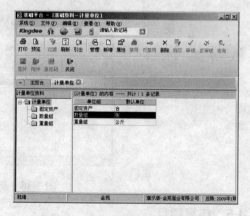

图 3-33　新增其他数据计量单位

换算率是非默认计量单位与默认计量单位的换算系数。非默认计量单位与默认计量单位的系数换算关系为乘，即 1（默认计量单位系数）*非默认计量单位系数。一个单位组中只能有一个默认计量单位。

## 3.4.4　结算方式

结算方式是指管理往来业务中的结款方式，如现金结算、支票结算等。在金蝶 K/3 主控台窗口的左侧列表中单击【系统设置】标签，展开【基础资料】→【公共资料】系统功能选项，双击【结算方式】选项，即可打开【基础平台-结算方式】窗口，在其中可进行结算方式的设置，如图 3-34 所示。单击工具栏中的【新增】按钮，即可打开【结算方式-新增】对话框，在其中输入结算方式的代码和名称，如图 3-35 所示。

图 3-34　结算方式设置窗口

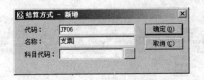

图 3-35　【结算方式-新增】对话框

单击【确定】按钮，保存设置并返回结算方式设置窗口，即可在该窗口中看到新增的结算
方式，如图 3-36 所示。在【结算方式-新增】对话框中的【科目代码】设置只有指定银行科目
才能使用该种结算方式，空值为任意银行科目都可以使用。

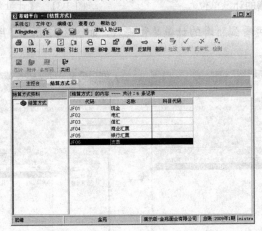

图 3-36　新增的结算方式

### 3.4.5　核算项目

在金蝶 K/3 中，核算项目是操作相同、作用相类似的一类基础数据的统称。将具有这些特
征的数据统一归到核算项目中进行管理比较方便，操作也比较容易。

在金蝶 K/3 主控台窗口的左侧列表中单击【系统设置】标签，展开【基础资料】→【公共
资料】系统功能选项，双击【核算项目管理】选项，即可打开【基础平台-全部核算项目】窗口，
在其中可进行核算项目的设置，如图 3-37 所示。

1. 增加核算项目类别

系统中预设了多种核算项目类别，如客户、部门、职员、物料等，如果其中没有用户需要
的类别，则用户可以自行添加。增加核算项目类别的操作步骤如下。

**步骤 01**　在核算项目设置窗口左侧的【核算项目资料】列表中选择任意一个核算项目类
别后，单击工具栏中的【管理】按钮，即可打开【核算项目类别】对话框，如图 3-38 所示，单

击【新增】按钮。

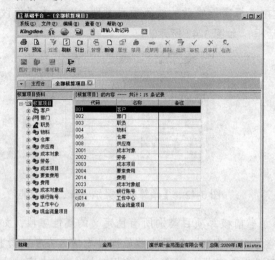

图 3-37　核算项目设置窗口

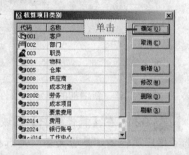

图 3-38　【核算项目类别】对话框

**步骤 02**　　打开【核算项目类别-新增】对话框，如图 3-39 所示。在其中输入核算项目类别的代码、名称和备注信息后，单击【属性维护】区域中的【新增】按钮。

**步骤 03**　　打开【自定义属性-新增】对话框，如图 3-40 所示。在 "名称" 文本框中输入自定义属性字段的名称；在 "相关属性" 下拉列表框中选择适当的字段属性，如果希望是自定义字段类型，则选择 "无" 选项；在 "类型" 下拉列表框中选择自定义属性的字段类型；在 "长度" 数值框中设置自定义属性字段的长度；在 "缺省值" 文本框中如果输入了默认值，则在以后新增自定义属性时，系统会自动保存这个默认信息，不需要重复手工录入；在 "属性页" 下拉列表框中选择新增字段显示的页面位置。设置完成后单击【新增】按钮，即可为当前核算项目类别增加一个自定义属性并返回【核算项目类别-新增】对话框。

图 3-39　【核算项目类别-新增】对话框

图 3-40　【自定义属性-新增】对话框

**步骤 04**　　在【属性维护】区域下方的列表中即可显示为核算项目类别新增加的自定义属性，如图 3-41 所示。

如果在【自定义属性-新增】对话框的 "属性页" 下拉列表框中选择了 "基本资料" 选项，则所定义的属性将出现在该核算项目属性对话框的【基础资料】标签中；如果选择了 "自定义" 选项，则该核算项目属性对话框中将新增一个【自定义】标签。

2. 修改核算项目类别

金蝶 K/3 提供了许多核算项目类别，但某些项目类别不适合用户使用，出现这种情况时，就需要用户对不适用的核算项目类别进行修改。修改核算项目类别的具体操作步骤如下。

**步骤 01** 在【核算项目类别】对话框中选择需要修改的核算项目类别后，单击【修改】按钮，即可打开【核算项目类别-修改】对话框，如图 3-42 所示。

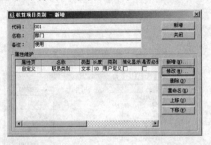

图 3-41 新增加的自定义属性

图 3-42 【核算项目类别-修改】对话框

**步骤 02** 在【属性维护】区域中显示了当前核算项目类别所有已定义的属性字段。如果勾选了相应属性的"是否必录"复选框，则在录入保存时，如果这些属性没有输入完整的数据，系统将提示"不能保存"；如果勾选"是否显示"复选框，则在录入单据时就会在 F7 窗口中显示。单击【确定】按钮，即可完成修改操作。

3. 增加核算项目

有核算项目类别，自然也就需要核算项目，所以用户还需要在每一个核算项目类别下设置增加相应的核算项目。具体的操作步骤如下。

**步骤 01** 在核算项目设置窗口中选取某一具体的核算项目（以"现金流量项目"为例），单击【管理】按钮，即可打开当前核算项目所属类别的管理窗口，如图 3-43 所示，单击核算项目管理窗口工具栏上的【新增】按钮。

**步骤 02** 打开【现金流量项目-新增】对话框，如图 3-44 所示。在【项目属性】选项卡中包括【基本资料】、【条形码】等标签。这些标签及其内容根据核算项目类别不同而有所差别，但一般都有【基本资料】、【条形码】两个标签，若增加的核算项目为【现金流量项目】核算项目类别，则还将显示一个【图片】标签，用于保存该成本项目的相关图片。在【基本资料】选项卡中可以输入新增核算项目的基本资料。这里单击【条形码】标签。

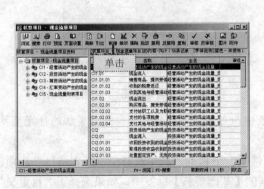

图 3-43 核算项目管理窗口

图 3-44 【现金流量项目-新增】对话框

**步骤 03** 弹出【条形码管理】对话框，在其中手工输入条形码，如图 3-45 所示，单击【查找】按钮。

步骤 04  弹出【条形码搜索】对话框，在其中设置查找条件，搜索已存在的商品条码（条形码管理支持一品多码的设置，一个核算项目允许存在多个条码，但不允许一个条码对应多个核算项目），如图 3-46 所示。

步骤 05  在【现金流量项目-新增】对话框中切换至【参数设置】选项卡，即可进入"参数设置"界面，在其中设置当前核算项目的有关参数，如图 3-47 所示。单击【保存】按钮，即可完成核算项目的添加操作。

图 3-45  【条形码管理】对话框

图 3-46  【条形码搜索】对话框

步骤 06  完成核算项目的添加操作之后，新增核算项目将在核算项目所属类别的管理窗口中显示出来，如图 3-48 所示。如果单击【参数设置】界面中的【上级组】按钮，则可将当前新增数据设置为上级核算项目组。

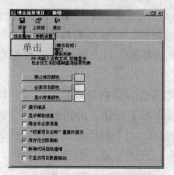

图 3-47  【参数设置】界面

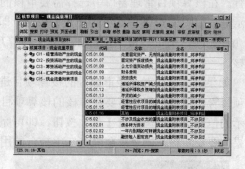

图 3-48  添加结果显示

在【现金流量项目-新增】对话框中所显示的字段均为已设置好的核算项目类别属性。如果需要增加核算项目类别属性，则可按打开【自定义属性-新增】对话框的方法进行。另外，在该对话框中以黄色底纹显示的项目为必录项，而编辑区为粉红色底纹的项目为禁止修改的项目。

**4. 修改核算项目属性**

金蝶 K/3 系统还提供了两种修改核算项目属性的方法。

步骤 01  如果单独修改某一个核算项目属性，则可在核算项目管理窗口中选择需要修改的核算项目，然后单击工具栏上的【修改】按钮，或在核算项目窗口中选择需要修改的项目，单击【属性】按钮，弹出如图 3-49 所示的对话框，在其中进行修改。

步骤 02  如果要同时修改多个核算项目属性的某一个选项，则可单击【批改】按钮，打开相应的批量修改对话框，如图 3-50 所示。在【修改字段】下拉列表中选择需要修改的字段，在"字段属性值"文本框中输入该字段的值。单击【确定】按钮，即可修改成功。

图 3-49　修改核算项目

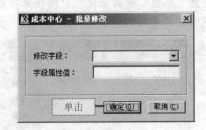

图 3-50　批量修改

并不是所有核算项目都能进行批量修改，如果对不能进行批量修改的核算项目进行批量修改时会弹出一个如图 3-51 所示的信息提示框，此时就只能一个个地进行修改操作。

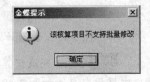

图 3-51　信息提示框

5．审核核算项目

为了防止资料被意外或恶意更改、删除，金蝶 K/3 还提供了审核功能，当审核后的项目需要修改时必须经过"审核人"反审核后才能进行。在核算项目管理窗口中选择需要审核的核算项目，单击【审核】按钮，即弹出一个信息提示框，如图 3-52 所示。单击【是】按钮，即可完成审核操作。审核后的核算项目不能修改也不允许删除，但可以被禁用。如果某个核算项目被审核，则其所有上级核算项目也将被同步审核。

如果确实需要对已经审核过的核算项目进行修改，则需要对该核算项目进行反审核，在核算项目管理窗口中选择需要反审核的核算项目，单击【反审核】按钮，即可弹出一个如图 3-53 所示的信息提示框。单击【是】按钮，即可完成反审核操作。对于已经通过审核的核算项目，如果需要反审核，则登录金蝶 K/3 主控台的用户必须具有相应的权限，否则不能操作。

图 3-52　审核提示框

图 3-53　反审核提示框

6．检测核算项目的使用状态

由于已经应用的核算项目将不能进行删除等操作，所以在操作之前用户可以先检测一下核算项目的使用状态，从而便于操作。具体的操作步骤如下。

**步骤 01**　在核算项目管理窗口中选择需要检测使用的核算项目类别，单击【检测】按钮即可对所选项目进行检测，检测完毕后会弹出一个如图 3-54 所示的完成检测信息提示框。单击【确定】按钮，即可列出未使用的核算项目。

**步骤 02**　系统检测核算项目的使用状态之后，已经使用的核算项目以黑色显示，未被使用的核算项目以蓝色显示，如图 3-55 所示。

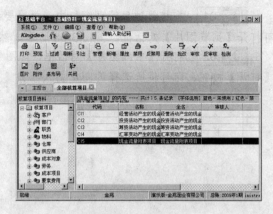

图 3-54　检测完毕提示框　　　　　　　　图 3-55　检测结果显示

一次检测过多的数据将会影响系统响应时间，如果检测的数据中包含被禁用的数据，则无论其是否使用过，都会保持红底显示。

7．附件管理

附件是金蝶 K/3 的一大特色，当项目中的基本属性不能满足表达该项目的要求时，可通过附件进行解释，如客户属性中没有"联系人照片"，那么可通过附件形式将该照片文件附在该客户信息上供查看。其功能类似 E-mail 中的"附件"功能，用户可添加任意类型的文件。

具体的操作步骤如下。

步骤 01　在核算项目管理窗口中选择需要添加附件的核算项目，单击【附件】按钮，即可打开【附件管理-编辑】对话框，如图 3-56 所示。

步骤 02　单击【附件文件名】列的空白行，再单击其右侧的 ▣ 按钮，即可打开【请选择附件文件】对话框，如图 3-57 所示。

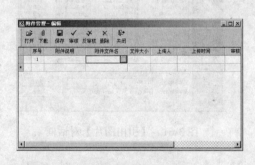

图 3-56　【附件管理-编辑】对话框　　　　图 3-57　【请选择附件文件】对话框

步骤 03　选择需要添加的文件并单击【打开】按钮，返回附件管理窗口，单击【保存】按钮，即可添加附件文件。

步骤 04　在附件管理窗口中勾选附件前的复选框，单击【打开】按钮，则可使用相应的应用程序打开该附件，浏览或编辑其中的具体内容。如果添加的附件内容无误，则可单击【审核】按钮进行审核，以防止其他用户修改该附件。

为了更好地保存物料的有关图片，金蝶 K/3 V12.0 新增了一个图片管理功能，与附件管理功能相辅相成，但该功能只有在物料核算项目管理窗口中才能使用。具体的操作步骤如下。

**步骤 01**　在核算项目管理窗口中选择需要添加图片的核算项目，单击【图片】按钮，即可打开【浏览图片】对话框，如图 3-58 所示，然后单击【引入】按钮。

**步骤 02**　打开【引入图片】对话框，如图 3-59 所示。在其中选择需要引入的图片，单击【打开】按钮，即可将所选择的图片引入。

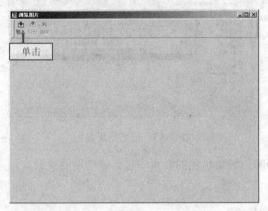

图 3-58　【浏览图片】对话框

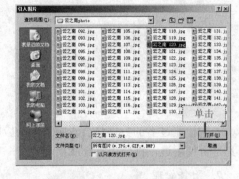

图 3-59　【引入图片】对话框

**步骤 03**　引入选择的图片，如图 3-60 所示。

**步骤 04**　选择已经引入的图片，单击【引出】按钮，即可打开如图 3-61 所示的【引出图片】对话框，从中选择要引出的图片，可将图片保存到其他文件夹中；单击【删除】按钮，则可将引入的图片删除。

图 3-60　引入图片显示

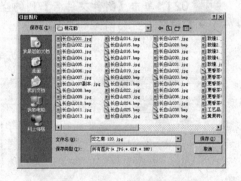

图 3-61　【引出图片】对话框

### 8. 核算项目搜索

系统在核算项目搜索管理窗口中还提供了搜索功能。核算项目搜索的具体操作步骤如下。

**步骤 01**　在核算项目管理窗口中选择具体的核算项目，单击【管理】按钮，即可进入该项目类别的管理窗口，如图 3-62 所示。

**步骤 02**　单击【搜索】按钮，即可切换到核算项目搜索窗口，如图 3-63 所示。

**步骤 03**　在【字段名称】下拉列表框中选择要搜索的字段名称，在"包含文字"文本框中输入具体的搜索内容之后，单击【搜索】按钮，即可在右侧的窗口中显示出所搜索到的内容，如图 3-64 所示。

**步骤 04**　如果用户需要更加详细、具体地搜索某些核算项目，则可勾选"高级"复选框并设置具体的搜索选项，如图 3-65 所示。

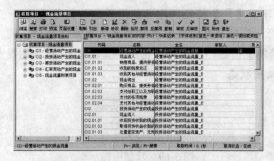

图 3-62　项目类别管理窗口

图 3-63　核算项目搜索窗口

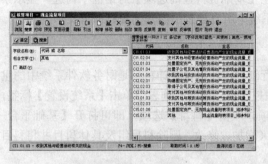

图 3-64　搜索内容显示

图 3-65　高级搜索

## 9. 快捷键

用户在录入单据时，按 F7 快捷键可快速打开核算项目管理窗口，在其中进行核算项目的查询与设置等操作。在核算项目设置窗口中选择【查看】→【选项】菜单项，即可在【基础资料查询选项】对话框中设置 F7 快捷键功能的有关选项，如图 3-66 所示。

在核算项目设置窗口中还提供了过滤功能，可控制浏览窗口中显示的内容。用户在核算项目设置窗口中选取一个具体的核算项目，单击【过滤】按钮，即可在【过滤】对话框中设置过滤条件，如图 3-67 所示。单击【确定】按钮，在浏览窗口中将只显示符合条件的内容。

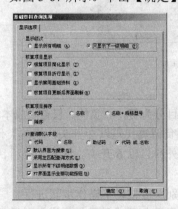

图 3-66　【基础资料查询选项】对话框

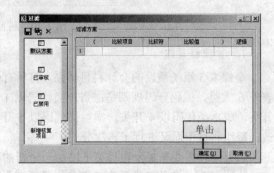

图 3-67　【过滤】对话框

## 10. 禁用核算项目

一些暂时不需要的核算项目，用户可将其禁用，以方便操作。具体的操作步骤如下。

**步骤 01**　在核算项目设置窗口中选取需禁用的具体核算项目，单击工具栏上的【禁用】按钮，即可弹出一个如图 3-68 所示的提示框，单击【是】按钮，即可禁用所选的核算项目。

**步骤 02**　如果要取消核算项目的禁用状态，需使被禁用的核算项目显示出来（被禁用的核算项目以红色显示）并选取之后，单击【反禁用】按钮，系统将弹出一个如图 3-69 所示的提示框，单击【是】按钮，即可解除核算项目的禁用状态。

图 3-68　禁用提示框

图 3-69　反禁用提示框

　　如果要使禁用的项目显示出来，用户可以在【基础资料查询选项】对话框中勾选"显示禁用基础资料"复选框，单击【确定】按钮，则系统中所有被禁用的基础资料都将显示出来。

### 3.4.6　会计科目设置

　　由于所有的财物数据都通过会计科目来进行管理，所以说会计科目是财务软件系统中的重要资料，是整个财务系统的基础。在金蝶 K/3 主控台窗口的左侧列表中单击【系统设置】标签，展开【基础资料】→【公共资料】系统功能选项，双击【科目】选项，即可打开【基础平台-基础资料-科目】窗口，在其中可进行科目设置（增加、修改、删除科目组及具体科目并将科目引出、打印输出），如图 3-70 所示。

图 3-70　科目设置窗口

1. 管理科目组

　　金蝶 K/3 系统预设的会计科目体系，将所有会计科目分为资产、负债、权益、成本、损益、表外 6 大类。编码分码规则是：资产类代码以 1 开头，负债类代码以 2 开头，权益类代码以 3 开头，成本类代码以 4 开头，损益类代码以 5 开头，表外科目以 6 开头。这 6 大类科目不能修改，每组科目下面又进行了再次分类。

　　如果用户需要在某个科目类下增加一个新的科目类别，可按以下操作步骤进行。

**步骤 01**　在科目设置窗口中单击【新增】按钮，即可打开【科目组新增】对话框，在其中输入科目组的"编码"和"名称"，如图 3-71 所示。单击【确定】按钮，即可完成操作。

**步骤 02**　单击【刷新】按钮，则新增的科目组即可在"科目资料"列表中显示出来，如图 3-72 所示。

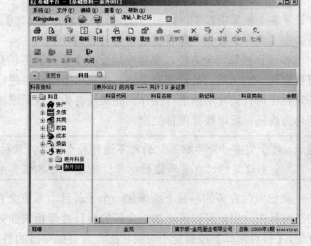

图 3-71 【科目组新增】对话框 图 3-72 显示添加的科目组

**2. 应用表外科目**

金蝶 K/3 系统的会计科目中设置了一个"表外科目"会计科目组，与其他 5 类科目组有所不同。在凭证处理时，对于表外科目的凭证系统将不检查凭证的平衡关系，会计分录不平衡时也可保存。但表外科目与其他类别的科目不能同时出现在一张凭证中，否则该凭证无法保存。表外科目使用的意义在于可以对一些事项做备查登记，记录一些数据，在账套中可以进行查询。具体使用时和普通会计科目没有太大的差别。

**3. 增加科目**

引入的会计科目往往不能完全满足企业财务管理的需要，此时就需要用户自行增加科目。具体的操作步骤如下。

**步骤 01** 在科目设置窗口中，在右侧窗格中单击任意位置，然后单击工具栏中的【新增】按钮，即可打开【会计科目-新增】对话框，如图 3-73 所示。

**步骤 02** 在其中输入"科目代码"、"助记码"和"科目名称"等信息，同时设置"科目类别"、"余额方向"、"外币核算"和"计量单位"等内容，并根据需要勾选相应的复选项。单击【核算项目】选项卡，切换到如图 3-74 所示的核算项目设置界面，单击【增加核算项目类别】按钮。

图 3-73 【会计科目-新增】对话框

图 3-74 【核算项目】选项卡

步骤 03　打开【核算项目类别】对话框，在其中选择需要核算的项目类别（一个科目允许设置多个核算项目），如图 3-75 所示。单击【确定】按钮返回【会计科目-新增】对话框，再单击【保存】按钮，即可完成新增科目的设置。

多项目核算可全方位、多角度地反映企业的财务信息，并且设置多项目核算比设置明细科目更直观、更简洁、处理速度更快。如果希望对科目进行多项目核算，则为科目增加核算项目一定要在科目被使用前进行操作。如果没有为科目新增核算项目，而该科目又已经使用，则不能再为该科目新增核算项目类别。

> **提示**　对于需要"外币核算"的可不进行外币核算，只核算本位币（即 RMB）；也可以对本账套中设定的所有货币进行核算；还可以对本账套中某一种外币进行核算。

在已发生业务的科目下再增加一个子科目，系统会自动将父级科目的全部内容转移到新增的子科目中。用户可以再增加一个新的科目处理相关业务，该项操作不可逆。在新增科目对话框中，【科目预算】按钮是不可用状态，只有保存过的科目才能输入科目预算。

### 4. 修改科目属性

有些科目在使用过程中需要根据实际情况进行修改，可按如下操作方法进行。

步骤 01　在科目设置窗口中选择需要修改的会计科目，单击工具栏中的【属性】按钮，即可打开【会计科目-修改】对话框，在其中可对科目属性进行修改，如图 3-76 所示。修改完成后单击【保存】按钮，将修改后的科目属性保存下来。

图 3-75　【核算项目类别】对话框

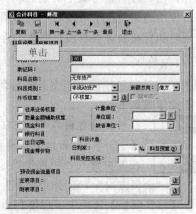

图 3-76　【会计科目-修改】对话框

步骤 02　如果还需要修改其他科目，可在【会计科目-修改】对话框中单击【第一条】、【上一条】、【下一条】或【最后】按钮，在其中查找需要修改的科目进行修改。

在进行科目修改时还可录入科目预算数据。科目预算主要用于帮助用户在不使用管理会计系统时，设置一些简单的预算数据，实现预算管理。设置科目预算值后，在录入凭证时若设置的科目数据超过科目预算值或低于预算值，系统将提供"不检查"、"警告"、"禁止使用"3 种方式供用户进行处理。在打开需要录入科目预算数据的科目属性对话框后，单击【科目预算】按钮，即可打开【科目预算】窗口，在其中录入预算数据。

只有最明细级的科目才可以录入预算数据，非明细级会计科目的预算数据是下级明细的汇总，只能查询，不可录入；如果科目下设核算项目，则预算数据必须录入到具体的核算项目上。具体在录入核算项目时，需要分期间分币别录入（综合本位币数据是各种币别折合为本位币的汇总，不可录入），可以录入每个会计期间的预算数据。

没有核算项目的科目，其科目预算窗口如图 3-77 所示。预算数据是分期显示的，用户可以分别输入数据，单击【保存】按钮即可。在进行带核算项目会计科目的预算数据录入前，必须首先指定具体的核算项目；如果科目带有多个核算项目类别，则必须指定核算项目的组合。带有核算项目科目的【科目预算】窗口如图 3-78 所示。

图 3-77　没有核算项目的科目预算窗口

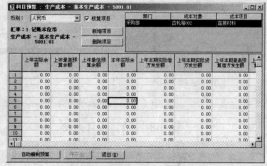

图 3-78　带有核算项目的科目预算窗口

录入核算项目科目预算数据的具体操作步骤如下。

**步骤 01**　在【科目预算】窗口中选择【核算项目】复选框，单击【新增项目】按钮，即可在右侧核算项目列表框中增加一条空白记录，列头上将会显示核算项目类别的信息。科目下设置了几个核算项目类别则显示几列，每一列的列头是核算项目类别信息，如图 3-79 所示。

**步骤 02**　双击新增的空白记录，即可打开【分录项目信息】对话框，如图 3-80 所示。

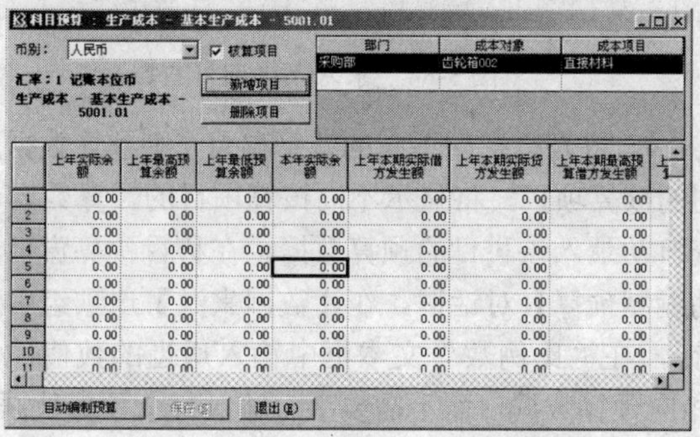

图 3-79　新增一条空白记录

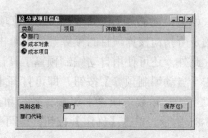

图 3-80　【分录项目信息】对话框

**步骤 03**　单击核算项目列表中某一个核算项目的类别之后，单击相应代码的文本框并按 F7 快捷键，即可打开如图 3-81 所示的核算项目列表。在核算项目列表中选择需要的核算项目并双击，即可将所选的核算项目添加到分录项目信息中。

**步骤 04**　除了按 F7 快捷键可以添加项目信息外，还可以按 F8 快捷键，从显示的核算项目列表中选择需要的核算项目，如图 3-82 所示。如果在代码框中输入一个核算项目包含的文字，按 F9 快捷键，则显示包含该文字的所有核算项目。

**步骤 05**　所有的核算项目都设置完毕后，单击【保存】按钮，关闭【分录项目信息】对话框并返回预算数据录入窗口，这时在预算数据录入窗口的核算项目列表中将会显示出所选定的核算项目信息，如图 3-83 所示。

**步骤 06**　在其中选定核算项目后，在预算数据录入栏中录入具体的数据，表示该核算项目或核算项目组合的预算数据。保存后在核算项目中新增另一个核算项目或核算项目组合，此时预算数据又将处于可录入状态，可录入新增核算项目或核算项目组合的数据，如图 3-84 所示。

图 3-81　核算项目列表　　　　　　　　　　图 3-82　按 F8 快捷键选择核算项目列表

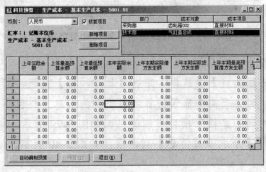

图 3-83　显示新增的核算项目信息　　　　　　图 3-84　录入核算项目数据

　　如果设置了多个核算项目（或核算项目组合），将光标指向不同的核算项目，则预算数据显示的是所指向核算项目的预算数据；单击不同的核算项目，将显示不同核算项目的预算数据。

　　此外，还可使用自动编制预算工具让系统自动录入该科目的预算数据。在科目预算窗口中单击【自动编制预算】按钮，即可打开【自动编制预算】对话框，在【数据来源】选项组中选中"上年实际数"或"上年预算数"单选按钮，在"比例数"文本框中输入适当的数值，如图 3-85 所示。单击【确定】按钮，即可生成相应预算数据，而不需要手工输入每个预算数据。

　　5．删除科目

　　当某个会计科目不再使用时（在账套中也没有使用），就可以将其删除。选择需要删除的科目之后，单击工具栏中的【删除】按钮，即可弹出一个如图 3-86 所示的提示框。单击【是】按钮，即可删除所选科目。

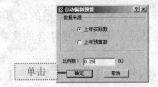

图 3-85　【自动编制预算】对话框　　　　　　图 3-86　删除提示框

**6. 禁用科目**

如果某个会计科目暂时不用或永久不用，但在账套中已经使用不能删除时，用户可以将该会计科目禁用。只需选取需要禁用的科目，单击工具栏上的【禁用】按钮，弹出如图 3-87 所示的提示信息框，单击【是】按钮即可。

如果需要使用已禁用的会计科目时，用户必须将其解禁。此时只需单击工具栏上的【反禁用】按钮，即可打开【管理科目禁用】对话框，如图 3-88 所示。在其中选择需要解除禁用的会计科目之后，单击【取消禁用】按钮即可。

图 3-87　禁用提示框　　　　　　图 3-88　【管理科目禁用】对话框

禁用的科目不能被修改、删除，其他系统也不能使用该科目，且禁用后该科目在浏览界面上看不到。如果想在浏览界面上看到已经禁用的会计科目，可在会计科目设置窗口中选择【查看】→【选项】菜单项，打开【基础资料查询选项】对话框，在其中勾选"显示禁用基础资料"复选框，如图 3-89 所示。单击【确定】按钮，则已经被禁用的会计科目就可以在浏览界面中显示出来了。

**7. 管理科目**

在科目设置窗口中，金蝶 K/3 系统还为用户提供了综合设置功能，即科目管理。用户可查看本账套中的所有科目，并进行增加、删除、修改、复制、查找、设置科目预算等操作。在会计科目设置窗口中选择任一会计科目组或会计科目，单击工具栏上的【管理】按钮，即可打开【会计科目】对话框，在其中可对科目进行增加、删除、修改等操作，如图 3-90 所示。

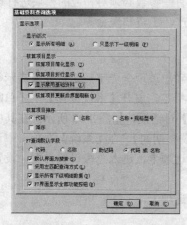
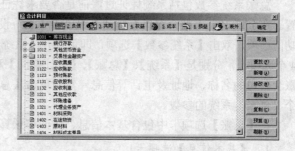

图 3-89　【基础资料查询选项】对话框　　　　图 3-90　【会计科目】对话框

**8. 引出科目**

为方便使用，用户可以将科目设置引出为一定格式的文件，作为一个模板。引出会计科目的具体操作步骤如下。

**步骤 01** 在会计科目设置窗口中选择需要引出的会计科目所在的会计科目组，这时该科目组下的具体科目将会在窗口右侧显示出来。单击工具栏中的【引出】按钮，即可打开【引出'科目-共同'】对话框，如图 3-91 所示。在其中选择要输出的文件类型，单击【确定】按钮。

**步骤 02** 打开选择相应保存文件对话框，如图 3-92 所示。在其中选择文件保存路径并输入保存的文件名，单击【保存】按钮，即可完成科目的引出。

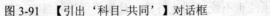

图 3-91 【引出'科目-共同'】对话框  图 3-92 选择保存文件的路径

为方便查阅账套科目，用户还可以将本账套中的所有科目打印出来。选择需要打印的科目类别或全部科目，单击工具栏上的【预览】按钮，浏览科目的打印效果，如果不需修改，则单击工具栏上的【打印】按钮，即可将预览的科目打印输出。

## 3.5　设置系统参数

在金蝶 K/3 系统中正确设置系统参数，可帮助用户在业务处理时进行有效的控制，如控制凭证是否需要审核后才能过账等。

用户应当对需要使用的模块进行设置，有些参数也可在使用过程中随时设置；如用户使用总账模块和报表模块，则只需要设置总账的参数即可。但有些参数必须对相应的模块进行设置后才能使用，如账套中涉及的总账、应收、应付、固定资产、工资和现金等。

### 3.5.1　总账系统参数

总账系统参数包括系统凭证过账前是否要求凭证审核和出现现金赤字后是否要求提示等设置。在金蝶 K/3 主控台窗口左侧列表中单击【系统设置】标签，展开【系统设置】→【总账】功能选项，双击【系统参数】选项，即可打开【系统参数】对话框，如图 3-93 所示。在其中有4 个选项卡，分别是【系统】、【总账】、【会计期间】和【调整期间】。在【系统】选项卡中设置账套公司的名称、地址及电话等信息，然后单击【总账】选项卡，进入总账设置界面，设置整个"总账"系统的参数。

在【总账】选项卡中包含基本信息、凭证和预算 3 个选项卡。

1．【基本信息】选项卡

切换到【基本信息】选项卡，如图 3-94 所示。如果要自动结转损益凭证，则必须设置该项。当软件自动结转损益时会自动将"损益"类科目下的余额结转到"本年利润"科目。如果不设置该项，则结转损益凭证时需要以手工录入。单击"本年利润科目"后面的 按钮，即可打开

# Kingdee

【会计科目】对话框，在其中选择"本年利润"科目，如图 3-95 所示。

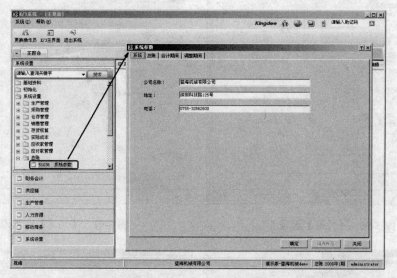

图 3-93　【系统参数】对话框

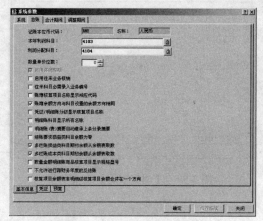

图 3-94　【基本信息】选项卡

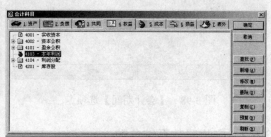

图 3-95　【会计科目】对话框

## 2. 【凭证】选项卡

切换到【凭证】选项卡，对控制凭证录入过程中的凭证号进行相关操作，如图 3-96 所示。

## 3. 【预算】选项卡

切换到【预算】选项卡，在其中可以选择是否进行预算控制，如图 3-97 所示。

切换到【会计期间】选项卡。该选项提供了查看当前账套采用的会计期间方法以及业务已经处理到的会计期间。由于在启用账套时已经设置了账套的会计期间、启用会计年度、启用会计期间等参数，因此只能查看而不能修改，如图 3-98 所示。

切换到【调整期间】选项卡。该选项卡用于管理调整的会计期间信息，如图 3-99 所示。

在【系统参数】对话框中设置完毕各项参数后，单击【保存修改】按钮，即可将用户所做的设置保存到系统中，但不关闭【系统参数】对话框；单击【确定】按钮，则可在保存用户设置的同时，关闭【系统参数】对话框。

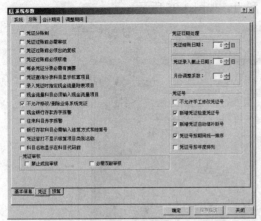

图 3-96 【凭证】选项卡

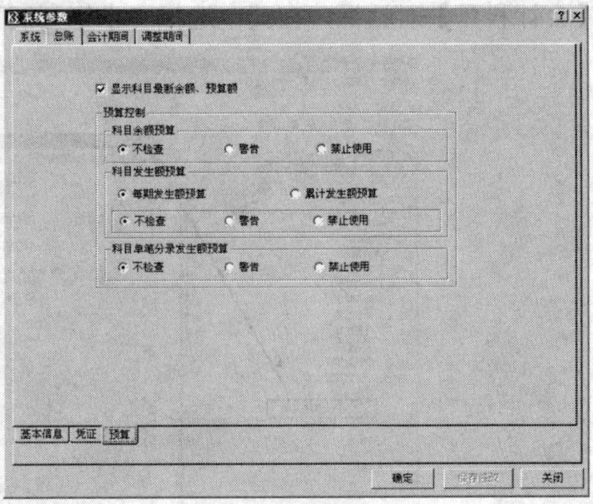

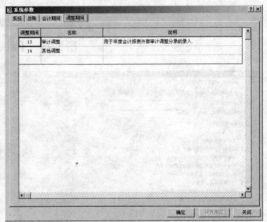

图 3-97 【预算】选项卡

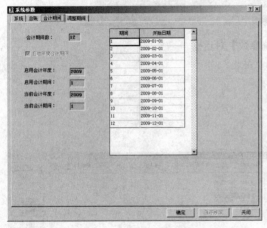

图 3-98 【会计期间】选项卡

图 3-99 【调整期间】选项卡

### 3.5.2 应收账款系统参数

应收账款系统参数是针对"应收款管理"系统模块的，这些参数包括系统启用会计期间设置和客户是否需要进行信用控制等。

在金蝶 K/3 主控台窗口的左侧列表中单击【系统设置】标签，展开【系统设置】→【应收款管理】系统功能选项，双击【系统参数】选项，即可打开应收款管理【系统参数】对话框，如图 3-100 所示。

应收账款系统参数设置的操作如下。

步骤 01 在应收款管理参数设置对话框的【基本信息】选项卡中，设置公司基本信息和会计期间。在设置会计期间时，启用年份和启用会计期间这两项很重要，当前年份和当前会计期间是随着结账时间自动更新的。然后切换到【坏账计提方法】选项卡，从中设置计提坏账准备的方法，系统会自动根据设置的方法计提坏账准备，并生成相关凭证，如图 3-101 所示。如果选中了【直接转销法】单选按钮时，可以只设置坏账损失科目代码，其他选项不设置。在【备抵法选项】组中系统提供了 3 种方法，分别是销货百分比法、应收账款百分比法和账龄分析法。

步骤 02 切换到【科目设置】选项卡，在其中设置生成凭证所需要的会计科目和核算项目。如果不采用凭证模板的方式生成凭证，则凭证处理时系统会根据设置的会计科目自动填充生成凭证。系统预设了 4 种进行往来核算的项目类别，分别是客户、供应商、部门和职员，如果还要对其他核算项目类别进行往来业务核算，可单击【增加】按钮操作，如图 3-102 所示。

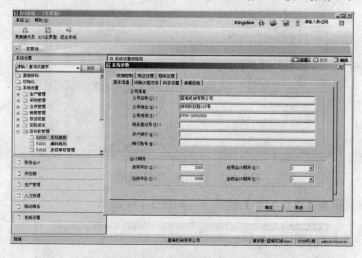

图 3-100　应收款管理参数设置对话框

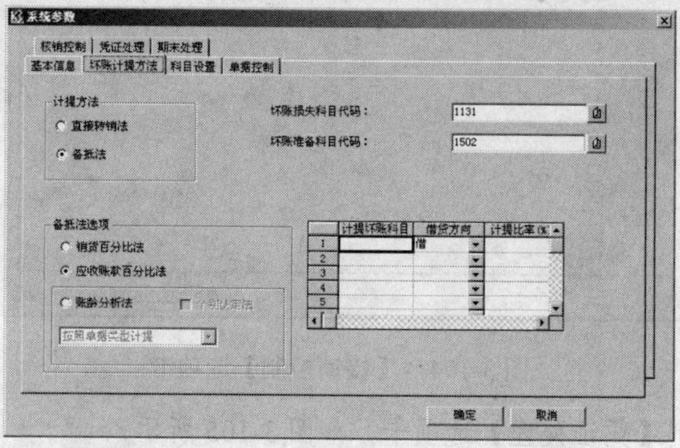

图 3-101　【坏账计提方法】选项卡

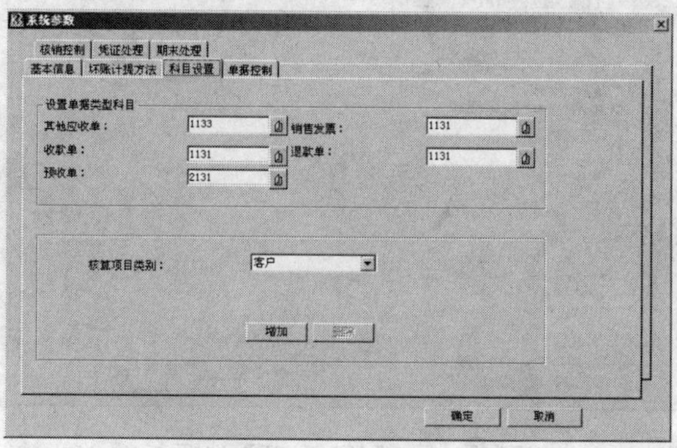

图 3-102　【科目设置】选项卡

**步骤 03**　切换到【单据控制】选项卡，在其中对单据和税率来源进行控制，如图 3-103 所示。在【税率来源】下拉列表中选择核算项目时，则销售发票新增时直接取对应客户属性中的税率；当选取产品成本属性对应的税率时，则销售发票新增时直接取对应物料属性中的税率。

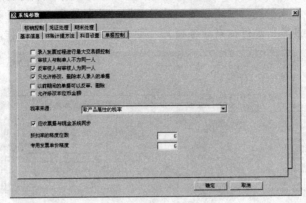

图 3-103  【单据控制】选项卡

步骤 04  切换到【核销控制】选项卡，如图 3-104 所示。

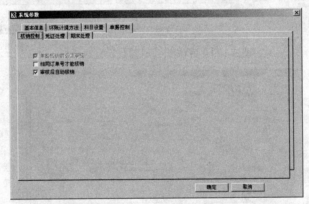

图 3-104  【核销控制】选项卡

步骤 05  切换到【凭证处理】选项卡，如图 3-105 所示。

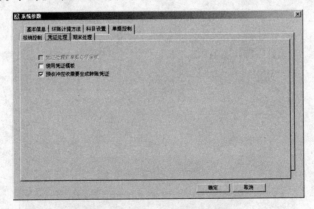

图 3-105  【凭证处理】选项卡

步骤 06  切换到【期末处理】选项卡，在其中对期末处理进行设置，如图 3-106 所示。单击【确定】按钮，即可保存参数设置。

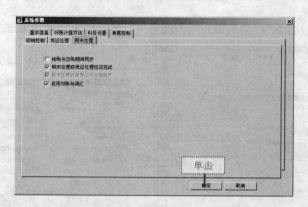

图 3-106　【期末处理】选项卡

### 3.5.3　应付账款系统参数

应付账款系统参数是针对"应付款管理"系统模块的,包括系统的启用会计期间等设置。在金蝶 K/3 主控台窗口的左侧列表中单击【系统设置】标签,展开【系统设置】→【应付款管理】系统功能选项,然后双击【系统参数】选项,即可打开应付款管理【系统参数】对话框,如图 3-107 所示。

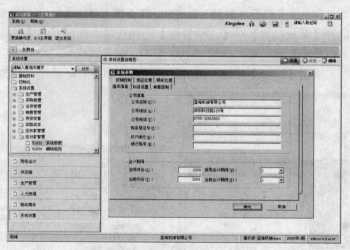

图 3-107　应付款管理系统参数设置

应付账款系统参数与应收账款系统参数的设置方法基本相同,这里不再赘述。

### 3.5.4　固定资产参数

固定资产参数是针对"固定资产管理"系统模块的,包括系统的启用会计期间、在日常业务处理中录入的卡片和固定资产变动是否生成凭证以及固定资产系统是否有计提折旧等内容。

在金蝶 K/3 主控台窗口的左侧列表中单击【系统设置】标签,展开【系统设置】→【固定资产管理】系统功能选项,双击【系统参数】选项,即可打开固定资产管理【系统选项】对话框,如图 3-108 所示。

在固定资产的参数设置对话框中切换到【固定资产】选项卡,从中可对固定资产各项参数进行设置。投资性房地产计量模式提供两种选择,分别是成本模式和公允价值模式。前者对于投资性房地产的业务处理与其他类别的固定资产一致,且允许计量模式转为公允价值模式;后者则不允许对投资性房地产计提折旧和减值准备，且禁止计量模式转为成本模式。

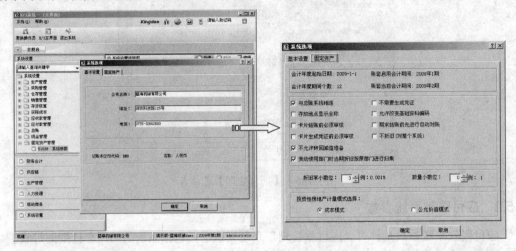

图 3-108　设置固定资产参数

### 3.5.5　工资管理参数

工资管理参数是针对"工资管理参数"系统的。在金蝶 K/3 主控台窗口左侧列表中单击【系统设置】标签，展开【系统设置】→【工资管理】功能选项，然后双击【系统参数】选项，系统将弹出【打开工资类别】对话框，如图 3-109 所示。如果系统中已经存在工资类别，则选择其中一个工资类别，单击【选择】按钮，即可打开【系统参数】对话框，如图 3-110 所示。

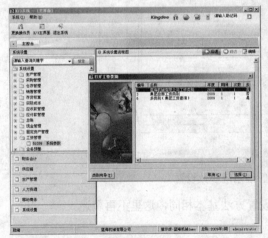

图 3-109　【打开工资类别】对话框

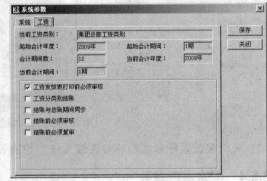

图 3-110　【系统参数】对话框

如果系统还没有工资类别，就需要新增工资类别后才能进行系统参数设置。新增工资类别的具体操作步骤如下。

**步骤 01**　在【打开工资类别】对话框中单击【类别向导】按钮，即可打开【新建工资类别】对话框，在其中输入类别名称，如图 3-111 所示，单击【下一步】按钮。

**步骤 02**　打开工资类别相关参数设置界面，在【币别】后面的下拉列表中选择币别为"人民币"，如图 3-112 所示。若选中"是否多类别"选项，则当前类别为汇总工资类别，反之为单一工资类别，然后单击【下一步】按钮。

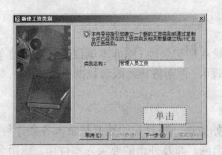

图 3-111　【新建工资类别】对话框

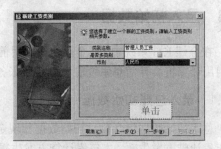

图 3-112　选择币别

**步骤 03**　界面中出现提示信息，如图 3-113 所示。单击【完成】按钮，即可完成新增工资类别并返回【打开工资类别】对话框。

**步骤 04**　在其中显示了新增工资类别，如图 3-114 所示。

图 3-113　提示信息

图 3-114　显示新增的工资类别

### 3.5.6　现金管理参数

现金管理参数是针对"现金管理"系统模块的。在金蝶 K/3 主控台窗口左侧列表中单击【系统设置】标签，展开【系统设置】→【现金管理】系统功能选项，然后双击【系统参数】选项，即可打开现金管理【系统参数】对话框，在其中可对各现金管理参数进行设置，如图 3-115 所示。若应收、应付、固定资产等系统单独使用，则只能在总账系统中自行录入应收、应付等的业务凭证，数据不仅不能共享，而且费时费力，所以建议各系统都与总账系统相连。

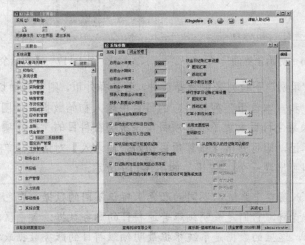

图 3-115　设置现金管理系统参数

## 3.6 录入初始数据

在金蝶 K/3 系统中，每个模块在启用前都必须录入期初余额（除非本单位是一个新建单位，在启用计算机会计信息系统前没有任何账务需要处理），否则将导致账套数据不准确。

### 3.6.1 录入总账初始数据

总账初始数据包含科目初始数据和现金流量初始数据。科目初始数据是录入各会计科目的本年累计借方发生额、本年累计贷方发生额和期初余额，涉及外币的要录入本位币、原币金额，涉及数量金额辅助核算的科目要录入数量、金额，涉及核算项目的科目要录入各明细核算项目的数据；现金流量初始数据是指年中启用的账套，只有录入启用前的现金流量数据后，系统才能计算"全年"的现金流量表，不需要使用"现金流量表"时可以不录入"现金流量初始数据"。

1. 科目初始数据录入

科目初始数据录入的具体操作步骤如下。

**步骤 01** 在金蝶 K/3 主控台窗口的左侧列表中单击【系统设置】标签，展开【初始化】→【总账】系统功能选项，如图 3-116 所示。

**步骤 02** 单击其下的【初始科目数据录入】选项，即可打开【总账系统-科目初始余额录入】对话框，如图 3-117 所示。

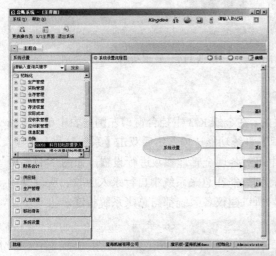

图 3-116 初始化界面

图 3-117 【初始余额录入】窗口

**步骤 03** 在"币别"下拉列表中选择币种，若选择外币，则会自动切换到外币录入界面，需要分别在"原币"和"本位币"列相对应的科目中输入初始数据，如图 3-118 所示。

**步骤 04** 如果某个科目设置了核算项目，系统会在科目的"核算项目"栏中显示"√"标记，单击"√"标记，即可弹出【核算项目初始余额录入】对话框，单击核算项目列的空白行，在该列的右侧即可出现一个 按钮，如图 3-119 所示。

> **提示** 在初始数据录入窗口中系统以不同的颜色来标识不同的数据。白色区域表示可以直接录入的账务数据资料，它们是最明细级普通科目的账务数据；黄色区域表示为非最明细科目的账务数据，这里的数据是系统根据最明细级科目的账务数据或核算项目数据自动汇总计算出来的；绿色区域为系统预设或文本状态，此处的数据不能直接输入。

图 3-118 外币录入界面

图 3-119 【核算项目初始余额录入】对话框

**步骤 05** 单击按钮，即可打开相应的核算项目管理窗口，从中选取需要的核算项目，如图 3-120 所示。

**步骤 06** 可以随时在【核算项目初始余额录入】对话框中进行核算项目的修改或删除，在相应的栏中输入初始数据，如图 3-121 所示。

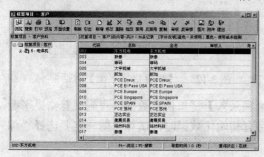

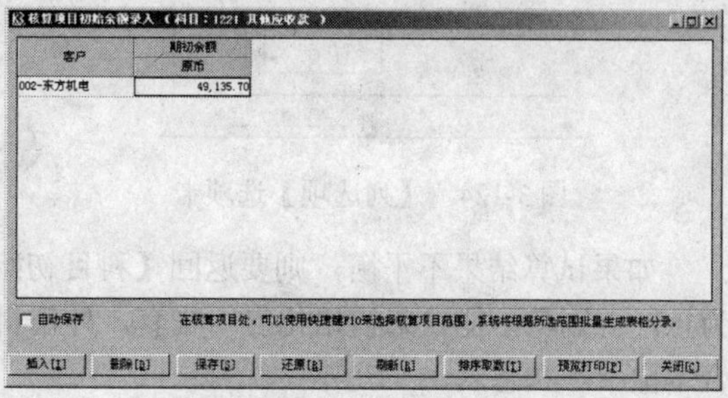

图 3-120 选择核算项目

图 3-121 输入初始数据

**步骤 07** 单击【保存】按钮保存设置，单击【还原】按钮恢复原始状态，单击【插入】按钮则增加一个空白行，在其中输入其他的数据，数据输入完毕后单击【关闭】按钮，即可返回科目初始数据，输入的数据可显示出来，如图 3-122 所示。

**步骤 08** 初始数据录入窗口最左侧显示的数字按钮 1、2、3 表示科目的级次，选择不同的数字，可以录入不同级次科目的初始数据。单击工具栏上的【过滤】按钮，即可打开【过滤条件】对话框，从中设置科目的级次和代码等内容，如图 3-123 所示。

提示 凭证的录入和系统的初始化工作可同时进行，但未结束初始化时凭证不可以过账。用户可将已启用的账套反初始化到初始状态，但只有系统管理员才有这种操作权限。

**步骤 09** 在"列选项"选项卡中可设置科目的"数量列"和"损益列"，如图 3-124 所示。单击【确定】按钮，即可在科目初始数据录入窗口中显示所需要的科目。

**步骤 10** 数据全部录入后，需要查看数据是否平衡。单击工具栏上的【平衡】按钮，系统将对录入的数据进行试算平衡，并弹出试算平衡表以报告试算结果，如图 3-125 所示。

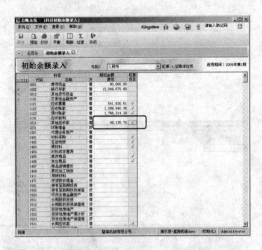

图 3-122 显示输入的数据

图 3-123 【过滤条件】对话框

图 3-124 【列选项】选项卡

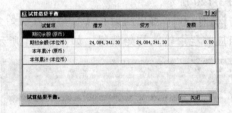

图 3-125 【试算借贷平衡】对话框

如果试算结果不平衡，则要返回【科目初始余额录入】窗口检查数据，直到试算结果平衡为止，否则将不能结束初始化启用账套。外币科目有初始化数据时，试算平衡一定要选择"综合本位币"状态。

2. 现金流量初始数据录入

账套为年中启用时，需要对启用前的现金流量的数据进行录入，系统才能计算"全年"的现金流量。年中启用账套时，现金流量初始数据录入操作如下。

在金蝶 K/3 主控台窗口的左侧列表中单击【系统设置】标签，展开【初始化】→【总账】系统功能选项，然后双击【现金流量初始数据录入】选项，即可打开现金管理【总账系统-现金流量初始余额录入】窗口，如图 3-126 所示。在其中输入正确的数据后，单击【保存】按钮，保存现金流量初始数据即可。

3. 结束初始化

当科目初始化数据和现金流量初始数据录入完成并试算平衡后，就可以结束初始化工作，进行日常业务处理。结束初始化的具体操作步骤如下。

步骤 01 在金蝶 K/3 主控台窗口的左侧列表中单击【系统设置】标签，展开【初始化】→【总账】系统功能选项，然后双击【结束初始化】选项，即弹出【初始化】对话框，如图 3-127 所示。单击【开始】按钮，系统开始检查初始化数据是否有误。

步骤 02 检查通过后系统将弹出"成功结束余额初始化工作"的操作信息，如图 3-128

所示。单击【确定】按钮完成结束初始化操作。

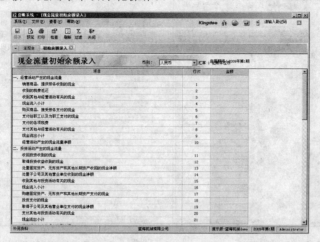

图 3-126　【现金流量初始余额录入】窗口

图 3-127　【初始化】对话框

图 3-128　提示信息

### 3.6.2　录入应收款初始数据

应收款管理系统通过销售发票、其他应收单据和收款单等单据的录入，对企业的往来账款进行综合管理，及时、准确地为客户提供往来账款余额资料及各种分析报表，帮助用户合理调配资金，提高资金的利用效率。

在金蝶 K/3 主控台窗口的左侧列表中单击【系统设置】标签，展开【初始化】→【应收款管理】系统功能选项，在其中可以看到应收的初始数据包含初始销售发票、初始预收单和初始应收票据等，在录入期初时选择相应选项，如图 3-129 所示。

1. 新增销售增值税发票

新增销售增值税发票的具体操作步骤如下。

步骤 01　双击【应收款管理】系统功能选项下的【初始销售增值税发票-新增】选项，即可打开【初始化_销售增值税发票-新增】窗口，如图 3-130 所示。

步骤 02　在其中选择核算项目类别、核算项目名称（可单击 按钮，或按 F7 快捷键查找）、往来科目，录入摘要信息、发生额，并取消勾选"本年"复选项，获取部门、业务员等信息，如图 3-131 所示。单击【保存】按钮，保存各项数据。单击【新增】按钮，可增加一张空白单据，继续录入其他初始发票。

提示　在【初始化_销售增值税发票-新增】窗口中如果勾选"录入产品明细"复选框，则在该窗口下方位置处将显示本张发票所涉及的存货资料，如图 3-132 所示。如果用户想按存货进行往来账款的核销，必须在此处录入存货资料。

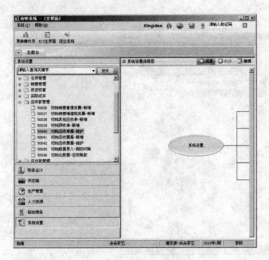

图 3-129 应收款初始数据主界面

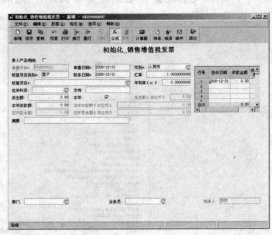

图 3-130 【初始化_销售增值税发票-新增】窗口

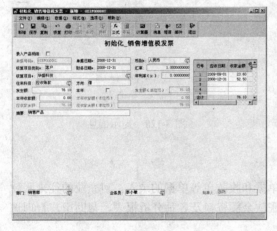

图 3-131 录入各项信息

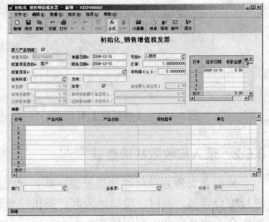

图 3-132 "产品"录入状态

为快速完成初始化,可以把每个往来单位的所有未结算完成的初始化单据资料汇总成一张单据录入,这样做优点是可以提高工作效率,缺点是初始化时所有单据只能在一张单据中进行处理,不利于对初始化的明细数据进行管理。单据资料不是很多时,可以按明细单据逐笔录入,虽然工作量很大,但结束初始化后便于对初始化明细数据进行跟踪处理。

2. 修改、删除销售增值税发票

单据录入完成后,如发现错误或其他原因需要修改或删除,可通过如下方法操作。

**步骤 01** 在金蝶 K/3 主控台窗口的左侧列表中单击【系统设置】标签,展开【初始化】→【应收款管理】系统功能选项,双击【初始应收单据-维护】选项,即可打开【过滤】窗口,如图 3-133 所示。在"事物类型"下拉列表框中选择要处理的单据类型和过滤条件(这里选择"初始化销售增值税发票"选项),单击【确定】按钮。

**步骤 02** 打开【初始化_销售增值税发票序时簿】窗口,如图 3-134 所示。在其中选择需要修改或删除的单据后,单击工具栏中的【修改】按钮或【删除】按钮,即可对单据进行相应的操作。

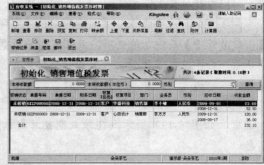

图 3-133　【过滤】窗口　　　　　　图 3-134　【初始化_销售增值税发票序时簿】窗口

**3. 其他单据**

在应收款管理系统中，还有一些单据（如销售普通发票、应收单、预收单、应收票据、期初坏账等），这些单据使系统更加完善。初始化时，应收账款的金额是应收票据核销后的余额（即应收账款不包括应收票据的金额）。

应收票据录入的是已收到票据并已核销了应收账款且未进行背书、转出、贴现、收款处理的票据。已收到票据但没有核销应收账款的应收票据应在初始化结束后录入。

在金蝶 K/3 主控台窗口的左侧列表中单击【系统设置】标签，展开【初始化】→【应收款管理】系统功能选项，然后双击【初始应收票据-新增】选项，即可打开【初始化_应收票据-新增】窗口，如图 3-135 所示。

图 3-135　【初始化_应收票据-新增】窗口

票据编号是票据的号码，系统根据用户设置的单据编码规则自动编号，票据编号必须唯一，允许手工修改。如果在系统设置中勾选"应收票据与现金系统同步"复选框，系统将根据该号码与现金管理系统的票据进行一一对应。初始化时应收款管理系统的票据与现金管理系统的票据分别录入，初始化结束后可以互相传递、同步更新。

退出了应收款管理系统的往来核算范围后，为了对期初坏账在以后收回的往来账款进行管理，可以在此处录入期初坏账。录入初期坏账的具体操作步骤如下。

**步骤 01**　　在金蝶 K/3 主控台窗口的左侧列表中单击【系统设置】标签，展开【初始化】→【应收款管理】系统功能选项，双击【初始数据录入-期初坏账】选项，即可打开【过滤条件】对话框，如图 3-136 所示。在其中选择坏账涉及的核算项目类别和币别等资料，单击【确定】按钮，即可进入【坏账备查簿】窗口。

**步骤 02**　　单击【坏账备查簿】窗口工具栏上的【新增】按钮，即可打开【期初坏账录入】对话框，如图 3-137 所示。在录入期初坏账数据后，单击【存盘】按钮，即可保存期初坏账信息。

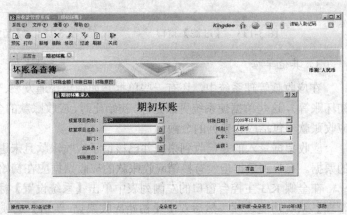

图 3-136　【过滤条件】对话框　　　　　　图 3-137　【期初坏账录入】对话框

**4. 结束初始化**

结束初始化操作前必须经过数据检查。在金蝶 K/3 主控台窗口的左侧列表中单击【财务会计】标签，展开【应收款管理】→【初始化】系统功能选项，双击【初始化检查】选项，系统将弹出"初始化检查已经通过"提示信息，如图 3-138 所示。

如果系统弹出"检查未通过"提示，只需根据提示修改相关初始化数据即可。当应收款系统与总账系统连接使用时，为了保证应收款系统下的数据与总账系统下的科目数据相等，在初始化结束之前需要进行"初始化对账"。具体步骤如下。

**步骤 01**　　在金蝶 K/3 主控台窗口的左侧列表中单击【财务会计】标签，展开【应收款管理】→【初始化】系统功能选项，然后双击【初始化对账】选项，即可打开【初始化对账-过滤条件】对话框，如图 3-139 所示。

**步骤 02**　　在其中选择要进行对账的核算项目类别、币别和科目代码，在科目代码处录入"1131"，并勾选"显示核算项目明细"复选框。单击【确定】按钮，即可打开【应收款管理系统-初始化对账】窗口，如图 3-140 所示。

若"差额"栏中无数据则表示对账通过，应收款系统可以结束初始化；若"差额"栏有数据则表示对账未通过，需要根据差额检查错误并修正后再进行对账，直到无差额，才可以结束初始化。结束初始化的操作步骤如下。

**步骤 01**　　在金蝶 K/3 主控台窗口的左侧列表中单击【财务会计】标签，展开【应收款管理】→【初始化】系统功能选项，然后双击【结束初始化】选项，即弹出如图 3-141 所示的检查提示信息。单击【是】按钮，可弹出"初始化检查已经通过"提示框。

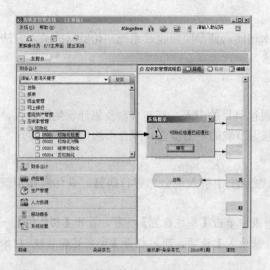

图 3-138 "初始化检查已经通过"提示信息

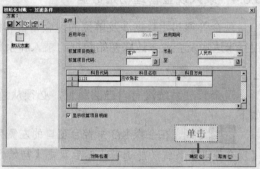

图 3-139 【初始化对账-过滤条件】对话框

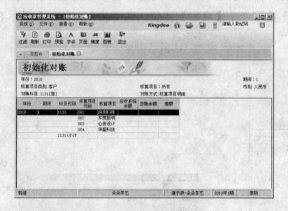

图 3-140 【初始化对账】窗口

图 3-141 提示信息

**步骤 02** 单击【确定】按钮，即可打开如图 3-142 所示的调汇和对账提示框。

**步骤 03** 因为前面已经对账通过，所以这里单击【否】按钮，系统将弹出如图 3-143 所示的"系统成功启用"提示框。单击【确定】按钮，即可结束初始化工作。

图 3-142 调汇和对账提示框

图 3-143 系统成功启用提示框

在结束初始化后，系统中的初始化数据不可以进行新增、修改和删除等操作，必须要"反初始化"后才能进行初始化数据的新增和修改等。

### 3.6.3 录入应付款初始数据

应付款管理系统通过发票、其他应付单和付款单据的录入，对企业的往来账款进行综合管理，及时、准确地提供供应商的往来账款余额资料及各种分析报表，帮助用户合理地进行资金的调配，提高资金利用效率。同时系统还提供了各种预警、控制功能，帮助用户及时支付到期账款，以保证良好的信誉。

应付款系统的初始数据录入与应收系统基本相同，请参照应收款系统初始数据的录入方法录入并结束初始化工作，具体步骤这里不再赘述。

### 3.6.4 录入现金管理初始数据

现金管理初始数据涉及单位的现金科目和银行科目的引入、期初余额及累计发生额录入、银行未达账及企业未达账初始数据的录入和余额调节表的平衡检查、综合币的定义等内容。

#### 1. 科目维护

现金管理系统没有自己的科目，必须从总账系统中引入现金和银行科目。具体操作步骤如下。

**步骤 01** 在金蝶 K/3 主控台窗口的左侧列表中单击【系统设置】标签，展开【初始化】→【现金管理】系统功能选项，然后双击【初始数据录入】选项，即可打开【现金管理系统-初始数据录入】窗口，如图 3-144 所示。

**步骤 02** 选择【编辑】→【从总账引入科目】菜单项，即可打开【从总账引入科目】对话框，如图 3-145 所示。在其中采用默认设置，单击【确定】按钮，即可将引入的数据显示在【初始数据录入】窗口中。

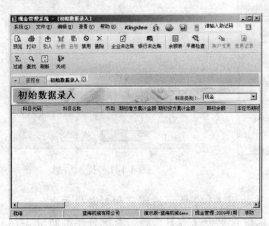
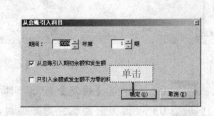

图 3-144 【现金管理系统-初始数据录入】窗口    图 3-145 【从总账引入科目】对话框

**步骤 03** 引入的数据将显示在【初始数据录入】窗口中，如图 3-146 所示。

**步骤 04** 在"科目类别"下拉列表框中选择"银行存款"选项，显示属于银行存款科目的要填写好"银行账号"，如图 3-147 所示。

要从总账引入科目，其科目必须已选择"现金科目"或"银行科目"，否则科目不能引入；引入时只引入总账中的明细科目。从总账引入科目后，还可增加综合币科目。综合币科目是多个科目的合并，用来对多个科目和银行账户进行银行对账。可以将多币别或多银行科目合并成本位币日记账，进行综合币科目的银行对账，产生综合币余额调节表。是否使用综合币科目可由用户根据自己的业务决定。

选择【编辑】→【新增综合币科目】菜单项，即可打开【综合币科目】对话框，在其中输入综合币科目的代码和科目名称并选择要合并的科目代码，如图 3-148 所示。单击【确定】按钮，即可成功新增综合币科目。新增综合币科目要求选择两个以上的科目代码项进行操作。此外，结束新增科目初始化时必须引入余额。

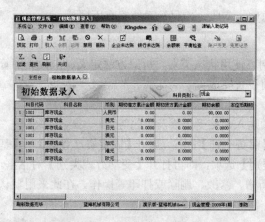

图 3-146 显示引入的数据

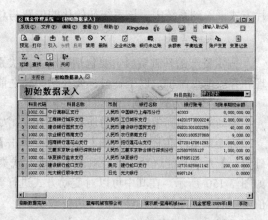

图 3-147 显示银行存款列表

新增综合币科目后可选择【编辑】→【维护综合币科目】菜单项,修改综合币科目代码和科目名称。如想修改综合处包括的科目代码,则需先删除综合币科目后再重新增加综合币科目。

2. 余额调节表

在【初始数据录入】窗口中还可查看未达账和银行未达账。存在未达账时,企业单位银行存款日记账余额和银行对账单余额往往不相等,可通过单击工具栏中的【余额表】按钮打开【现金管理系统-余额调节表】窗口查看,在其中进行调整,如图 3-149 所示。

图 3-148 【综合币科目】对话框

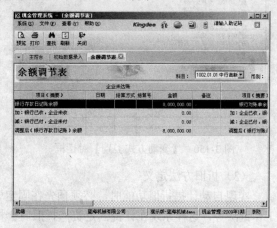

图 3-149 【余额调节表】窗口

具体调整方法:银行存款日记账的余额+银行已收企业未收的金额-银行已付企业未付的金额=调整后(企业账面)余额;银行对账单的余额+企业已收企业未收的金额-企业已付银行未付的金额=调整后(银行对账单)余额。调整后两者的余额相等,表明企业银行存款相符。

在结束初始化操作时,还需要对余额调节表进行平衡检查。平衡检查主要检查所有银行存款科目的余额调节表是否都平衡,系统会给予相应提示。当科目维护完成、所有银行存款科目的余额调节表都平衡后,可选择【编辑】→【结束新科目初始化】菜单项,按系统给出的提示进行结束初始化操作。

### 3.6.5 录入固定资产初始数据

固定资产系统初始数据录入是指把启用期间以前的固定资产初始数据通过新增固定资产卡

片方式录入到系统中。该系统初始化的位置与总账、应收、应付等系统略有不同。

1. 基础资料

固定资产的基础资料主要包括变动方式类别、使用状态类别、折旧方法定义、卡片类别管理和存放地点维护，以上资料都要在初始化之前设置完成。

（1）变动方式类别

变动方式指固定资产的增加和减少方式，如购入、接受捐赠及出售等。

在金蝶 K/3 主控台窗口的左侧列表中单击【财务会计】标签，展开【固定资产管理】→【基础资料】系统功能选项，然后双击【变动方式类别】选项，即可打开【变动方式类别】对话框，如图 3-150 所示。在其中可以对变动方式进行新增、修改、删除或打印等操作。在此采用默认值，以后可以随时在该对话框中进行设置。

（2）使用状态类别

使用状态类别可以设置固定资产的状态，如正常使用、融资租入或未使用等，并可根据状态设置是否"计提折旧"。在金蝶 K/3 主控台窗口的左侧列表中单击【财务会计】标签，展开【固定资产管理】→【基础资料】系统功能选项，双击【使用状态类别】选项，即可打开【使用状态类别】对话框，在其中可以对使用状态类别进行新增、修改、删除或打印等操作，如图 3-151 所示。

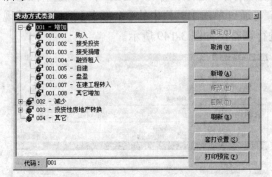

图 3-150　【变动方式类别】对话框　　　　图 3-151　【使用状态类别】对话框

（3）折旧方法定义

实现自动计提折旧功能时，必须预先在固定资产卡片中设置好折旧方法，如平均年限法、工作量法等，这样系统在计提固定资产折旧时会根据折旧方法、使用年限等数据自动计算出应计提的折旧费用。定义折旧方法的具体操作步骤如下。

步骤 01　在金蝶 K/3 主控台窗口的左侧列表中单击【财务会计】标签，展开【固定资产管理】→【基础资料】系统功能选项，然后双击【折旧方法定义】选项，即可打开【折旧方法定义】对话框，如图 3-152 所示。系统预设了 9 种折旧法，包括直线法和加速折旧法的静态和动态方法，能分别针对无变动的固定资产和变动折旧要素后的固定资产计提折旧。

步骤 02　选择【折旧方法定义说明】选项卡，在其中可查看各折旧方法定义的说明，如图 3-153 所示。

步骤 03　选择【编辑】选项卡，在其中可对折旧方法进行新增、修改等操作，如图 3-154 所示。

（4）卡片类别管理

为了方便管理固定资产，可以对卡片进行分类管理。卡片类别管理的具体操作步骤如下。

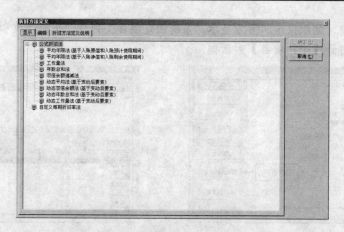

图 3-152 【折旧方法定义】对话框

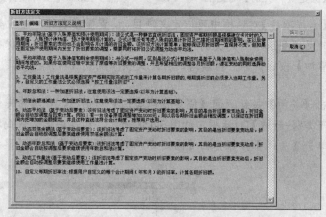

图 3-153 【折旧方法定义说明】选项卡

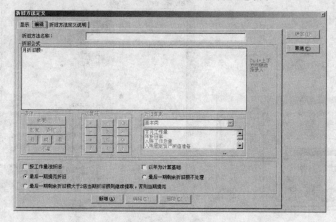

图 3-154 【编辑】选项卡

步骤 01 在金蝶 K/3 主控台窗口的左侧列表中单击【财务会计】标签，展开【固定资产管理】→【基础资料】系统功能选项，然后双击【卡片类别管理】选项，即可打开【固定资产类别】对话框，如图 3-155 所示。在其中可进行新增、删除、修改等操作，也可自定义项目。单击【自定义项目】按钮，即可打开【卡片项目定义】对话框。

步骤 02 如图 3-156 所示，在【卡片项目定义】对话框上方显示了 "自定义项目" 列表，可以对其进行新增、删除操作；下方显示"系统固定项目"列表，不能修改和删除。单击【增加】按钮，即可打开【卡片项目】对话框。

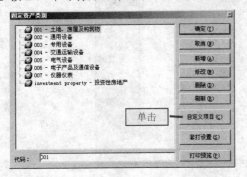

图 3-155　【固定资产类别】对话框

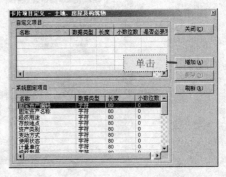

图 3-156　【卡片项目定义】对话框

**步骤 03**　在【卡片项目】对话框中可以定义项目、设置显示名称和字段类型等，如图 3-157 所示。自定义项目时必须先选中要定义的"类别"。❶设置完毕后单击【保存】按钮保存设置内容，❷再单击【增加】按钮，即可将新增的自定义项添加到【卡片项目定义】对话框的"自定义项目"列表中。

**步骤 04**　单击【关闭】按钮返回【固定资产类别】对话框，在其中单击【新增】按钮，即可打开【固定资产类别-新增】对话框，如图 3-158 所示。在其中输入代码和名称并设置各项内容，新增完成后单击【关闭】按钮返回【固定资产类别】对话框，即可显示新增的固定资产类别。

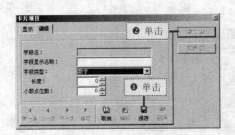

图 3-157　【卡片项目】对话框　　　　　图 3-158　【固定资产类别-新增】对话框

（5）存放地点

为了方便固定资产管理，还提供了"存放地方"管理，这样在卡片中就能清晰地了解固定资产归哪个部门使用和存放在什么地点。存放地点管理的具体操作步骤如下。

**步骤 01**　在金蝶 K/3 主控台窗口的左侧列表中单击【财务会计】标签，展开【固定资产管理】→【基础资料】系统功能选项，然后双击【存放地点维护】选项，即可打开【存放地点维护】对话框，如图 3-159 所示。单击【新增】按钮，即可打开【存放地点-新增】对话框。

**步骤 02**　在其中输入相应内容，如图 3-160 所示。单击【新增】按钮保存设置内容，继续新增其他存放地点。新增完成后，单击【关闭】按钮返回【存放地点】对话框，在其中可显示新增的存放地点。

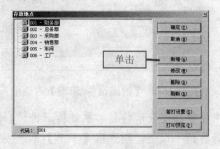

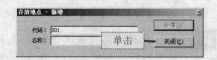

图 3-159　【存放地点维护】对话框　　　　　图 3-160　【存放地点-新增】对话框

### 2．增加卡片

在基础资料设置完成后可录入初始卡片。可以直接录入，也可以使用"标准卡片引入"，在这里重点讲述直接录入的方式。增加卡片的具体操作步骤如下。

**步骤 01**　在金蝶 K/3 主控台窗口的左侧列表中单击【财务会计】标签，展开【固定资产管理】→【业务处理】系统功能选项，然后双击【新增卡片】选项，系统弹出一个信息提示框，提示用户输入卡片后将不能更改启用账套的会计期间，如图 3-161 所示。单击【是】按钮，即可进入卡片管理窗口并弹出【卡片及变动-新增】对话框。

图 3-161　信息提示框

**步骤 02**　在其中设置固定资产类别、编码、名称、计量单位、数量、入账日期、存放地点、经济用途、使用状况、变动方式、规格型号、产地、供应商、制造商、摘要、附属设备、自定义项目等信息（录入初始固定资产卡片时，入账日期只能是初始化以前的日期），如图 3-162 所示。

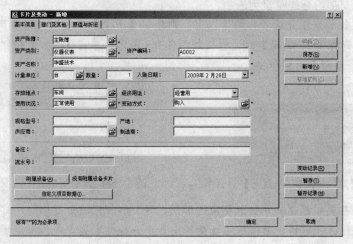

图 3-162　【卡片及变动-新增】对话框

**步骤 03** 如果当前固定资产有附属设备，则单击【附属设置】按钮，即可打开【附属设备清单-编辑】对话框，如图 3-163 所示。单击【增加】按钮，即可新增附属设备清单，如图 3-164 所示。

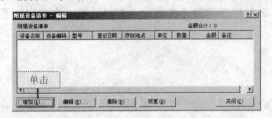

图 3-163 【附属设备清单-编辑】对话框  　　　　图 3-164 【附属设备-新增】对话框

**步骤 04** 选择【部门及其他】选项卡，在其中设置固定资产科目和累计折旧科目、使用部门和折旧费用分配，如图 3-165 所示。使用部门若有两个以上，则选取【多个】单选按钮，单击 ... 按钮，即可打开【部门分配情况-编辑】对话框，如图 3-166 所示。单击【增加】按钮，即可打开【部门分配情况-新增】对话框。

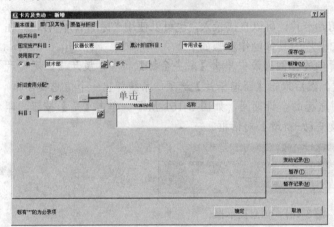

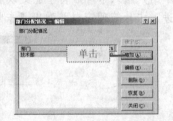

图 3-165 "部门及其他"设置界面  　　　　图 3-166 部门分配情况-编辑对话框

**步骤 05** 在其中输入使用部门及分配比例，如图 3-167 所示，单击【保存】按钮，即可将设置信息添加到部门分配情况列表中。

**步骤 06** 折旧费用分配若有两个以上，则选取【多个】单选按钮，单击 ... 按钮，即可打开【折旧费用分配情况-编辑】对话框，如图 3-168 所示。单击【增加】按钮，即可打开【折旧费用分配情况-新增】对话框。

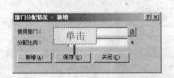

图 3-167 【部门分配情况-新增】对话框  　　　　图 3-168 折旧费用分配情况-编辑对话框

**步骤 07** 在其中根据提示输入相应的部门、科目和相应的分配比例，如图 3-169 所示。单击【保存】按钮，即可将设置信息添加到折旧费用分配情况列表中。一定要保证使每一个使用部门的所有费用科目的分配比例之和均为 100%，否则不能完成多费用科目的设置。

**步骤 08**　选择【原值与折旧】选项卡，在其中需要设置固定资产原币金额、币别、汇率、开始使用日期、预计使用期间、已使用期间、累计折旧、预计净残值、净值、减值准备、净额、折旧方法及购进原值、购进累计折旧等信息，如图 3-170 所示。设置完毕后单击【计算折旧】按钮，即可自动按所选折旧方法计算出月折旧额。

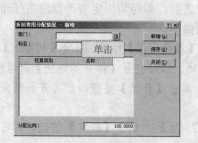

图 3-169　折旧费用分配情况-新增对话框

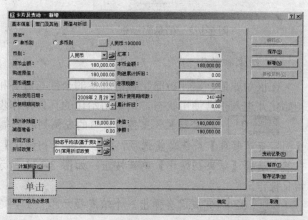

图 3-170　"原值与折旧"设置界面

**步骤 09**　单击【确定】按钮，即可在【卡片管理】窗口中显示出所增加的固定资产记录，如图 3-171 所示。

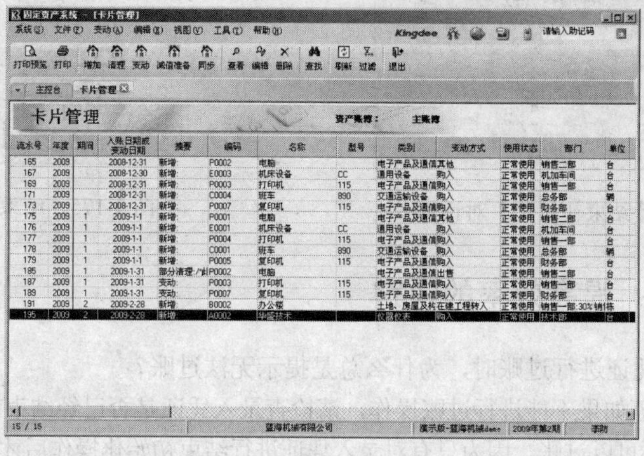

图 3-171　固定资产记录

对于录入的初始卡片资料，在结束初始化之前，用户可以在该窗口中进行查看、修改或删除等操作。固定资产购进原值、购进累计折旧为备注信息，反映资产在购入时的原始信息，例如：评估后的资产，购进原值与评估后的原值不一致，可反映在"购进原值"项目中。备注信息不参与计算，属非必录项，系统默认与原币金额和累计折旧一致。

**3. 将初始数据传递至总账**

在结束初始化之前，可将固定资产对应的固定资产、累计折旧、减值准备科目的数据传递到总账。可以重复传递，数据以最后一次传递为准。

在【卡片管理】窗口中选择【工具】→【将初始数据传送总账】菜单项，系统将弹出如图 3-172 所示的提示信息，单击【是】按钮完成操作，系统将弹出传送成功的提示，如图 3-173

所示。若总账系统已经结束初始化，则不能进行数据传递。

图 3-172　信息提示框　　　　　　　　　图 3-173　数据传送成功提示

**4. 结束初始化**

在核对原值、累计折旧、减值准备的余额与账务相符之后，即可将固定资产管理系统结束初始化并进入正常使用状态。结束初始化的具体操作步骤如下。

**步骤 01**　在金蝶 K/3 主控台窗口的左侧列表中单击【系统设置】标签，展开【初始化】→【固定资产管理】系统功能选项，然后双击【初始化】选项，即可打开【结束初始化】对话框，在其中选择【结束初始化】单选按钮，如图 3-174 所示。单击【开始】按钮，即可开始结束初始化操作。

**步骤 02**　完成后会弹出一个信息提示框，如图 3-175 所示。单击【确定】按钮，即可完成初始化的结束操作。

图 3-174　【结束初始化】对话框　　　　　图 3-175　结束初始化

## 3.7　专家点拨：提高效率的诀窍

（1）在对录入凭证进行过账时，为什么总是提示无法过账？

**解答**：录入凭证如果不能进行过账操作，请检查录入凭证是否已经结束初始化，如果没有结束初始化，则凭证不可以过账，因为只有对录入凭证进行结束初始化操作后才可以进行过账操作。

（2）在对币别进行管理时，为什么会出现有些币别不能删除？

**解答**：如果不能对币别进行删除操作，用户不妨检查一下所要删除的币别是否是本位币，如果是本位币则不能被删除，也不能被禁用。

## 3.8　沙场练兵

**1. 填空题**

（1）在金蝶 K/3 系统中若某操作用户需登录主控台，需输入＿＿＿和密码才能登录系统。

（2）在金蝶 K/3 系统中，基础资料可细分为＿＿＿＿和各个子系统的＿＿＿＿两大类。

（3）固定资产预设了＿＿＿种折旧法，包括＿＿＿＿＿和加速折旧法的静态及动态方法，能分别针对无变动的固定资产和加入变动折旧要素后的固定资产计提折旧。

2. 选择题

（1）在输入货币代码时尽量不要使用（　　）符号，因为该符号在自定义报表中已经有特殊含义。如果使用了该符号，则在自定义报表中定义取数公式时可能会出错。

  A. $     B. &     C. ￥     D. %

（2）在"坏账计提方法"设置过程中时，系统提供了 3 种备抵法设置方法，分别是（　　）、应收账款百分比法和账龄分析法。

  A. 应付账款百分比法   B. 销货百分比法   C. 固定资产分析法

（3）固定资产的分类设置包括（　　）种方式。

  A. 4     B. 5     C. 6     D. 7

3. 简答题

（1）如何引入会计科目？

（2）在应收款初始数据录入过程中，如果结束初始化操作？

（3）如何录入现金流量初始数据？

# 习题答案

1. 填空题

（1）正确的用户名   （2）公共资料、基础数据   （3）9，直线法

2. 选择题

（1）A  （2）B  （3）B

3. 简答题

（1）**解答：** 在金蝶 K/3 系统主控台窗口的左侧列表中单击【系统设置】标签，选择【基础资料】→【公共资料】→【科目】选项，再在【基础平台-科目】窗口中选择【文件】→【从模板中引入科目】菜单项，即可打开【科目模板】对话框。在"行业"下拉列表框中可自由选择所需要的行业科目，单击【引入】按钮，即可打开【引入科目】对话框。单击【全选】按钮选中全部科目并单击【确定】按钮，即可开始引入所选会计科目，稍后系统将弹出如图 3-15 所示的成功引入科目的提示信息。单击【确定】按钮返回【基础平台-科目】窗口，在其中可看到引入的科目显示在该窗口中。

（2）**解答：** 在金蝶 K/3 主控台窗口的左侧列表中单击【财务会计】标签，展开【应收款管理】→【初始化】系统功能选项，然后双击【结束初始化】选项，即弹出检查提示信息。单击【是】按钮可弹出"初始化检查已经通过"提示框，单击【确定】按钮，即可打开调汇和对账提示框。单击【否】按钮，系统将弹出"系统成功启用"提示框。单击【确定】按钮，即可结束初始化工作。

（3）**解答：** 在金蝶 K/3 主控台窗口的左侧列表中单击【系统设置】标签，展开【初始化】→【总账】系统功能选项，然后双击【现金流量初始化数据录入】选项，即可打开【变动方式类别】对话框并进入【现金流量初始数据录入】窗口，在其中选择币别，在显示白色的栏中输入相应项目的初始数据。当初始数据录入完毕之后，单击【检查】按钮，即可检查现金流量项目间的勾稽关系的正确性。如果数据相等，系统将给出检查正确的提示。如果检查结果不正确，则指出不正确的原因（数据检查结果不正确，则不允许系统初始化）。

# 第 4 章

# 管理总账系统

**主要内容:**

- 处理凭证与管理账簿
- 管理财务报表
- 往来管理与结账

　　本章介绍了如何录入凭证，并以管理员身份对已录入的凭证进行审核汇总，再对审核汇总的凭证实现过账操作，另外还介绍了系统中账簿的管理方法及总账系统期末处理的操作方法。

## 4.1 处理凭证

在金蝶 K/3 中通过录入和处理凭证（审核、修改凭证等），可以快速完成记账、算账、报账、结账、会计报表编制、凭证账表的查询和打印等任务。

总账系统以凭证处理为中心，对账簿报表进行管理，能够和其他业务系统进行连接，实现数据共享。企业所有核算最终将体现在总账系统中。

总账系统可用来设置核算科目账户、填制凭证并对其进行审核、记账，最后统计各种账表，同时还可接收各业务系统传递过来的凭证，如固定资产的计提折旧凭证等。总账系统在月末会根据转账定义自动生成结转凭证和自动结转损益凭证等。总账系统根据填制的凭证会自动生成相应的账簿报表，如分类账、明细分类账和科目余额表等，可以随时根据设置的各种条件进行查询。

总账系统与其他业务系统通过凭证进行无缝数据连接，业务系统的凭证也可自行在总账系统中处理，报表、现金流量表和财务分析都可以从总账系统中取数。

在金蝶 K/3 系统中，凭证处理工作主要包括凭证录入、审核、过账、查询、修改、删除和打印等，凭证处理时会计科目可从科目表中获取并自动校验分录平衡关系，保证录入数据的正确性。

### 4.1.1 录入凭证

凭证录入重点是录入具有不同属性的科目对应的内容，如科目有外币属性时怎样录入汇率，科目设有核算项目时怎样录入核算项目，科目设有辅助数量金额核算时怎样录入单价和数量等。凭证录入的具体操作步骤如下。

**步骤 01** 以管理员的身份登录金蝶 K/3 主控台窗口，在左侧列表中单击【财务会计】标签，展开【总账】→【凭证处理】系统功能选项，然后双击【凭证录入】选项，即可打开【总账系统-［记账凭证-新增］】窗口。窗口中为用户提供了仿真录入界面，使用户更容易掌握凭证录入的方法，如图 4-1 所示。

**步骤 02** 选择凭证字、设置凭证日期和业务日期后，在其中输入该凭证的"参考信息"，再单击第一条分录的"摘要"栏，在其中输入凭证摘要。如果用户已经设置有凭证摘要库，则可按 F7 快捷键，系统自动弹出【凭证摘要库】对话框，可在其中选择相应的凭证摘要，如图 4-2 所示。

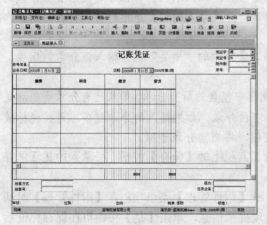

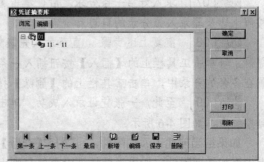

图 4-1 【总账系统-［记账凭证-新增］】窗口 　　　　图 4-2 【凭证摘要库】对话框

**步骤 03** 在【凭证摘要库】对话框中选择【编辑】选项卡，如图 4-3 所示。单击工具栏中的【新增】按钮，界面即处于可录入状态，在其中输入新的摘要信息。在新增摘要库时必须先建立"摘要类别"，在【编辑】选项卡中单击"类别"后面的 按钮，即可打开【摘要类别】对话框。

**步骤 04** 在【摘要类别】对话框中新增或修改摘要类别，如图 4-4 所示。❶设置完毕后，单击【保存】按钮保存设置，❷单击【确定】按钮返回【凭证摘要库】对话框。

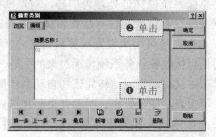

图 4-3 【编辑】选项卡      图 4-4 【摘要类别】对话框

**步骤 05** 按 Enter 键或单击第一条分录的"科目"栏，再按 F7 快捷键获取会计科目，系统将自动打开【会计科目】对话框，在其中选择具体的会计科目，如图 4-5 所示。

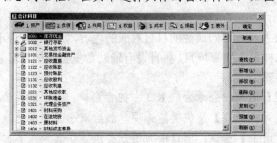

图 4-5 【会计科目】对话框

**步骤 06** 如果录入币别是外币，则需要单击工具栏上的【外币】按钮，将凭证格式显示为外币格式；如果录入的币别是本位币，可直接在"借方"或"贷方"栏中输入金额。如果输入外币，则可在"原币金额"栏中输入外币金额，由系统自动计算出本位币金额。如果录入的科目中有现金流量科目，则用户需要指定现金流量项目；如果录入的科目带有往来业务核算的会计科目，则需要输入往来业务编号以及核算项目；如果录入的科目是银行存款科目，则用户可以录入结算方式和结算号。

**步骤 07** 录入好第一条分录之后，单击第二条分录的"摘要"栏并输入该分录的摘要，按照上述步骤录入该分录的科目和金额。

**步骤 08** 重复上述步骤，直至录入完该凭证中包含的所有分录。如果已有分录不能满足需要，可单击工具栏上的【插入】按钮插入一条空白分录；如果插入的分录过多，可将光标放置在多余的分录中，单击工具栏上的【删除】按钮，将当前分录删除。

**步骤 09** 至此，一张凭证录入成功。单击工具栏上的【保存】按钮，将录入的凭证保存到系统中，如图 4-6 所示。

如果给当前凭证添加附件，可选择【查看】→【附件管理】菜单项，在【附件管理】对话框中添加凭证附件；如果当前凭证没有保存则出现提示信息，单击【是】按钮可在保存凭证后新增一张空白凭证；单击【否】按钮，则新增空白凭证但不保存当前凭证。在凭证录入窗口中选择【查看】→【选项】菜单项，即可打开【凭证录入选项】对话框，如图 4-7 所示。

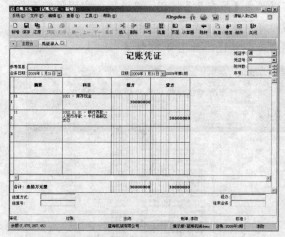
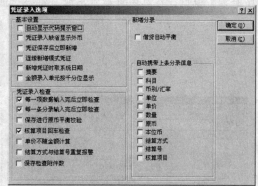

图 4-6 完成凭证录入　　　　　　　　　图 4-7 【凭证录入选项】对话框

在【凭证录入选项】对话框中如果选择【单价不随金额计算】复选框，则在单价、数量和金额已经存在的情况下，改变金额（包括原币和本位币）时单价将不随金额的改变而改变。如果这时单价*数量≠金额，则在保存时给出提示，由用户自己决定是否需要手工调整。

### 4.1.2 查询凭证

在查询凭证时，用户可以设置组合条件，如查询日期等于、大于、小于某个日期或查询客户在某个时间段的业务往来资料。查询结果还可将经常使用的查询条件以方案形式保存下来，以备下次查询使用。查询凭证的具体操作步骤如下。

**步骤 01** 在金蝶 K/3 主控台窗口中单击【财务会计】标签，展开【总账】→【凭证处理】系统功能选项，然后双击【凭证查询】选项，即可进入【会计分录序时簿】窗口并弹出【会计分录序时簿 过滤】对话框，如图 4-8 所示。在其中设置凭证查询条件，如字段、内容、比较关系和比较值。可同时设置多个条件，并可查询不同审核和过账情况下的凭证。

**步骤 02** 在【排序】选项卡中可设置查询结果中凭证资料的排序方式。选择需要进行排序的字段，❶单击 **>** 按钮添加到"排序字段"列表框中，❷同时还可以单击 **上** 或 **下** 按钮调整排序字段的先后顺序，如图 4-9 所示。

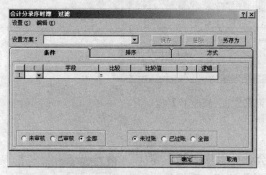
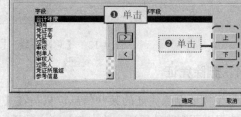

图 4-8 【会计分录序时簿 过滤】对话框　　　图 4-9 【排序】选项卡

**步骤 03** 单击【方式】选项卡，在其中可设置查询结果中凭证资料的排序方式，默认以时间先后次序排列，如图 4-10 所示。如果选择"按分录过滤"单选项，则无"凭证过滤"栏。

步骤 **04** 凭证查询条件设置完毕后还可以单击【另存为】按钮，将设置的方案保存下来，以后需要时在"设置方案"下拉列表框中选择即可。单击【确定】按钮，即可进入【会计分录序时簿】窗口，在其中可显示出所有符合过滤条件的凭证，如图 4-11 所示。

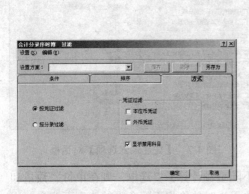

图 4-10 【方式】选项卡          图 4-11 【会计分录序时簿】窗口

### 4.1.3 修改凭证

在凭证的使用过程中，如果需要修改凭证的某些信息，只需在【会计分录序时簿】窗口中选择需要修改的凭证，再单击工具栏上的【修改】按钮，即可打开【总账系统-［记账凭证-修改］】窗口，在其中可进行相应信息的修改，如图 4-12 所示。

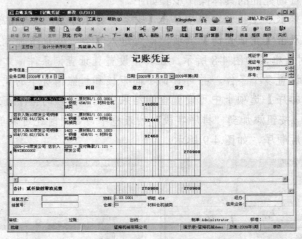

图 4-12 【总账系统-［记账凭证-修改］】窗口

### 4.1.4 删除凭证

如果需要删除凭证的某些信息，只需在【会计分录序时簿】窗口中选择需要删除的凭证，单击工具栏上的【删除】按钮，系统将弹出如图 4-13 所示的提示信息框。单击【是】按钮，即可完成删除操作。修改或删除的凭证只能是未过账和未审核的凭证，如果凭证已经过账或审核，【修改】和【删除】按钮将处于不可用的状态，凭证一

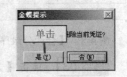

图 4-13 删除信息提示

定要反过账、反审核后才能修改或删除。

### 4.1.5　审核凭证

　　凭证记账前必须经专人审核，检查凭证输入是否有误。会计制度规定，凭证的审核人与制单人不能为同一操作员。凭证一旦进行审核，即不允许对其进行修改和删除，用户必须进行反审核操作后才能对凭证进行修改和删除。在金蝶 K/3 系统中通过设置更改总账的系统参数，可不经过审核就能过账。

　　在金蝶 K/3 主控台窗口中单击【系统设置】标签，展开【系统设置】→【总账】系统功能选项，然后双击【系统参数】选项，即可打开【系统参数】对话框，如图 4-14 所示。单击【总账】选项卡下方的【凭证】选项卡，若从中勾选"凭证过账前必需审核"复选框，表示凭证必须经过审核后才能过账，反之不审核的凭证也能过账。只有系统管理员才能修改参数。

　　凭证审核方式有 3 种，分别是单张审核、成批审核和双敲审核。

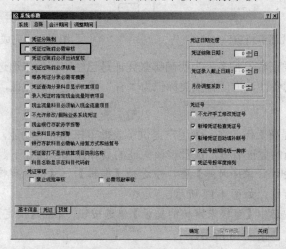

图 4-14　【系统参数】对话框

**1．单张审核**

　　单张审核方式是对所审核的每张凭证再次检查，确认无误后进行审核。单张凭证审核的具体操作步骤如下。

　　**步骤 01**　在【会计分录序时簿】窗口中选择需要审核的凭证后，单击工具栏上的【审核】按钮，即可进入凭证审核窗口，如图 4-15 所示。

　　**步骤 02**　单击【审核】按钮，在凭证下方的审核人处将显示出当前操作员的名字，如图 4-16 所示。

　　**步骤 03**　如果用户要取消审核（反审核），只需选中要反审核的凭证，单击工具栏上的【审核】按钮，系统自动打开凭证审核窗口，再单击工具栏上的【审核】按钮，窗口左下角"审核"处无用户名显示就表示反审核成功。

　　已经通过审核的凭证，在【会计分录序时簿】窗口的"审核"栏中会显示出审核人的名字，如果没有显示，单击工具栏上的【刷新】按钮即可。

　　在审核凭证时发现凭证有错则审核不通过。在凭证上提供了一个"批注"文本框，可以在该文本框中注明凭证出错的地方，以便凭证制单人修改。凭证修改后批注内容自动清空，凭证即可审核通过。如果经过再次检查，凭证仍有错，重复以上操作即可。要注意的是，具有审核权限的用户才能录入批注。录入批注后，表明凭证有错，此时不允许审核，除非清空批注或凭证完成修改并保存后才能继续进行审核。

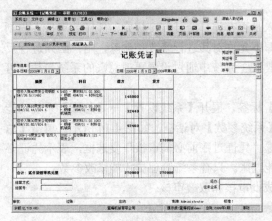

图 4-15　凭证审核窗口

图 4-16　完成审核操作

如果未经审核的凭证数量很多，为明确哪张凭证是已经审核但未通过的，会计分录序时簿中提供了"批注"过滤条件，方便查找类标记为"有"或"无"的凭证，以做进一步修改。

2. 成批审核

金蝶 K/3 系统为提高工作效率，为用户提供了成批审核凭证的功能，该功能只对未过账且制单人不是当前操作员的凭证有效。成批审核凭证的具体操作步骤如下。

步骤 01　在【会计分录序时簿】窗口中选择【编辑】→【成批审核】菜单项，即可打开【成批审核凭证】对话框，如图 4-17 所示。

步骤 02　在其中选中【审核未审核的凭证】单选按钮，单击【确定】按钮，即可弹出【凭证审核结果】对话框，如图 4-18 所示。

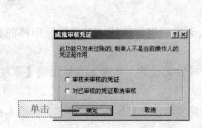

图 4-17　【成批审核凭证】对话框

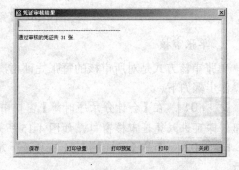

图 4-18　【凭证审核结果】对话框

3. 双敲审核

所谓双敲审核是指通过二次录入凭证的方式对已录入的凭证进行审核，只有第二次录入的凭证与已录入的凭证完全相同时，才能通过审核。双敲审核的具体操作步骤如下。

步骤 01　在金蝶 K/3 主控台窗口中单击【财务会计】标签，展开【总账】→【凭证处理】系统功能选项，然后双击【双敲审核】选项，即可进入【总账系统-[双敲审核]】窗口，如图 4-19 所示。

步骤 02　选择未经审核的凭证字和凭证号后，按一般凭证录入的操作方法录入会计分录。在凭证录入完毕后单击工具栏上的【审核】按钮，如果录入的凭证与已有的凭证完全一致，则审核通过，否则不能通过审核。用户可以在该窗口中连续审核多张凭证。进行"双敲审核"操作时也应遵循审核人和制单人不为同一人的原则。

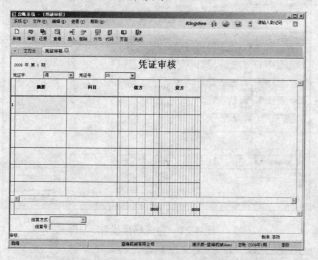

图 4-19　【总账系统-[双敲审核]】窗口

对于审核通过的凭证，可以进行凭证核准。凭证核准是在审核的基础上增加会计主管核准的功能。对于已经结账的凭证，不允许使用该功能。凭证核准的具体操作步骤如下。

**步骤 01**　在【会计分录序时簿】窗口中选择已经审核通过的凭证，单击工具栏上的【核准】按钮，即可进入记账凭证核准窗口，如图 4-20 所示。

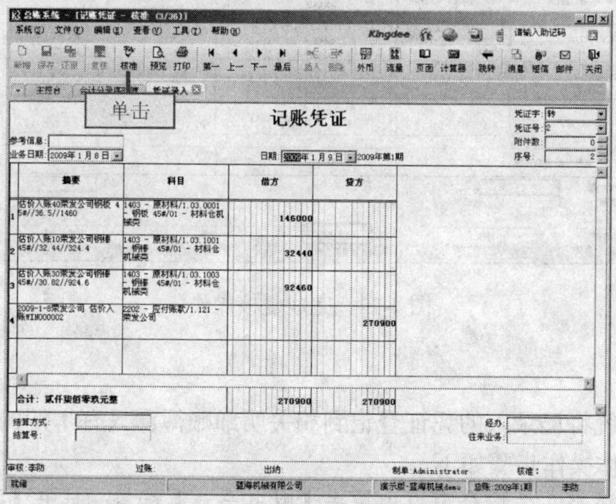

图 4-20　凭证核准窗口

**步骤 02**　单击记账凭证核准窗口工具栏上的【核准】按钮，在核准人处将显示当前操作员的名字，如图 4-21 所示。如果用户要撤销核准操作，只需要再单击【核准】按钮，即可反核准。

**步骤 03**　如果登录的用户具有出纳权限，则可复核凭证，单击工具栏上的【复核】按钮，在出纳人处显示操作员的名字，即可完成复核操作，如图 4-22 所示。

提示　核准与反核准必须是同一人，否则不能进行。凭证核准如果处于已审核、已核准状态，需要反审核凭证时，必须先反核准。核准不是必须的流程，可通过系统参数进行选择。

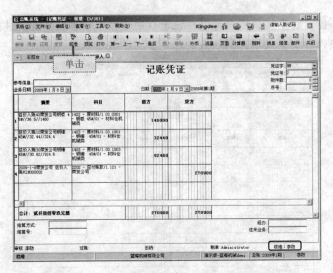

图 4-21　完成核准操作

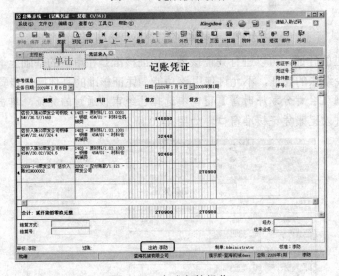

图 4-22　完成复核操作

### 4.1.6　凭证过账

凭证过账是指系统将已录入的凭证登记到相关明细账簿。只有本期的凭证过账后才能期末结账。凭证过账的具体操作步骤如下。

**步骤 01**　在金蝶 K/3 主控台窗口中单击【财务会计】标签，展开【总账】→【凭证处理】系统功能选项，然后双击【凭证过账】选项，即可进入【凭证过账】对话框，如图 4-23 所示。

**步骤 02**　在【凭证过账】对话框中根据需要设置相应选项，单击【开始过账】按钮，稍后系统将弹出过账情况信息，如图 4-24 所示。

**步骤 03**　单击【关闭】按钮，以凭证查询方式进入【会计分录序时簿】窗口查看是否过账完成，过账成功的凭证会在"过账"项目下显示过账人用户名，如图 4-25 所示。

理论上已经过账的凭证不允许修改，只能采用补充凭证或红字冲销凭证的方式进行更正。因此，在过账前应该仔细审核记账凭证的内容，系统只能检验记账凭证中的数据关系是否错误，而无法检查其业务逻辑关系。

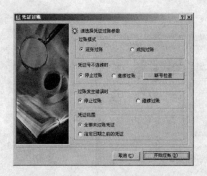

图 4-23 【凭证过账】对话框

图 4-24 凭证过账情况信息

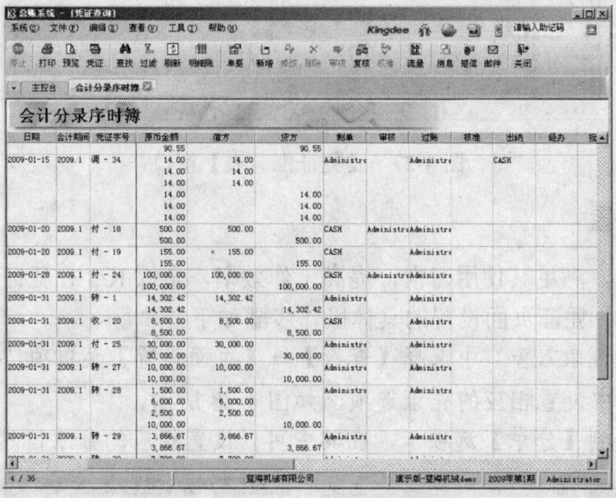

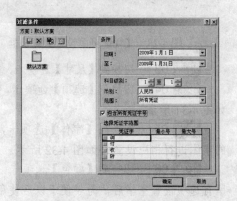

图 4-25 完成凭证过账操作

金蝶 K/3 为用户提供了反过账功能,在【会计分录序时簿】窗口中选择【编辑】→【反过账】选项即可。

### 4.1.7 凭证汇总

凭证汇总是指将记账凭证按照指定的范围和条件,汇总凭证中会计科目所对应的一级科目的借贷方发生额,并生成会计科目汇总表的过程。运用不同条件对会计凭证进行汇总,可以使财务人员随时查看已填制的各种凭证的情况,以便于对日常的财务核算工作加强管理,防止漏记、错记等情况的发生,及时掌握日常经营业务情况。凭证汇总的具体操作步骤如下。

**步骤 01** 在金蝶 K/3 主控台窗口中单击【财务会计】标签,展开【总账】→【凭证处理】系统功能选项,然后双击【凭证汇总】选项,即可进入【过滤条件】对话框,如图 4-26 所示。

**步骤 02** 在其中设置汇总凭证的日期范围、科目级别和币别等,并勾选【包含所有凭证字号】复选框,单击【确定】按钮,即可进入【凭证汇总表】窗

图 4-26 【过滤条件】对话框

口，如图 4-27 所示。

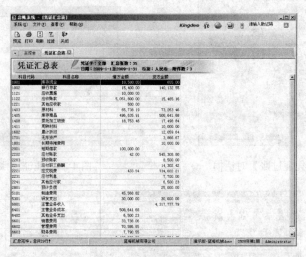

图 4-27 【凭证汇总表】窗口

### 4.1.8 凭证页面设置

为方便用户操作，满足其使用习惯，提高工作效率，金蝶 K/3 在凭证录入窗口中还提供了凭证页面的设置功能。凭证页面设置的具体操作步骤如下。

**步骤 01** 在凭证录入窗口中选择【查看】→【页面设置】菜单项，即可打开【凭证页面设置】对话框，在其中设置相应的凭证选项，如图 4-28 所示。

**步骤 02** 切换到【分录】选项卡，在其中可以设置相应的分录信息，如图 4-29 所示。

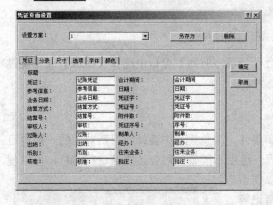

图 4-28 【凭证页面设置】对话框

图 4-29 【分录】选项卡

**步骤 03** 切换到【尺寸】选项卡，在其中可设置凭证页面的相应尺寸选项，如图 4-30 所示。

**步骤 04** 切换到【选项】选项卡，在其中可对凭证页面的币别和打印数量进行相应设置，如图 4-31 所示。

**步骤 05** 切换到【字体】选项卡，在其中可对凭证头、分录标题、分录内容和分录数字的字体进行相应设置，如图 4-32 所示。

**步骤 06** 切换到【颜色】选项卡，从中可对凭证页面进行颜色设置，如图 4-33 所示。当所有选项设置完毕后，为了便于以后使用，用户可在"设置方案"下拉列表中选择一个方案代码，单击【另存为】按钮，将本次设置保存到磁盘中。当更改操作完毕后在其中选择自己保存的设置方案，单击【确定】按钮即可。

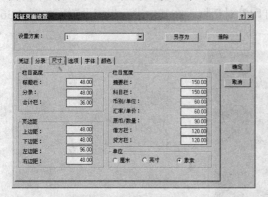

图 4-30　【尺寸】选项卡

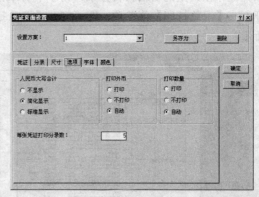

图 4-31　【选项】选项卡

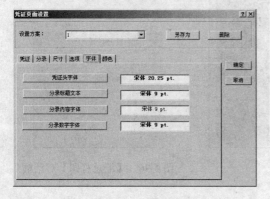

图 4-32　【字体】选项卡

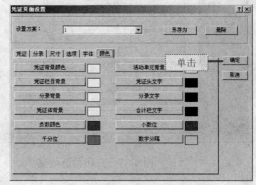

图 4-33　【颜色】选项卡

### 4.1.9　打印凭证

凭证正确处理后可以打印出来，装订成册妥善保存。凭证打印在会计电算化中也是财务业务资料的另一种备份方式。打印凭证只需单击工具栏上的【打印】按钮，即可打开【打印】对话框，在其中选择打印机，设置纸张大小、打印方向、打印范围等选项，如图 4-34 所示。

图 4-34　【打印】对话框

单击工具栏上的【预览】按钮，即可进入打印预览窗口浏览打印效果，如图 4-35 所示。如果选择【文件】→【打印凭证】→【使用套打】菜单项，凭证将以套打格式显示。

如果满意预览效果，则可直接单击预览窗口上方的【打印】按钮，即可开始打印。如果一张凭证存在大量的明细科目分录，为了节省纸张及提高打印的速度，选择【文件】→【打印凭证】→【汇总打印】菜单项，即可打开【汇总打印】对话框，在其中进行相应设置，如图 4-36 所示。

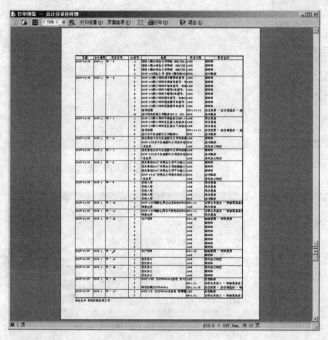

图 4-35　打印预览效果

图 4-36　【汇总打印】对话框

## 4.1.10　凭证跳转

　　一个企业有时需要录入很多张凭证。如果要在短时间内迅速找到相应的凭证，就需要使用金蝶软件提供的凭证记录的跳转功能。凭证跳转的具体操作步骤如下。

　　**步骤 01**　在凭证录入窗口中单击工具栏上的【跳转】按钮，即可打开【凭证跳转到】对话框，在"查询名称"下拉列表框中选择适当的字段，在"包含参数"文本框中输入需要定位的凭证所包含的内容，如图 4-37 所示。在其中勾选【未过账】复选框和【当前日期】复选框，单击【查询】按钮，即可将符合条件的凭证显示在右侧的列表框中。

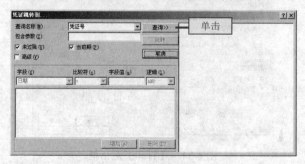

图 4-37　【凭证跳转到】对话框

　　**步骤 02**　为了更准确、更迅速地查找到所需凭证，可以勾选【高级】复选框，在其下的栏中设置字段名称、比较符、字段值、查询条件之间的逻辑等内容，单击【增加】按钮，将所设置的查询条件添加到其下的条件查询框中。单击【查询】按钮，在右侧列表框中将显示出符合条件的凭证。在符合条件的凭证列表中选取想要打开的凭证之后，单击【跳转】按钮，在凭证录入窗口中将显示该凭证的内容。如果需要修改该凭证中的某些内容，只要在相应位置单击或选取要修改的内容并输入新的内容即可。

## 4.2 管理账簿

金蝶 K/3 为用户提供了详细的账簿查询功能，所录凭证只要经过过账，便可迅速查询到总分类账、明细分类账、数量金额总账、数量金额明细账、多栏账、核算项目分类总账和核算项目明细账等。

### 4.2.1 总分类账

总分类账用于查询科目总账数据，如查询科目的本期借方发生额、本期贷方发生额和期末余额等项目数据。

**1. 查询总分类账**

在金蝶 K/3 系统中，查询总分类账的具体操作步骤如下。

**步骤 01** 在金蝶 K/3 主控台窗口中单击【财务会计】标签，展开【总账】→【账簿】系统功能选项，然后双击【总分类账】选项，即可弹出【过滤条件】对话框，如图 4-38 所示。在其中可以设置会计期间范围、科目级别范围、币别等，并根据需要勾选【无发生额不显示】、【包括未过账凭证】、【显示核算项目所有级次】等复选框。单击【确定】按钮，即可进入【总分类账】窗口。

**步骤 02** 在其中显示相应的总分类账，如图 4-39 所示。如果选择本位币，输出的总分类账只是本位币的原币发生额，不包括外币折合的本位币数额。如果需要查看其他总分类账，可以单击工具栏上的【过滤】按钮，重新设置过滤条件并生成一个新的总分类账。

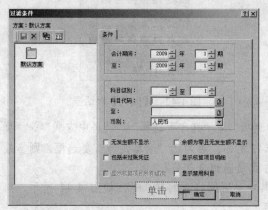

图 4-38 【过滤条件】对话框

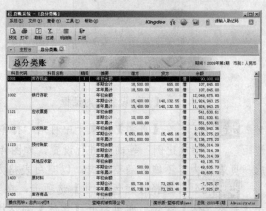

图 4-39 【总分类账】窗口

**步骤 03** 在【总分类账】窗口选择要查询的总账科目，单击工具栏上的【明细账】按钮，即可打开一个【明细分类账】窗口，在其中进行相应明细账的查询，如图 4-40 所示。

**2. 打印总分类账**

查询到需要的总分类账之后，根据需要还要对总分类账进行打印操作。

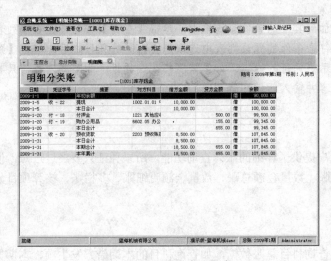

图 4-40　【明细分类账】窗口

具体的操作步骤如下。

步骤 **01**　　在【总分类账】窗口中选择【查看】→【页面设置】菜单项，即可打开【页面设置】对话框，如图 4-41 所示。单击【前景色】、【背景色】、【合计色】按钮，均可打开【颜色】对话框。

步骤 **02**　　在其中选择相应的颜色，如图 4-42 所示。还可勾选"自定义行高"复选框，自定义设置账表的行高数值。单击【页面设置】按钮，即可打开【页面选项】对话框。

图 4-41　【页面设置】对话框

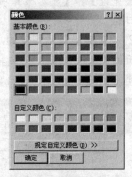

图 4-42　【颜色】对话框

步骤 **03**　　在【页面】选项卡中可对"打印选项"、"打印页选择"、"居中方式"、"页边距"、"缩放比例"等内容进行设置，如图 4-43 所示。若勾选"表格延伸"复选框，则当最后一页表格内容不能占满整页时，以空白表格方式填满剩余部分。

步骤 **04**　　选择【颜色/尺寸】选项卡，在其中设置网络线的样式等，如图 4-44 所示。单击【表格字体】按钮，即可打开【字体】对话框。

步骤 **05**　　在【字体】对话框中对表格字体的字形、大小、颜色等内容进行设置，如图 4-45 所示。单击【网格线颜色】按钮，即可在【颜色】对话框中选择网格线的颜色，还可以选择网格线的类型。

步骤 **06**　　若在【页面】选项卡中勾选了【节纸打印】复选框，则可以在这里设置"节纸打印条目间隔"。切换到【页眉页脚】选项卡，在其中对页眉页脚的不同打印方式进行设置，如图 4-46 所示。单击【编辑】按钮，即可打开对话框，在其中对页眉页脚进行编辑。

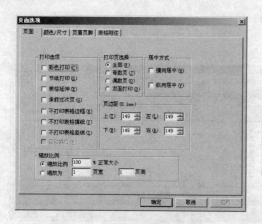

图 4-43　【页面选项】对话框

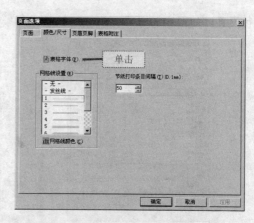

图 4-44　【颜色/尺寸】设置界面

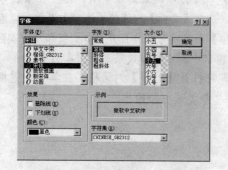

图 4-45　【字体】对话框

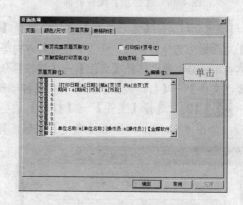

图 4-46　【页眉页脚】设置界面

**步骤 07**　在其中编辑相应的页眉或页脚，如图 4-47 所示。切换到【表格附注】选项卡，在其中可以输入表格附注内容，该内容将显示在最后一页的表格下方，如图 4-48 所示。单击【确定】按钮关闭【页面选项】对话框并返回到【页面设置】对话框。

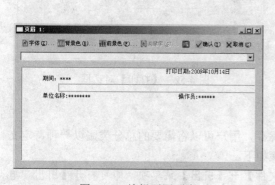

图 4-47　编辑页眉页脚

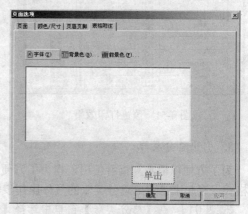

图 4-48　【表格附注】设置界面

**步骤 08**　切换到【显示】选项卡，在其中对所选字段列的列宽进行设置，如图 4-49 所示。单击【确定】按钮，即可关闭【页面设置】对话框。若要使用套打格式打印总分类账，则选择【工具】→【套打设置】菜单项，即可打开【套打设置】对话框，在其中对总分类账套打格式进行设置，如图 4-50 所示。

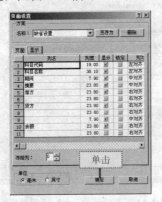

图 4-49 【显示】设置界面

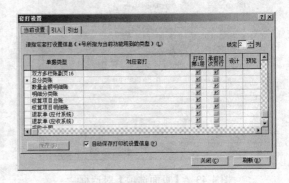

图 4-50 【套打设置】对话框

**步骤 09** 在【总分类账】窗口中选择【文件】→【打印设置】菜单项，即可在【打印设置】对话框中选择打印机，设置纸张及其方向等选项。选择【文件】→【使用套打】菜单项以套打方式打印总分类账；选择【文件】→【按科目分页打印】菜单项可按科目分页方式打印总分类账。选择【文件】→【打印预览】菜单项在【打印预览】窗口中浏览打印效果，如图 4-51 所示。

**步骤 10** 选择【文件】→【打印】菜单项，即可打开【打印】对话框，在其中设置相关选项，如图 4-52 所示。单击【确定】按钮，即可将总分类账打印输出。

图 4-51 预览打印效果

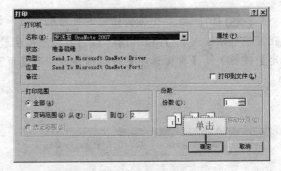

图 4-52 【打印】对话框

### 3. 引出总分类账

为了方便以后重复查看使用，也为了方便保存，用户可以将需要的总分类账以一种特定文件格式保存起来。引出总分类账的具体操作步骤如下。

**步骤 01** 在【总分类账】窗口中选择【文件】→【引出】菜单项，即可打开【引出 '总分类账'】对话框，在其中选择需要保存的文件格式，如图 4-53 所示。单击【确定】按钮，即可打开保存文件对话框。

**步骤 02** 在其中设置引出文件的文件名和保存路径，如图 4-54 所示。单击【保存】按钮，即可引出当前总分类账。

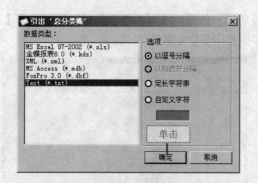

图 4-53 【引出'总分类账'】对话框　　　　　　图 4-54 设置文件名和保存路径

## 4.2.2 明细分类账

通过明细分类账可查询各科目的明细分类账账务数据，可输出现金日记账、银行存款日记账和其他各科目三栏式明细账的账务明细数据，还可按照各种币别输出某一币别的明细账。同时系统还提供了按非明细科目输出明细分类账的功能。

对明细分类账进行管理的具体操作步骤如下。

**步骤 01** 在金蝶 K/3 主控台窗口中单击【财务会计】标签，展开【总账】→【账簿】系统功能选项，双击【明细分类账】选项，即可打开【过滤条件】对话框，在其中设置相应的过滤条件，如图 4-55 所示。

**步骤 02** 切换到【高级】选项卡，如图 4-56 所示。在其中根据需要勾选【显示业务日期】、【显示凭证业务信息】、【显示核算项目明细】或【显示核算项目所有级次】等复选框，同时还可以对单项核算项目的过滤条件进行设置。

图 4-55 【过滤条件】对话框　　　　　　图 4-56 【高级】选项卡

**步骤 03** 选择【过滤条件】选项卡，在其中对明细分类账的过滤条件进行设置，如图 4-57 所示。选择【排序】选项卡，在其中对排序字段及排序方式进行设置，如图 4-58 所示。单击【确定】按钮，即可进入【明细分类账】窗口。

**步骤 04** 【明细分类账】窗口如图 4-59 所示。单击工具栏上的【第一】、【上一】、【下一】或【最后】按钮，即可按科目浏览明细分类账。在选择明细账中的某一条记录后，单击工具栏上的【总账】按钮，在其中可以查看当前科目的总账内容，如图 4-60 所示。

在【明细分类账】窗口中同样可将所生成的明细分类账打印输出，同时还提供了连续打印、汇总打印、明细账目录打印和引出所有明细账等功能。如果在【页面选项】对话框中勾选【节纸打印】复选框，则可在一张纸上根据分录的多少打印多个明细账。

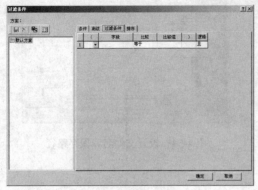

图 4-57 【过滤条件】选项卡

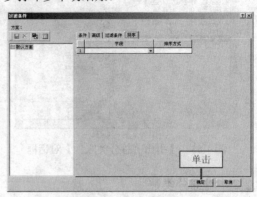

图 4-58 【排序】选项卡

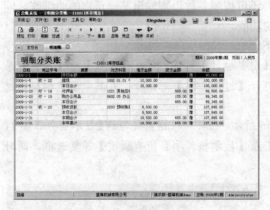

图 4-59 【明细分类账】窗口

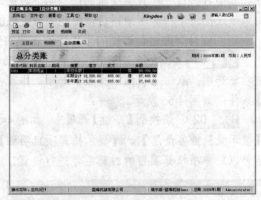

图 4-60 显示总账内容

明细账中对同一凭证下不同分录进行汇总的规则，与在【会计分录序时簿】窗口中进行凭证打印时的汇总规则一样。在连续打印（预览）情况下，系统不支持对明细账中同一凭证中不同分录汇总打印。

### 4.2.3 数量金额总账

数量金额总账用于查询设有数量金额核算科目的数据，包括期初结存、本期收入、本期发出、本年累计收入、本年累计发出、期末结存的数量和单价数据。

查看数量金额总账的具体操作步骤如下。

**步骤 01** 在金蝶 K/3 主控台窗口中单击【财务会计】标签，展开【总账】→【账簿】系统功能选项，然后双击【数量金额总账】选项，即可打开【过滤条件】对话框，在其中对会计期间、科目范围、币别等选项进行设置，如图 4-61 所示。单击【确定】按钮，即可进入【数量金额总账】窗口。

**步骤 02** 在其中按过滤条件生成相应的数量金额总账，如图 4-62 所示。双击数量金额总账中的记录，即可进入数量金额明细账查看该记录的明细信息。

本期末结账时可以查询本期以后期间的数据，但暂时不提供实时计算期初余额的功能；若本期末结账后，可按单个期间查询本期以后的数量金额总账，期初余额为零。查询条件包括未过账凭证时，本期发生额取所选期间发生的借贷方数据；若跨期查询包含当期，期初余额为当期的期初数（即上期的期末数），如当期为启用期间，则为初始余额中录入的数据；若跨期查询未包含当期，则开始期间的期初余额为 0，其他期间的期初余额为上期的期末余额。

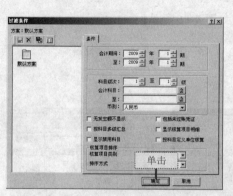

图 4-61　设置过滤条件

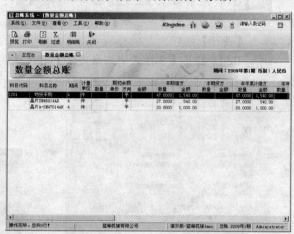

图 4-62　数量金额总账

## 4.2.4　数量金额明细账

数量金额明细账用于查询设有数量金额核算科目的明细账数据，包括"收入"、"发出"、"结存"、"数量"、"单价"、"金额"等各项数据。查询数量金额明细账的具体操作步骤如下。

**步骤 01**　在金蝶 K/3 主控台窗口中单击【财务会计】标签，展开【总账】→【账簿】功能选项，然后双击【数量金额明细账】选项，即可打开【过滤条件】对话框，如图 4-63 所示。

**步骤 02**　在其中指定查询明细账的查询方式，设置会计期间范围、科目级别范围、科目代码范围、币别等选项之后，单击【确定】按钮，即可按过滤条件生成数量金额明细账，如图 4-64 所示。

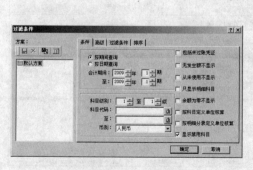

图 4-63　设置过滤条件

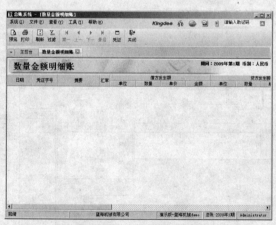

图 4-64　数量金额明细账

在【数量金额明细账】窗口中同样提供了方便快捷的账证一体化查询功能，而且用户可以引出当前窗口显示的数量金额明细账，也可以引出指定会计期间所有的数量金额明细账。当查询多个科目的数量金额明细账时，可以使用连续预览和连续打印功能。

### 4.2.5　多栏账

不同企业的科目设置情况不同，因此多栏式明细账需要用户自行设定。操作步骤如下。

**步骤 01** 在金蝶 K/3 主控台窗口中单击【财务会计】标签，展开【总账】→【账簿】系统功能选项，然后双击【多栏账】选项，即可打开【多栏式明细分类账】对话框，如图 4-65 所示，单击【设计】按钮。

**步骤 02** 打开【多栏式明细账定义】对话框，如图 4-66 所示。

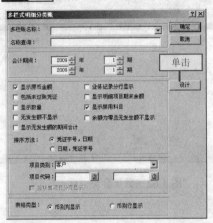

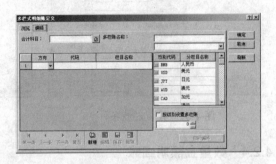

图 4-65　【多栏式明细分类账】对话框　　　　　图 4-66　【编辑】选项卡

**步骤 03** 在【编辑】选项卡中单击【新增】按钮，在"会计科目"栏中按 F7 键获取科目，再单击右下角的【自动编排】按钮，即可将该科目下的明细科目排列出来，如图 4-67 所示。单击【保存】按钮并在【浏览】选项卡中选择已经设置好的多栏式明细账方案名称，单击【确定】按钮，即可返回【多栏式明细分类账】对话框。

**步骤 04** 在【多栏式明细分类账】对话框中设置多栏账的会计期间、项目类别、项目代码范围及多栏账的排序方法，再根据需要选择复选框后，单击【确定】按钮，即可生成多栏式明细账，如图 4-68 所示。

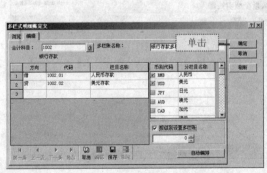

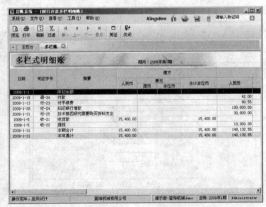

图 4-67　设置多栏式明细账　　　　　　　　图 4-68　多栏式明细账

如果科目下设核算项目，系统就会自动生成核算项目多栏账。多栏账设计总栏目数不得超过 1024 栏，否则将不允许保存。

### 4.2.6　核算项目总账

核算项目分类总账用于查看带有核算项目设置的科目总账。对核算项目总账查询的具体操作步骤如下。

**步骤 01**　在金蝶 K/3 主控台窗口中单击【财务会计】标签展开【总账】→【账簿】功能选项，双击【核算项目分类总账】选项，即可打开【过滤条件】对话框，如图 4-69 所示。

**步骤 02**　在其中对会计期间、项目类别、会计科目、币别、排序方法等项目进行设置，单击【确定】按钮，即可生成核算项目明细分类总账，如图 4-70 所示。

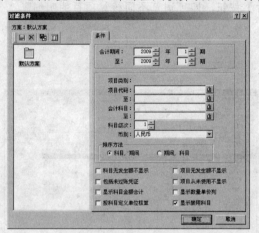

图 4-69　【过滤条件】对话框　　　　　图 4-70　核算项目明细分类总账

**步骤 03**　选择【文件】→【引出】菜单项，即可打开【引出‘核算项目分类总账’】对话框，在其中将当前窗口中的核算项目分类总账引出，如图 4-71 所示。若选择【文件】→【引出所有】菜单项，可将指定会计期间的所有核算项目分类总账信息引出。

**步骤 04**　双击核算项目分类总账中的记录，即可进入【核算项目明细账】窗口，在其中查看该记录的明细信息，如图 4-72 所示。

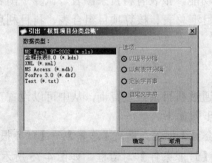

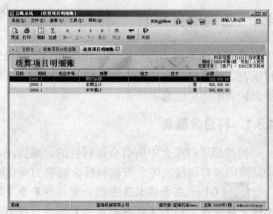

图 4-71　【引出‘核算项目分类总账’】对话框　　　图 4-72　【核算项目明细账】窗口

### 4.2.7　核算项目明细账

核算项目明细账支持同一核算项目对应的所有科目在同一账簿中显示，过滤条件中的科目范围可多选，如果不选则表示所有。在过滤条件中选择核算项目后，若不选择科目范围，核算项目明细账可显示此核算项目对应的所有明细科目在所选查询期间的明细发生情况，并显示所有科目的合计数。对核算项目明细账进行管理的具体操作步骤如下。

步骤 01　　在金蝶 K/3 主控台窗口中单击【财务会计】标签，展开【总账】→【账簿】系统功能选项，然后双击【核算项目明细账】选项，即可打开【过滤条件】对话框，如图 4-73 所示。在其中对各项进行设置后，单击【确定】按钮。

步骤 02　　在【核算项目明细账】窗口中生成核算项目明细账，如图 4-74 所示。单击工具栏上的【第一】、【上一】、【下一】或【最后】按钮，即可浏览不同核算项目的明细账。

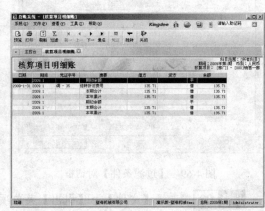

图 4-73　【过滤条件】对话框　　　　　　图 4-74　【核算项目明细账】窗口

在核算项目明细账窗口中同样提供了方便快捷的账证一体化查询功能，以及连续打印（预览）功能和"引出所有"功能。

## 4.3　管理财务报表

金蝶 K/3 系统为用户提供了详细的财务报表查询功能。报表有科目余额表、试算平衡表、日报表、核算项目余额表、核算项目明细表、核算项目汇总表、核算项目组合表、科目利息计算表和调汇历史信息表等。

### 4.3.1　科目余额表

如果想了解账套中所有会计科目的余额情况，可通过科目余额表查询，从中可以设置查询期间范围和查询级次等。查询科目余额表的具体操作步骤如下。

步骤 01　　在金蝶 K/3 主控台窗口中单击【财务会计】标签，展开【总账】→【财务报表】系统功能选项，双击【科目余额表】选项，即可打开【过滤条件】对话框，如图 4-75 所示。

步骤 02　　在其中设置查询条件，单击【高级】按钮，即可展开如图 4-76 所示的高级选项设置区域，从中进行更复杂的条件设置。单击【确定】按钮。

步骤 03　　进入【科目余额表】窗口，如图 4-77 所示。

步骤 04　　单击【明细账】按钮，即可进入【明细账】窗口查看所选科目的明细账，在其中还可查看总账或凭证，如图 4-78 所示。

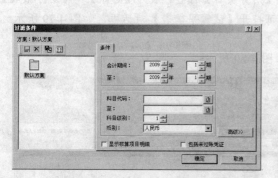

图 4-75 【过滤条件】对话框

图 4-76 设置高级选项

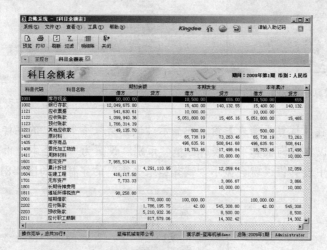

图 4-77 【科目余额表】窗口

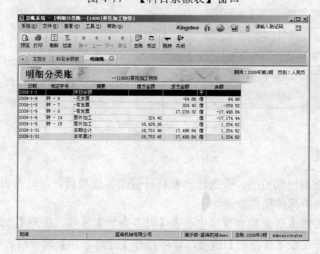

图 4-78 【明细账】窗口

### 4.3.2　试算平衡表

在试算平衡表中可设置期间范围、查询级次和币别等选项，然后查询账套中数据借贷方向是否平衡。具体的操作步骤如下。

**步骤 01**　在金蝶 K/3 主控台窗口中单击【财务会计】标签，展开【总账】→【财务报表】系统功能选项，双击【试算平衡表】选项，即可打开【试算平衡表】对话框，如图 4-79 所示。在其中设置查询条件后，单击【确定】按钮。

**步骤 02**　进入【试算平衡表】窗口，如图 4-80 所示。

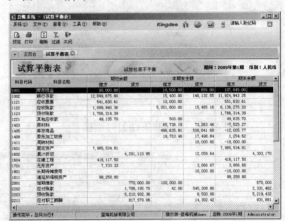

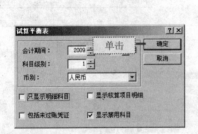

图 4-79　【试算平衡表】对话框

图 4-80　【试算平衡表】窗口

**步骤 03**　若在【试算平衡表】窗口中显示"试算结果不平衡"的字样，表明本期发生的业务涉及外币，所以在查询试算平衡表时，把"币别"设置为"综合本位币"选项，然后再进行查询，如果账套中没有错误就会显示"试算结果平衡"的字样，如图 4-81 所示。

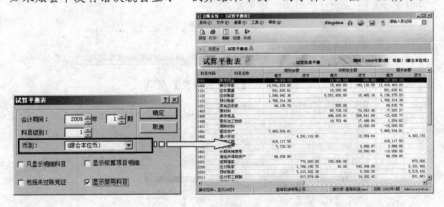

图 4-81　试算结果平衡

### 4.3.3　设置日报表

设置日报表的查询日期范围、查询级次和科目范围等选项后，可以查询科目每日的借贷发生情况。设置日报表的具体操作步骤如下。

**步骤 01**　在金蝶 K/3 主控台窗口中单击【财务会计】标签，展开【总账】→【财务报表】系统功能选项，然后双击【日报表】选项，即可打开【过滤条件】对话框，如图 4-82 所示。在其中设置日期范围、科目级次等选项后，单击【确定】按钮。

步骤 02   进入【日报表】窗口，如图 4-83 所示。

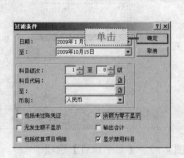

图 4-82  【过滤条件】对话框

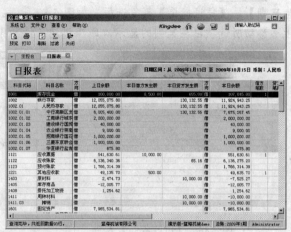

图 4-83  【日报表】窗口

### 4.3.4  核算项目余额表

要查询科目的每个核算项目的余额情况，可在核算项目余额表中设置查询日期范围和级次等选项进行查询。查询核算项目余额表的具体操作步骤如下。

步骤 01   在金蝶 K/3 主控台窗口中单击【财务会计】标签，展开【总账】→【财务报表】功能选项，双击【核算项目余额表】选项，即可打开【过滤条件】对话框，如图 4-84 所示。

步骤 02   在其中设置会计期间范围、选择会计科目、币别、项目类别等选项后，单击【确定】按钮，即可进入【核算项目余额表】窗口，如图 4-85 所示。

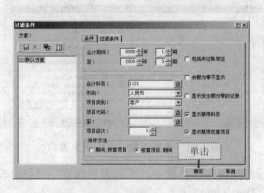

图 4-84  【过滤条件】对话框

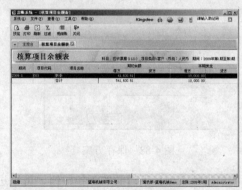

图 4-85  【核算项目余额表】窗口

### 4.3.5  核算项目明细表

核算项目明细表可用于查询科目的每个核算项目的明细情况。查询核算项目明细表时需先建立"方案（过滤条件和显示项目）"。查看核算项目明细表的具体操作步骤如下。

步骤 01   在金蝶 K/3 主控台窗口中单击【财务会计】标签，展开【总账】→【财务报表】功能选项，然后双击【核算项目明细表】选项，即可打开【过滤条件】界面，如图 4-86 所示。该报表没有后台默认方案，必须先建立方案。在【过滤条件】对话框左侧"方案"列表框中显示已建立好的方案，右侧可对方案的查询条件、显示项目、过滤条件和排序进行设置。

**步骤 02** 切换到【显示项目】选项卡，在其中选择【客户】、【部门】、【职员】、【发生日期】、【凭证摘要】等复选框，如图 4-87 所示。在选中项目后单击 上 按钮或 下 按钮，可上下移动所选项目在某列的显示次序。过滤条件和排序保持默认值。

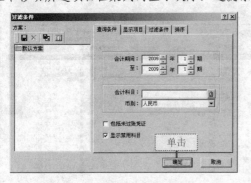

图 4-86 【过滤条件】界面　　　　　　图 4-87 【显示项目】选项卡

**步骤 03** 单击【过滤条件】对话框左侧 "方案" 下的【另存为】按钮 ，即可打开【请输入新方案名称?】对话框，在其中输入方案的名称，如图 4-88 所示。单击【确定】按钮返回【过滤条件】对话框。

**步骤 04** 选中要保存的方案，再单击【确定】按钮，即可进入【核算项目明细表】窗口，如图 4-89 所示。

图 4-88 保存方案　　　　　　图 4-89 【核算项目明细表】窗口

单击每个项目下后面的下拉按钮，可以进行筛选操作。核算项目汇总表和核算项目组合表的操作方法与核算项目明细表的操作方法类似，这里不再赘述。

## 4.4 往来管理

金蝶 K/3 中往来管理提供了核算管理、往来对账单和账龄分析表等功能。应用这些功能的前提是科目的属性已设置 "往来业务核算"。

在进行往来业务管理操作前，需要对往来业务的参数进行设置。往来业务中的相关设置指的是系统参数设置、科目设置、业务初始化以及凭证中与核销处理相关的部分。往来业务管理的相关设置中需要注意以下几点。

● 必须勾选【启用往来业务核销】复选框，否则核销管理功能将不可用。

- 如果需要进行往来业务核算，则在科目设置时必须选择"往来业务核算"选项，在科目下必须设置至少一个核算项目类别。
- 只有在初始数据完整的情况下才能进行业务数据的核销处理和账龄的分段计算。
- 在录入核算项目的初始资料时，必须录入相应的业务编号和业务发生日期，否则无法计算出正确的余额数据和账龄。
- 如果要求在录入凭证时必须录入编号，则需要在系统参数设置中勾选【往来科目必需录入业务编号】复选框。选中了该选项后，如果往来业务科目没有业务编号，则不能保存凭证。
- 在录入凭证时系统提供了业务发生日期录入功能，如果没有指定业务发生日期，则默认凭证的记账日期为业务发生日期。

### 4.4.1　核销管理

核销管理是一个非必要的业务流程，不进行核销处理也可以进行往来对账单查询和账龄分析表查询。核销管理的具体操作步骤如下。

**步骤 01**　　在金蝶 K/3 主控台窗口中单击【财务会计】标签，展开【总账】→【往来】系统功能选项，然后双击【核销管理】选项，即可打开【过滤条件】对话框，如图 4-90 所示。

**步骤 02**　　在【过滤条件】界面中对核销日志查询的过滤条件进行设置。如果不需要查询核销日志，则单击【取消】按钮，即可退出核销日志的查询并进入【总账系统-核销管理】窗口，如图 4-91 所示。

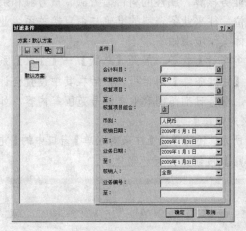

图 4-90　【过滤条件】对话框

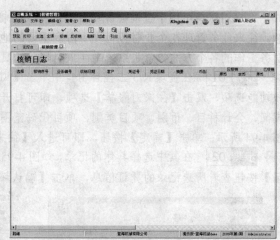

图 4-91　【总账系统-核销管理】窗口

**步骤 03**　　单击工具栏上的【核销】按钮，即可打开【过滤条件】对话框，在其中对核销过滤条件进行设置，如图 4-92 所示。单击【确定】按钮，即可打开【往来业务核销】窗口。

**步骤 04**　　在其中显示出应核销的记录，如图 4-93 所示。

**步骤 05**　　如果有应核销的记录，在其中选择需要核销的记录，单击工具栏上的【核销】按钮，即可对该业务记录进行核销。如果全部金额都核销了，则该笔记录不会再显示出来；如果只是部分核销，则会显示未核销的金额。

**步骤 06**　　如果需要撤销核销记录，则可以对已经核销的记录进行反核销。通过过滤条件查询出已经核销过的单据（即核销日志）后，双击需要进行反核销的记录，再单击工具栏上的

【反核销】按钮，即可将该记录进行反核销。

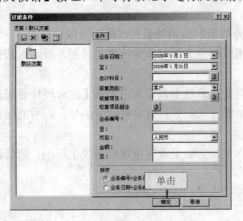

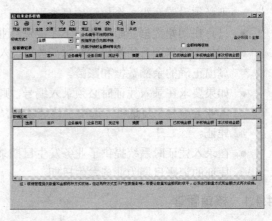

图 4-92　【过滤条件】对话框　　　　　图 4-93　【往来业务核销】窗口

这里的"币别"只能选择一个个体的币别，而不能选择综合本位币。【往来业务核销】窗口由上下两部分组成，上半部分是需要进行核销的记录，下半部分是收款或付款业务。如果是资产类科目，则借方发生额在上面，贷方发生额在下面；如果是负债类科目，则贷方发生额在上面，借方发生额在下面。

### 4.4.2　往来对账单

往来对账单可用于查询会计科目中设有"往来业务核算"属性的科目借方额、贷方额和余额。往来业务管理在企业财务管理中占有重要的地位，往来业务资料的准确与否直接关系企业财务工作的各个方面。总账系统中往来对账单的具体操作步骤如下。

**步骤 01**　在金蝶 K/3 主控台窗口中单击【财务会计】标签，展开【总账】→【往来】系统功能选项，双击【往来对账单】选项，即可打开【过滤条件】对话框，然后在其中设置会计期间、会计科目、币别、项目类别、项目代码范围、业务日期范围和业务编号范围等内容，如图 4-94 所示。单击【确定】按钮，即可进入【往来对账单】窗口。

**步骤 02**　在其中选择具体的记录，如图 4-95 所示。还可单击【往来对账单】窗口中的【凭证】按钮查看所选记录的凭证信息，单击【确认坏账】按钮，设置坏账凭证。

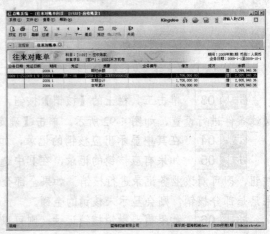

图 4-94　【过滤条件】对话框　　　　　图 4-95　【往来对账单】窗口

### 4.4.3　账龄分析表

账龄分析表主要用于对往来核算科目的往来项余额的时间分布进行分析。在账龄分析表中，K/3 系统只提供单核算的账龄分析表，不提供多个核算项目的组合查询。账龄分析表可以对往来科目的账龄进行计算，每一个核算项目或核算项目组合只会处于唯一账龄段中。在每一个核算项目或核算项目组合，账龄都是分段显示的。进行账龄分析的具体操作步骤如下。

**步骤 01**　在金蝶 K/3 主控台窗口中单击【财务会计】标签，展开【总账】→【往来】系统功能选项，双击【账龄分析表】选项，即可打开【过滤条件】对话框，如图 4-96 所示。

**步骤 02**　在其中设置会计科目范围、项目类别、核算项目范围、币别、截止日期以及账龄分组方式等内容并选择相应的复选项，然后单击【确定】按钮，即可进入【账龄分析表】窗口，如图 4-97 所示。

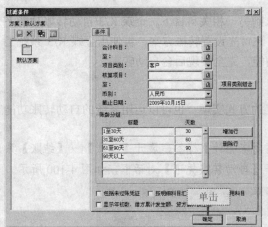
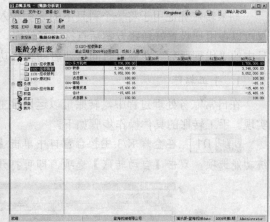

图 4-96　【过滤条件】对话框　　　　　　　　图 4-97　【账龄分析表】窗口

## 4.5　结账

在本期凭证业务处理完成后，可以进行结账操作。结账之前，按企业财务管理和成本核算的要求，必须进行制造费用、产品生产成本的结转以及期末调汇、损益结转等工作。

### 4.5.1　期末调汇

期末调汇是指在期末自动对外币核算和设有"期末调汇"的会计科目计算汇兑损益，生成汇兑损益转账凭证及期末汇率调整表。期末调汇的具体操作步骤如下。

**步骤 01**　在金蝶 K/3 主控台窗口中单击【财务会计】标签，展开【总账】→【结账】系统功能选项，双击【期末调汇】选项，即可打开【期末调汇】对话框，如图 4-98 所示，单击【下一步】按钮。

**步骤 02**　在打开的新界面中选择汇兑损益科目以及生成凭证的类型，并设置生成凭证的日期、凭证字和凭证摘要等，如图 4-99 所示。然后单击【完成】按钮，即可生成一个新凭证。参与期末调汇的会计科目及核算项目下的汇兑差额转入汇兑损益科目，暂未实现下设核算项目的对应结转。

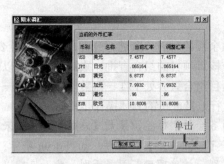

图 4-98　【期末调汇】对话框　　　　　　图 4-99　设置生成凭证选项

### 4.5.2　自动转账

期末转账凭证用于将一个科目下的余额转入到另一相关科目下。金蝶 K/3 自动转账功能不仅可以在用户设置好转账方案后直接进行转账，还可先设置转账方案，再使用金蝶 K/3 系统工具中的"代理服务"在规定时间自动启动转账功能，完全实现后台自动转账。

**1. 手工转账**

在日常账务处理过程中，转账可以运用手工的方式实现，也可以运用系统的自动转账功能实现。手工转账的具体操作步骤如下。

**步骤 01**　在金蝶 K/3 主控台窗口中单击【财务会计】标签，展开【总账】→【结账】系统功能选项，双击【自动转账】选项，即可打开【自动转账凭证】对话框，如图 4-100 所示。

图 4-100　【自动转账凭证】对话框

**步骤 02**　切换到【编辑】选项卡，即可进入"编辑"设置界面，如图 4-101 所示。

**步骤 03**　单击【新增】按钮，在其中设置转账凭证的相关选项，如图 4-102 所示。单击"转账期间"文本框后面的【打开】按钮，即可打开【自动转账凭证】对话框。

**步骤 04**　在其中选择需要转账的会计期间，如图 4-103 所示。选择完毕后，单击【确定】按钮返回【编辑】选项卡。

**步骤 05**　在其中设置相应选项，单击【保存】按钮，即可将设置保存到系统中，并在【浏览】选项卡中的列表框中显示出来，如图 4-104 所示。在选取一个或几个凭证名称之后，单击【生成凭证】按钮即可完成自动转账。

【按余额相反方向结转生成凭证】复选框只对自定义转账中的"按比例转出余额、按比例转出借方发生额（贷方发生额）"有效。还可以在【自动转账方案】选项卡中设置自动转账方案，让系统在指定的时间将所选的转账凭证进行自动转账，从而减少工作量，也避免了因疏忽忘记转账。

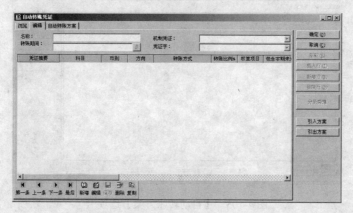

图 4-101　【编辑】选项卡

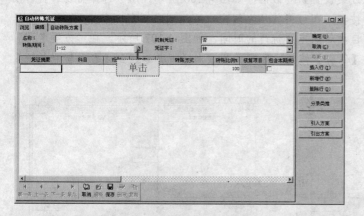

图 4-102　设置凭证选项

图 4-103　【自动转账凭证】对话框

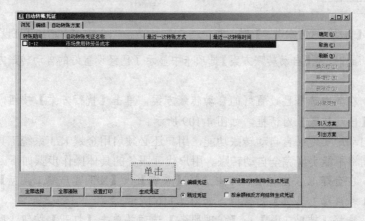

图 4-104　【浏览】选项卡

## 2．自动转账

转账的第二种方法就是自动转账。具体操作步骤如下。

**步骤 01** 在【自动转账凭证】对话框中切换到【自动转账方案】选项卡中,如图 4-105 所示。单击【新建方案】按钮,即可打开【自动转账方案设置】对话框。

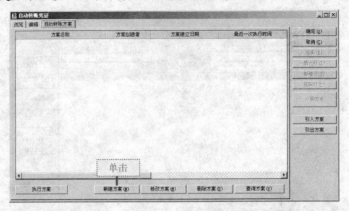

图 4-105 【自动转账方案】选项卡

**步骤 02** 打开【自动转账方案设置】对话框,如图 4-106 所示。从中选择需要进行自动转账的凭证名称并单击【增加】按钮,即可将其从左侧窗口添加到右侧窗口中。

**步骤 03** 同时还可以指定自动转账方案执行的时间,如图 4-107 所示。在"方案名称"文本框中输入方案的名称,单击【保存】按钮,即可关闭该对话框并返回到【自动转账凭证】对话框。

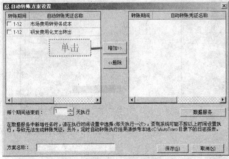

图 4-106 【自动转账方案设置】对话框

图 4-107 增加凭证设置

**步骤 04** 此时,在【自动转账方案】选项卡中显示了已经设置好的自动转账方案,如图 4-108 所示。

**步骤 05** 在其中选择已设置好的自动转账方案,单击【执行方案】按钮,将启动自动转账操作并打开【自动转账】对话框,如图 4-109 所示。

要完全、自动地实现后台自动转账功能,用户还必须启用金蝶 K/3 系统工具中的"代理服务"工具,否则将不能实现完全自动转账。用户代理服务的具体操作步骤如下。

**步骤 01** 在金蝶 K/3 主控台窗口中选择【系统】→【K/3 客户端工具包】菜单项,即可打开【金蝶 K/3 客户端工具包】对话框,如图 4-110 所示。

**步骤 02** 选择【辅助工具】→【代理服务】选项并单击【打开】按钮,即可打开【代理服务启动配置】对话框,如图 4-111 所示。

**步骤 03** 在打开的对话框中选择【仅作后台进程服务启动】单选按钮并单击【启动服务】按钮,使【打开进程管理程序】按钮变为可用状态,如图 4-112 所示。单击【打开进程管理程序】按钮，即可打开【用户登录】对话框。

**步骤 04** 在其中输入服务器名、用户名和密码，如图 4-113 所示。单击【确定】按钮，即可进入【代理进程服务管理】窗口。

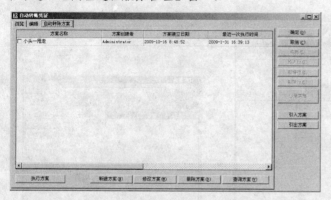

图 4-108 已设置好的自动转账方案　　　　图 4-109 【自动转账】对话框

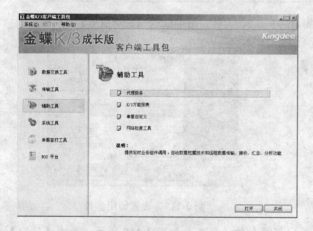

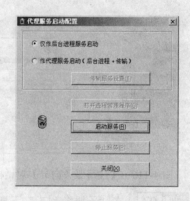

图 4-110 【金蝶 K/3 客户端工具包】对话框　　图 4-111 【代理服务启动配置】对话框

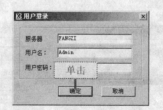

图 4-112 启用服务　　　　　图 4-113 【用户登录】对话框

**步骤 05** 进入【代理进程服务管理】窗口，如图 4-114 所示。单击工具栏上的【任务/服务】按钮，使【注册服务】按钮变为可用状态，然后单击【注册服务】按钮，即可打开【注册服务】对话框，如图 4-115 所示。在【注册服务】对话框中的"服务名"文本框中输入服务名称后，单击【添加】按钮，即可打开【注册服务向导】对话框。

**步骤 06** 打开【注册服务向导】对话框，如图 4-116 所示。在其中选择【调用 COM】单选按钮，并在其下拉列表框中选择"自动转账_总账系统"选项，单击【下一步】按钮，即可进行调用参数的设置，如图 4-117 所示。设置完毕后单击【下一步】按钮，再单击【完成】按钮返回【注册服务】对话框。

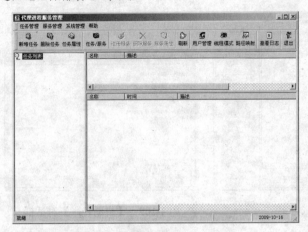

图 4-114　【代理进程服务管理】窗口

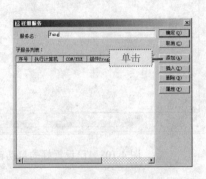

图 4-115　【注册服务】对话框

图 4-116　【注册服务向导】对话框

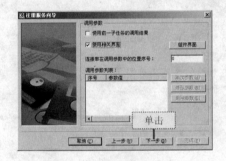

图 4-117　设置调用参数

**步骤 07** 在"子服务列表"下即可显示新添加的子服务，如图 4-118 所示。单击【确定】按钮，即可完成注册服务的设置操作。

**步骤 08** 此时，在【代理进程服务管理】窗口中将添加一个服务项，如图 4-119 所示。

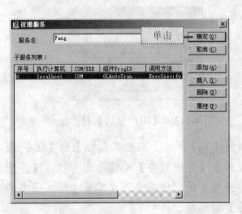

图 4-118　添加的子服务项

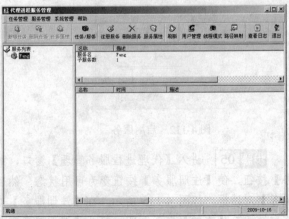

图 4-119　添加的服务项

步骤 09　选中添加的服务项并单击工具栏上的【任务/服务】按钮，再单击【新增任务】按钮，即可打开【添加执行任务】对话框，在其中选择已注册的服务，如图 4-120 所示。

步骤 10　单击【下一步】按钮，在显示的对话框中设置任务的执行时间，如图 4-121 所示。单击【完成】按钮，即可完成执行任务的添加操作。

图 4-120　【添加执行任务】对话框　　　　　　图 4-121　设置执行情况

使用金蝶 K/3 系统工具中的"代理服务"工具，用户不仅可以完成自动转账，而且可以完成凭证摊销、预提等操作。在添加执行任务后，用户必须在自动任务执行时运行代理服务，否则任务将不能自动执行。

### 4.5.3　凭证摊销

凭证摊销指对已经计入待摊销费用的数据进行每一期的摊销，将其转入费用类科目。系统提供手工执行，也可以设置由系统在后台定时自动执行。通过系统的处理，可以简化用户的工作量，使用户不必每个期间都手工录入类似凭证。

#### 1.　制作摊销凭证

制作摊销凭证的具体操作步骤如下。

步骤 01　在金蝶 K/3 主控台窗口中单击【财务会计】标签，展开【总账】→【结账】系统功能选项，双击【摊销凭证】选项，即可打开【过滤条件】对话框，如图 4-122 所示。在其中设置待摊销科目范围、币别和转入科目范围等选项后，单击【确定】按钮，即可进入【凭证摊销】窗口。

步骤 02　进入【凭证摊销】窗口，如图 4-123 所示。单击工具栏上的【新增】按钮，即可打开【方案设置-新增】对话框。

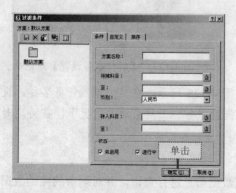　　　　　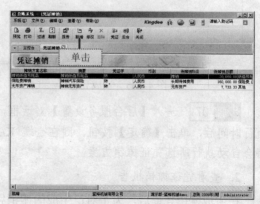

图 4-122　【过滤条件】对话框　　　　　　图 4-123　【凭证摊销】窗口

**步骤 03** 在【方案设置-新增】对话框中输入方案名称、摘要，选择凭证字、币别后，再设置待摊销科目及其总额、转入费用科目和摊销金额等选项，如图 4-124 所示。设置完毕后，单击【保存】按钮将其保存设置到系统中。

**步骤 04** 单击【关闭】按钮返回到【凭证摊销】窗口，窗口中将显示刚才设置的摊销方案，如图 4-125 所示。

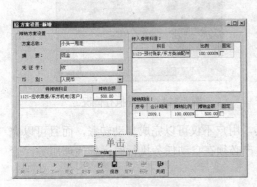

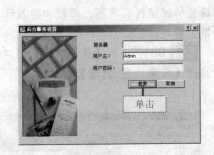

图 4-124 【方案设置-新增】对话框            图 4-125 显示摊销方案

**步骤 05** 在其中选择凭证摊销方案，单击工具栏上的【凭证】按钮，系统将弹出一个记事本，提示按摊销方案生成凭证成功，如图 4-126 所示。

**步骤 06** 如果让后台自动生成凭证，只需单击工具栏上的【后台】按钮，即可打开【后台服务设置】对话框，如图 4-127 所示。在其中输入服务器、用户名和用户密码后，单击【登录】按钮，即可进入【后台服务设置】对话框。

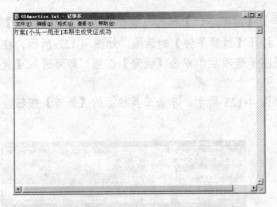

图 4-126 生成凭证            图 4-127 【后台服务设置】对话框

**步骤 07** 进入【后台服务设置】对话框，如图 4-128 所示。在其中输入任务名称，设置执行时间后，单击【确定】按钮，则在金蝶 K/3 "代理服务"工具启动的情况下，在特定时间将会自动执行所选凭证摊销方案。

2. 查看凭证摊销报告

在生成摊销凭证后，为了对已生成的摊销凭证数据信息进行查询，并对剩余的摊销数据有一定掌握，用户可以查看凭证摊销报告。查看凭证摊销报告的具体操作步骤如下。

步骤 01　在【凭证摊销】窗口中单击工具栏上的【过滤】按钮，在弹出的对话框中重新设置过滤条件，特别是要勾选【完毕】复选框，然后单击【确定】按钮，使需要查看报告的凭证摊销方案显示在窗口中。选择需要查看报告的方案之后，单击工具栏上的【报告】按钮，即可进入【凭证摊销报告】窗口。

步骤 02　在其中选择生成的摊销凭证记录，如图 4-129 所示。

图 4-128　设置执行时间　　　　　　　　图 4-129　【凭证摊销报告】窗口

步骤 03　单击工具栏上的【凭证】按钮，即可打开凭证，查看窗口查看生成的摊销凭证信息，如图 4-130 所示。

步骤 04　如果要查看其他摊销方案，则在【凭证摊销报告】窗口中单击【过滤】按钮并设置过滤条件，即可过滤出其他的摊销报告，如图 4-131 所示。

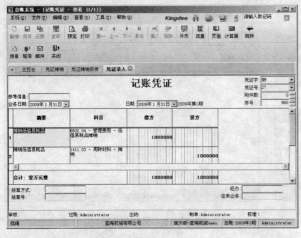

图 4-130　摊销凭证信息　　　　　　　　图 4-131　设置过滤条件

### 4.5.4　凭证预提

凭证预提是指处理每期对租金、保险费、借款利息和固定资产修改费等的预提，将其按一定金额纳入预提费用。系统提供手工执行，也可设置由系统在后台定时自动执行。通过系统处理可减少用户的工作量，使用户不必每个期间都需手工录入类似凭证。凭证预提的具体操作步骤如下。

**步骤 01** 在金蝶 K/3 主控台窗口中单击【财务会计】标签,展开【总账】→【结账】系统功能选项,然后双击【摊销预提】选项,即可打开【过滤条件】对话框,如图 4-132 所示。在其中对过滤条件进行相应设置后,单击【确定】按钮。

**步骤 02** 打开【凭证预提】窗口,如图 4-133 所示,单击工具栏上的【新增】按钮。

图 4-132 【过滤条件】对话框

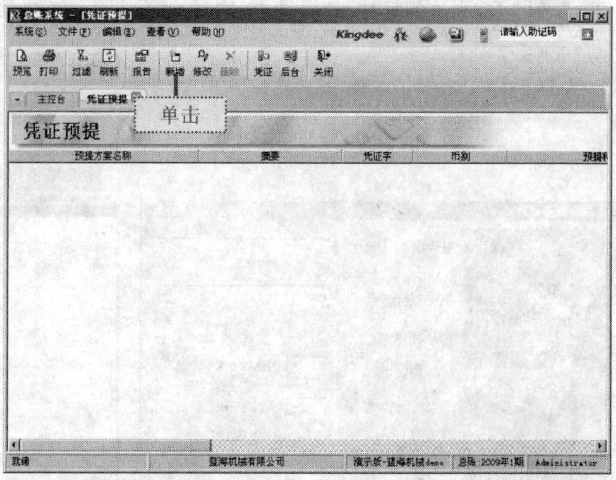

图 4-133 【凭证预提】窗口

**步骤 03** 打开【方案设置-新增】对话框,如图 4-134 所示。在其中输入方案名称、摘要,选择凭证字、币别,设置预提科目、转入费用科目及预提金额等选项后,单击【保存】按钮保存所设置的方案并单击【关闭】按钮返回【凭证预提】窗口。

**步骤 04** 刚才所设置的凭证预提方案即可显示出来,如图 4-135 所示。在其中选择凭证预提方案,单击工具栏上的【凭证】按钮。

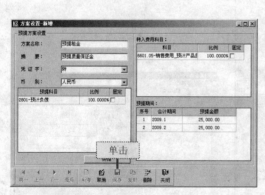

图 4-134 【方案设置-新增】对话框

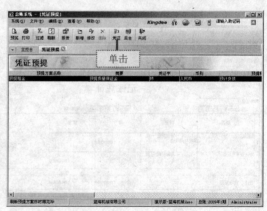

图 4-135 显示凭证预提方案

**步骤 05** 生成预提凭证,如图 4-136 所示。

**步骤 06** 在其中选择凭证预提方案,单击工具栏上的【报告】按钮,即可查看凭证预提报告,如图 4-137 所示。

凭证摊销和凭证预提都需要有相应的权限才能进行操作。要查看凭证摊销报告或凭证预提报告,在【过滤条件】对话框中必须选择【完毕】复选框,才能过滤出生成凭证后的方案,对方案进行选择后才能查看其报告。

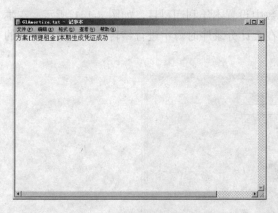

图 4-136  生成预提凭证                        图 4-137  预提报告

## 4.5.5  结转损益

结转损益将损益类科目下的所有余额结转到"本年利润"科目，并生成 1 张结转损益的凭证。在结转损益前，一定要将本期的凭证都过账（包括自动转账生成的凭证）。结转损益的具体操作步骤如下。

**步骤 01**  在金蝶 K/3 主控台窗口中单击【财务会计】标签，展开【总账】→【结账】系统功能选项，双击【结转损益】选项，即可打开【结转损益】对话框，如图 4-138 所示。单击【下一步】按钮。

**步骤 02**  对话框中显示与损益科目对应的本年利润科目列表，如图 4-139 所示，单击【下一步】按钮。

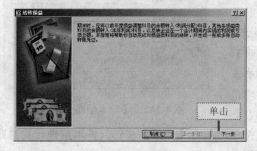

图 4-138  【结转损益】对话框                图 4-139  损益类科目对应的本年利润科目列表

**步骤 03**  设置生成凭证的相关选项，如图 4-140 所示。单击【完成】按钮，即可生成新凭证。

图 4-140  设置凭证选项

如果进行结转损益操作,则必须在系统参数中设置本年利润科目,如图 4-141 所示。在生成凭证时,系统将会提示生成的凭证号。可以在会计分录序时簿中进行结转损益生成的凭证的查询。

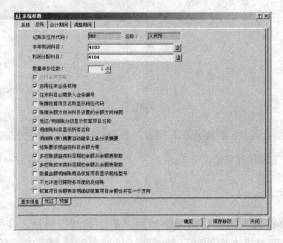

图 4-141　设置本年利润科目

### 4.5.6　期末结账

在本期所有的会计业务全部处理完毕后,即可进行期末结账处理。系统的数据处理都是针对于本期的,要进行下一期间的处理,必须将本期的账务全部进行结账处理,系统才能进入下一会计期间。期末结账的具体操作步骤如下。

**步骤 01**　在金蝶 K/3 主控台窗口中单击【财务会计】标签,展开【总账】→【结账】系统功能选项,然后双击【期末结账】选项,即可打开【期末结账】对话框,如图 4-142 所示。在其中选择【结账】单选按钮,单击【开始】按钮,即可开始进行结账处理。

**步骤 02**　若本期结账后需要更改账务信息,则

图 4-142　【期末结账】对话框

可在【期末结账】对话框中选择【反结账】单选按钮,单击【开始】按钮,将本期进行反结账操作(有结账权限的都可以反结账,包括系统管理员)。

## 4.6　专家点拨:提高效率的诀窍

(1)为什么具有审核凭证权限的用户,在对填制凭证进行审核时系统提示不能进行审核?

**解答**:因为金蝶 K/3 系统规定,凭证录入与凭证审核不能是同一人,也即制单人与审核人不能是同一人。当出现这种情况时最好先检查一下用户审核的凭证是谁制作的;若不是用户自己制作的,则需检查该凭证是否存在审核批注;若有批注存在,则表示该凭证有错误存在,不能通过审核,只有将批注清空或制单人修改凭证并保存后,该凭证才能进行审核。

(2)为什么不能对录入凭证进行结转损益操作?

**解答**:当出现这种情况时,用户最好检查一下要进行结转损益的凭证是否已经录入完毕并审核过账,因为只有录入完毕并已经审核过账的凭证才能进行结转损益。

## 4.7　沙场练兵

1. 填空题

（1）在金蝶 K/3 系统中，_____的日常账务处理是整个系统的核心，也是整个系统的基础。

（2）凭证一旦进行审核，就不允许对其进行_____和_____，用户必须进行反审核操作后才能对凭证进行修改和删除。

（3）_____是指通过二次录入凭证的方式对已录入的凭证进行审核，只有第二次录入的凭证与已录入的凭证完全相同时，才能通过审核。

2. 选择题

（1）金蝶 K/3 V12.0 版本的审核方法有（　　）种。

　　A．1 种　　　　　　B．2 种　　　　　　C．3 种　　　　　　D．4 种

（2）要想在短时间内迅速找到正确的凭证，可以通过凭证的（　　）功能实现。

　　A．查询　　　　　　B．汇总　　　　　　C．跳转　　　　　　D．以上方法都可以

（3）凭证打印方式有（　　）种。

　　A．1　　　　　　　B．2　　　　　　　　C．3　　　　　　　D．4

3. 简答题

（1）什么是凭证过账？

（2）如何对明细分类账进行管理？

（3）凭证摊销的作用是什么？

## 习题答案：

1. 填空题

（1）总账　　　（2）修改，删除　　　（3）双敲审核

2. 选择题

（1）B　　　（2）C　　　（3）B

3. 简答题

（1）**解答**：凭证过账是系统将已录入的记账凭证根据其会计科目登记到相关的明细账簿中的过程（经过记账的凭证将不能修改，只能通过补充凭证或红字冲销凭证的方式进行更正）。

（2）**解答**：在金蝶 K/3 主控台窗口中单击【财务会计】标签，展开【总账】→【账簿】系统功能选项，双击【明细分类账】选项，在【过滤条件】对话框中设置相应过滤条件。设置完毕后，单击【确定】按钮，即可进入【明细分类账】窗口。单击工具栏上的【第一】、【上一】、【下一】或【最后】按钮，即可按科目浏览明细分类账。在其中选择明细账中的某一条记录后，单击工具栏上的【总账】按钮，可以查看当前科目的总账内容。

（3）**解答**：凭证摊销用来帮助用户对已经计入待摊费用的数据进行每一期的摊销，将其转入费用类科目。

# 第 5 章

# 管理应收款系统

**主要内容：**

- 初始设置与日常处理
- 账表查询与应收款分析
- 期末处理

在应收款管理系统中，每一个环节都是至关重要的，比如在初始设置中，如何设置收款条件、类型维护、凭证模板、信用管理等；在日常处理过程中，如何对收款和退款单进行处理等。基础设置完毕后，即可对所需账表进行查询并对各账款进行分析，最后进行期末对账等操作。

## 5.1　应收款系统结构

应收款管理系统可独立运行，也可与采购系统、总账系统、现金管理等其他系统结合运用，提供完整的企业处理和财务管理信息。应收款管理系统与其他系统的关系如图 5-1 所示。

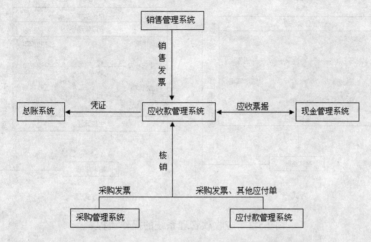

图 5-1　应收款管理系统与其他系统的关系

应收款管理系统通过发票、应收单、应付单、收款单和付款单等单据的录入，对企业的往来账款进行综合管理，及时、准确地提供供应商的往来账款余额资料，提供各种分析报表（如账龄分析表，付款分析、合同付款情况等）。通过各种分析报表，帮助用户合理地进行资金的调配，提高资金的利用效率。同时，系统还提供了各种预警、控制功能，如到期债务列表的列示以及合同到期款项列表，帮助客户及时支付到期账款，以保证良好的信誉。

应收款管理系统与其他系统的关系如下。

- 销售管理系统：与销售管理系统连接使用时，销售管理系统录入的销售发票传入应收款管理系统进行应收账款的核算；不连接使用时，销售发票要在应收款管理系统中手工录入。
- 总账系统：与总账系统连接使用时，应收款管理系统生成的往来款凭证递到总账系统；不连接使用时，往来业务凭证要在总账系统中手工录入。
- 现金管理系统：与现金管理系统连接使用时，应收款管理系统的应收票据与现金管理系统中的票据可互相传递，前提是系统参数勾选"应收票据与现金系统同步"选项。
- 采购管理系统、应付款管理系统：与采购管理系统、应付款管理系统连接使用时，采购管理系统、应付款管理系统中录入的采购发票和其他应付单与应收管理系统进行应收冲应付核算。

## 5.2　应收款系统操作流程

应收款管理系统有不参与合同管理和参与合同管理两种操作流程，如图 5-2 所示。

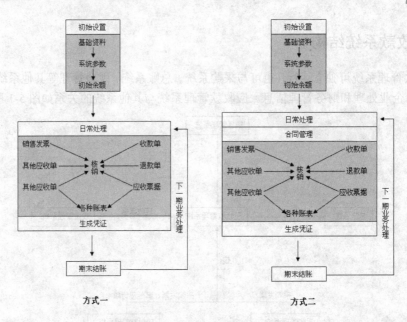

图 5-2  应收款管理系统的操作流程

## 5.3  初始设置

应收款管理系统的初始设置主要是对应收款管理系统的运行参数进行设置，主要包括基础资料（包含公共资料信息，如客户档案等）、系统参数和初始余额录入工作，还需要针对应收款管理系统进行基础资料管理，如收款条件、凭证模板和信用管理等。

### 5.3.1  收款条件

收款条件是对收款结算日期进行的设置，如 30 天结算、60 天结算或月结算模式。收款条件建立后，可以在"客户档案"中的"应收应付"档案中设置好"收款条件"，当录入销售发票和其他应收单时，单据中的"收款计划"会自动根据单据日期计算出收款计划的日期。设置收款条件的具体操作步骤如下。

**步骤 01**    在金蝶 K/3 主控台窗口中选择【系统设置】标签，展开【基础资料】→【应收款管理】功能选项，然后双击【收款条件】选项，即可打开【收款条件】窗口，如图 5-3 所示。单击工具栏上的【新增】按钮，即可打开【收款条件-新增】对话框。

**步骤 02**    在其中输入收款条件的代码、名称以及结算方式等内容，如图 5-4 所示。单击工具栏上的【保存】按钮，即可完成收款条件的新增操作。

**步骤 03**    如果要修改某一收款条件，只需在【收款条件】窗口中选中此收款条件，单击工具栏上的【修改】按钮，即可打开【收款条件-修改】对话框，在其中完成修改操作，如图 5-5 所示。

**步骤 04**    如果要删除某一收款条件，只需选中具体收款条件，单击工具栏上的【删除】按钮，即可弹出如图 5-6 所示的提示对话框。单击【是】按钮，即可完成删除操作。

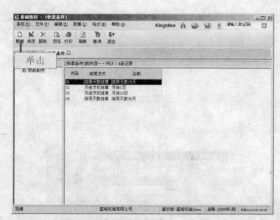

图 5-3　【收款条件】窗口　　　　　图 5-4　【收款条件-新增】对话框

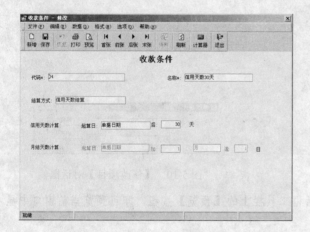

图 5-5　【收款条件-修改】对话框　　　　　图 5-6　提示信息

## 5.3.2　类型维护

类型维护用于对应收款管理系统中的单据类型进行设置。类型维护设置的具体操作步骤如下。

**步骤 01**　在金蝶 K/3 主控台窗口中选择【系统设置】标签，展开【基础资料】→【应收款管理】功能选项，双击【类型维护】选项，即可打开【类型维护】对话框，如图 5-7 所示。在左侧的类型列表中选择需要操作的类型，单击工具栏上的【新增】按钮。

**步骤 02**　打开【新增项目】对话框，如图 5-8 所示。在其中输入新增项目的代码和名称后，单击【确定】按钮，即可继续新增项目。

**步骤 03**　在新增项目输入完毕后，单击【取消】按钮，即可关闭【新增项目】对话框，则新增的项目可显示在【类型维护】对话框中，如图 5-9 所示。

**步骤 04**　如果要修改某一具体项目，只需要在【类型维护】对话框中选择具体项目，单击工具栏上的【修改】按钮或直接双击选中的项目，即可打开【修改项目】对话框，在其中可进行修改操作，如图 5-10 所示。

**步骤 05**　如果要删除某一类型项目，只需在【类型维护】对话框中选择具体项目之后，单击工具栏上的【删除】按钮，在随后弹出的如图 5-11 所示的信息提示框中单击【是】按钮，即可将所选项目删除。对于系统预设的项目，用户不能删除，但可以修改；用户自己增加的项目，则可以随意修改和删除。

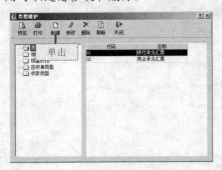

图 5-7　【类型维护】对话框

图 5-8　【新增项目】对话框

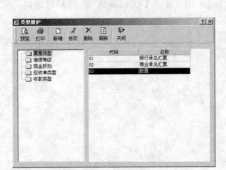

图 5-9　显示新增项目

图 5-10　【修改项目】对话框

**步骤 06**　　单击【类型维护】对话框工具栏上的【预览】按钮，即可预览当前窗口中显示内容的打印效果，如图 5-12 所示。

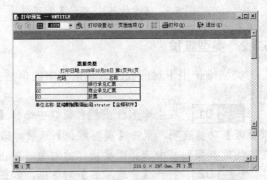

图 5-11　信息提示框

图 5-12　打印预览

### 5.3.3　凭证模板

应收款管理系统提供了凭证模板功能，可以根据实际需要对系统提供的模板进行增加、修改或删除等操作。具体的操作步骤如下。

**步骤 01**　　在金蝶 K/3 主控台窗口中选择【系统设置】标签，展开【基础资料】→【应收款管理】功能选项，双击【凭证模板】选项，即可打开【凭证模板设置】窗口，其中显示了预设在应收款管理系统中所用到的所有票据模板，如图 5-13 所示。在左侧票据列表窗口中单击需要操作的票据类型，单击【新增】按钮，即可打开【凭证模板】对话框。

**步骤 02**　在【凭证模板】对话框中可设置新的票据样式，如图 5-14 所示。

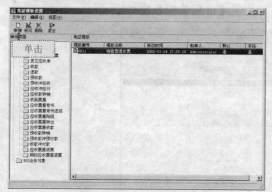

图 5-13　【凭证模板设置】窗口　　　　　图 5-14　【凭证模板】对话框

**步骤 03**　如果要修改某一票据类型，只需在【凭证模板设置】窗口左侧票据列表框中选中该票据类型，单击工具栏上的【修改】按钮，即可打开相应的凭证模板进行修改，如图 5-15 所示。

**步骤 04**　如果要删除某一票据类型，只需在【凭证模板设置】窗口左侧票据列表中选中该票据类型，单击工具栏上的【删除】按钮，在随后弹出的如图 5-16 所示的信息提示框中单击【是】按钮，即可将所选凭证模板删除。

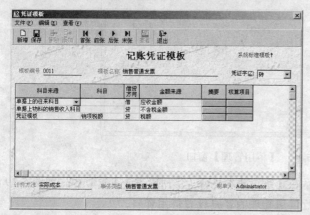

图 5-15　修改票据类型　　　　　　　　图 5-16　信息提示框

## 5.3.4　信用管理

信用管理用于对客户、业务员的信用额度和信用期限等进行设定。信用管理设置的前提是该客户档案中有"选择"是否启用信用管理。信用管理的具体操作步骤如下。

**步骤 01**　在金蝶 K/3 主控台窗口中选择【系统设置】标签，展开【基础资料】→【应收款管理】功能选项，然后双击【信用管理】选项，即可打开【系统基本资料（信用管理）】窗口，如图 5-17 所示。❶单击【客户】按钮并在客户列表框中选择需要进行设置的客户，❷单击【管理】按钮，即可打开【信用管理】窗口。

**步骤 02**　在【信用管理】窗口中设置信用级次、币别、信用额度、期限控制，并在"信用期限"选项组中设置信用期限和现金折扣率，如图 5-18 所示。选中"信用期限"选项组后还可单击【新增】或【删除】按钮，增加或删除行。设置完毕后，单击【保存】按钮将设置的信用资料保存到系统中。单击【退出】按钮，即可关闭【信用管理】窗口。

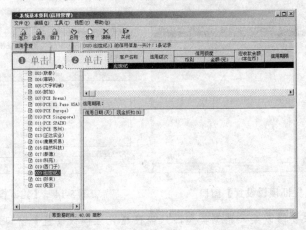

图 5-17　【系统基本资料（信用管理）】窗口

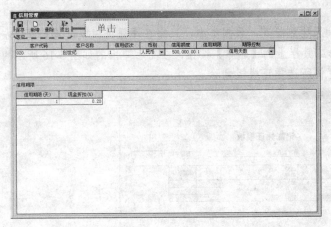

图 5-18　【信用管理】窗口

**步骤 03**　设置的信用资料将显示在【系统基本资料（信用管理）】窗口中，如图 5-19 所示。参照上述方法，可为所有需要进行信用管理的客户设置信用资料。

**步骤 04**　运用设置客户信用资料的方法，还可设置"客户类别"、"业务员"、"业务员类别"、"部门"的信用资料。选择【系统基本资料（信用管理）】窗口中的【工具】→【选项】菜单项，即可打开【选项设置】对话框，在其中可设置信用管理的对象、信用控制的强度以及信用管理选项，如图 5-20 所示。

**步骤 05**　选择【工具】→【公式】菜单项，即可打开【信用公式设置】对话框，如图 5-21所示。在【控制时点】选项卡中选择控制的票据，并选择相应的控制时点选项。切换到【信用额度】选项卡，在其中设置相应的信用额度公式，如图 5-22 所示。

**步骤 06**　切换到【信用期限】选项卡，在其中设置相应的信用期限公式，如图 5-23 所示。在设置完毕后，单击【确定】按钮完成设置操作。返回到【系统基本资料（信用管理）】窗口中并单击【全清】按钮，即可弹出如图 5-24 所示的信息提示框，单击【是】按钮将所选对象的信用资料删除。

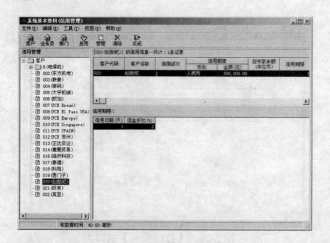

图 5-19　显示设置的信用资料

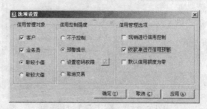

图 5-20　【选项设置】对话框

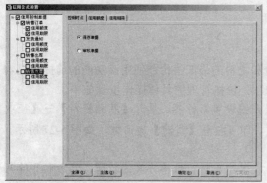

图 5-21　【信用公式设置】对话框

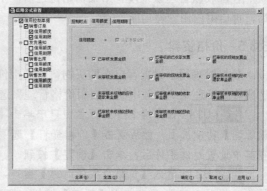

图 5-22　【信用额度】选项卡

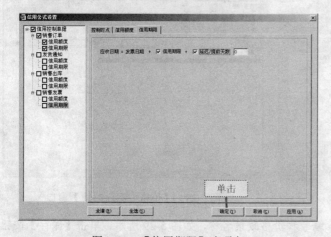

图 5-23　【信用期限】选项卡

图 5-24　信息提示框

**步骤 07**　选择【文件】→【预览】菜单项，即可打开【过滤】对话框，在其中设置信用
对象、代码范围，如图 5-25 所示，单击【确定】按钮。

**步骤 08**　进入【打印预览】窗口，如图 5-26 所示。选择【文件】→【引出】菜单项，并
设置引出的对象与代码范围，即可将符合条件的信息对象引出。

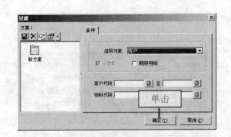

图 5-25　【过滤】对话框　　　　　　　　图 5-26　【打印预览】窗口

　　在应收款管理系统没有结束初始化之前，不能启用信用管理。用户需要在结束系统初始化后，再启用信用管理功能。

### 5.3.5　价格资料

　　价格管理用于设置客户在购买物料时的报价和物料的最低售价。使用该功能的前提是已勾选应收款管理系统参数中的"启用价格管理"选项。价格管理的具体操作步骤如下。

**步骤 01**　在金蝶 K/3 主控台窗口中单击【系统设置】标签，展开【基础资料】→【应收款管理】功能选项，然后双击【价格资料】选项，即可打开【过滤】对话框，如图 5-27 所示。在其中设置过滤条件后，单击【确定】按钮。

**步骤 02**　进入【价格方案序时簿】窗口，在其中可进行价格方案的新增、修改和删除等操作，如图 5-28 所示。单击【新增】按钮，即可进入【价格方案维护】窗口。

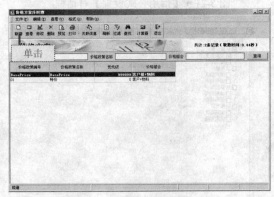

图 5-27　【过滤】对话框　　　　　　　　图 5-28　【价格方案序时簿】窗口

**步骤 03**　在其中输入价格政策编号和价格政策名称，如图 5-29 所示。单击【保存】按钮保存当前方案，再单击【退出】按钮返回到【价格方案序时簿】窗口，其中将显示刚才保存的价格方案，如图 5-30 所示。在【价格方案维护】窗口的左侧列表中选择客户资料中的"002（东方机电）"，单击【新增】按钮，即可打开【价格明细维护-新增】窗口。

**步骤 04**　在其中按需要设置各项内容，如图 5-31 所示。单击【保存】按钮，即可保存当前价格明细，如图 5-32 所示。单击【退出】按钮即返回【价格方案维护】窗口。

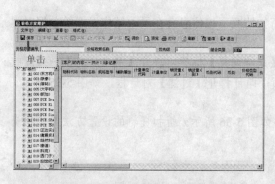

图 5-29　【价格方案维护】窗口

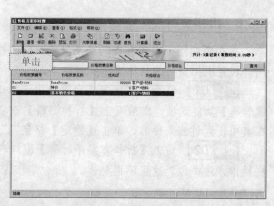

图 5-30　价格方案显示

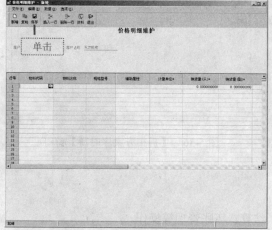

图 5-31　【价格明细维护-新增】窗口

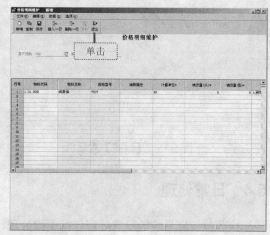

图 5-32　设置价格明细维护

**步骤 05**　在其中可显示新增的价格资料，如图 5-33 所示。为了企业利润，通常公司商品的销售价格必须要进行控制。

**步骤 06**　选中价格记录后，单击工具栏上的【价控】按钮，即可打开【价格控制设置】窗口，在其中可以对价格进行控制，如图 5-34 所示。

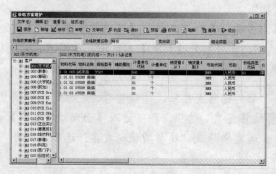

图 5-33　显示新增的价格资料

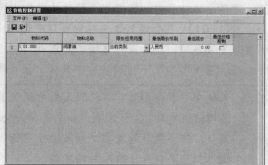

图 5-34　【价格控制设置】窗口

### 5.3.6 折扣资料

折扣资料用于设置客户购买某种物料时的折扣情况，该信息会在录入销售发票等单据时引用。设置折扣资料的具体操作步骤如下。

**步骤 01** 在金蝶 K/3 主控台窗口中选择【系统设置】标签，展开【基础资料】→【应收款管理】功能选项，然后双击【折扣资料】选项，即可打开【过滤】对话框，如图 5-35 所示。在其中设置过滤条件后，单击【确定】按钮。

**步骤 02** 进入【折扣方案序时簿】窗口，如图 5-36 所示。折扣资料的设置方法与价格资料操作方法类似，这里不再赘述。

图 5-35 【过滤】对话框          图 5-36 【折扣方案序时簿】窗口

## 5.4 日常处理

应收款管理系统的日常处理包括单据处理、结算、坏账管理等操作。

单据处理主要是提供各种单据的录入，如销售发票、应收单、应收票据、收款单、预收单、退款单等内容的录入；结算主要是基于应收款的核销处理及凭证处理；坏账管理主要是基于坏账损坏、坏账收回、计提坏账准备及生成坏账的相关凭证等的操作。

### 5.4.1 发票处理

销售发票是往来业务中的重要凭证。系统提供销售普通发票和销售增值税发票的新增、修改、删除、审核和打印等操作。具体的操作步骤如下。

**步骤 01** 在金蝶 K/3 主控台窗口中选择【财务会计】标签，展开【应收款管理】→【发票处理】功能项，然后双击【销售发票-维护】选项，即可打开【过滤】对话框，如图 5-37 所示。在"事务类型"下拉列表框中选择"销售增值税发票"选项后，单击【确定】按钮。

> **提示** 系统在"事务类型"下拉列表框中提供了"全部销售发票"、"销售普通发票"和"销售增值税发票"3 个选项。如果选择"全部销售发票"选项，即可进入【全部销售发票】窗口，但不能新增发票；如果选择"销售普通发票"或"销售增值税发票"选项，则可进入相应窗口并可录入新的发票。

**步骤 02** 进入【销售增值税发票序时簿】窗口，如图 5-38 所示，单击【新增】按钮。
**步骤 03** 打开【销售增值税发票-新增】窗口，如图 5-39 所示。在其中指定开票日期、财务日期、应收日期，设置核算项目、往来科目、摘要、结算方式，并录入该发票所销售的产品清单，系统将自动计算出应收金额。然后录入销售部门与业务员。若该发票使用外币结算，还要设置币别与汇率等内容。在其中设置完毕后，单击【保存】按钮，将录入完毕的发票保存到系统中，可继续录入下一张发票。

**步骤 04** 在保存已经录入完毕的发票之后，选择【数据】→【附件】菜单项，即可打开【附件管理-编辑】窗口，在其中可添加与该发票相关的资料，如图 5-40 所示。在发票录入完毕后，单击【关闭】按钮返回【销售增值税发票】窗口中。

图 5-37　【过滤】对话框

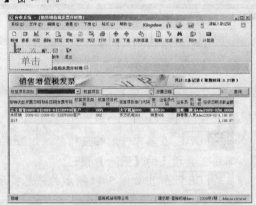

图 5-38　【销售增值税发票序时簿】窗口

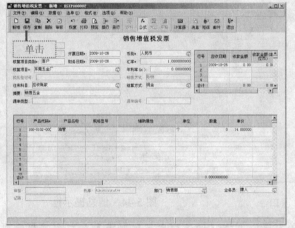

图 5-39　【销售增值税发票-新增】窗口

图 5-40　【附件管理-编辑】窗口

---

**提示** 发票在录入过程中，如果新录入的发票与已经录入的发票内容大致相同，只需打开原有的发票，单击【复制】按钮，最后在复制的发票上进行相应内容的修改即可，这样可在一定程度上加快发票的录入操作。

---

**步骤 05** 在窗口中将显示新录入的发票，如图 5-41 所示。在【销售增值税发票】窗口中如果要查看某发票的具体内容，只需选中该发票并单击工具栏上的【查看】按钮。

**步骤 06** 打开【销售增值税发票-查看】窗口，在其中查看该发票的详细信息，如图 5-42 所示。如果要修改某发票的具体内容，只需选中该发票，单击工具栏上的【修改】按钮，即可打开【销售增值税发票-修改】窗口。

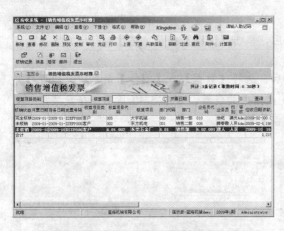

图 5-41　新增发票显示

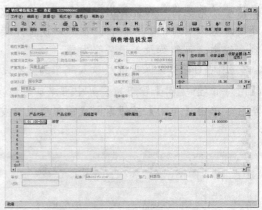

图 5-42　【销售增值税发票-查看】窗口

步骤 07　在其中修改相应信息，如图 5-43 所示。用户如果要删除某发票，只需选中该发票，单击工具栏上的【删除】按钮。

步骤 08　弹出如图 5-44 所示的信息提示框，单击【是】按钮即完成删除操作。

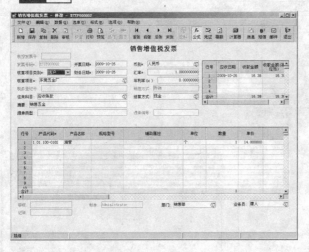

图 5-43　【销售增值税发票-修改】窗口

图 5-44　信息提示框

步骤 09　以具有审核权限的用户身份登录，并在【增值税发票序时簿】窗口中选择需要审核的发票，然后单击【审核】按钮，即可完成发票的审核操作，并在"审核"栏中显示审核员的名字，如图 5-45 所示。如果要同时审核多条记录，只需选中需要审核的全部记录，选择【编辑】→【成批审核】菜单项，即可完成成批审核操作。

步骤 10　在具体应用过程中，如果需要对已经审核的记录进行修改或删除操作，则需要先选择【编辑】→【取消审核】菜单项取消审核，才能进行修改或删除操作。如果想对审核过的记录制成相应的凭证，只需选中相应记录，然后单击工具栏上的【凭证】按钮，即可打开【记账凭证-新增】窗口，在其中可完成凭证的制作操作，如图 5-46 所示。

步骤 11　选择【格式】→【行高】菜单项，即可在【行高】对话框中设置发票序时簿窗口中表格的行高，如图 5-47 所示。如果用鼠标拖动方式改变了表格中的列宽，可选择【格式】→【恢复默认列宽】菜单项，将表格的列宽恢复到系统默认的状态。

**步骤 12** 选择【格式】→【冻结列】菜单项，即可在【冻结列】对话框中设置发票序时簿窗口中冻结的列数，如图 5-48 所示。

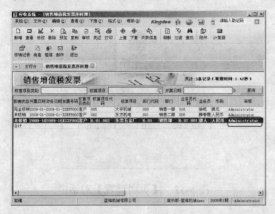

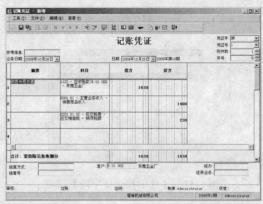

图 5-45 审核发票　　　　　　　　　　图 5-46 【记账凭证-新增】窗口

图 5-47 【行高】对话框　　　　　　　图 5-48 【冻结列】对话框

**步骤 13** 选择【格式】→【取消冻结列】菜单项，可将列的冻结状态解除。选择【格式】→【字体】菜单项，可在【字体】对话框中设置发票序时簿窗口中显示的字体样式，如图 5-49 所示。

**步骤 14** 选择【格式】→【选项设置】菜单项，即可打开【选项设置】对话框，在其中进行相应的设置，如图 5-50 所示。

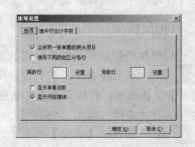

图 5-49 【字体】对话框　　　　　　　图 5-50 【选项设置】对话框

**步骤 15** 切换到【选中行合计字段】选项卡，在其中选择相应的字段，如图 5-51 所示。设置完毕后，单击【确定】按钮完成操作。选择【核销记录】按钮，即可进入应收款管理系统的核销日志窗口，在其中查看发票的核销情况。

**步骤 16** 选择【文件】→【页面设置】菜单项，即可打开【页面设置】对话框，在其中选择纸张大小与方向，并设置打印的页边距，如图 5-52 所示。

**步骤 17** 选择【文件】→【打印预览】菜单项，即可浏览当前窗口发票记录的打印效果，如图 5-53 所示。如果满意预览效果，则可选择【文件】→【打印】菜单项将当前窗口中的记录打印输出。

**步骤 18** 选择【文件】→【引出内部数据】菜单项，即可打开【引出'销售增值税发票序时簿'】对话框，在其中选择要引出的格式，如图 5-54 所示。单击【确定】按钮，即可将当前窗口中显示的发票记录引出。

图 5-51　【选中行合计字段】选项卡

图 5-52　【页面设置】对话框

图 5-53　打印预览

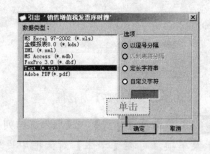

图 5-54　【引出'销售增值税发票序时簿'】对话框

　　用户在打印发票时，如果要使用单据的套打格式，首先需要通过金蝶 K/3 系统的单据套打工具进行设计，才能注册并使用。

### 5.4.2　其他应收单

　　其他应收单是指处理非发票形式的应收单据。管理其他应收单的具体操作步骤如下。

步骤 01　在金蝶 K/3 主控台窗口中选择【财务会计】标签，展开【应收款管理】→【其他应收单】功能选项，然后双击【其他应收单-维护】选项，即可打开【过滤】对话框，在其中设置相应的过滤条件，如图 5-55 所示。

步骤 02　切换到【高级】选项卡，在其中对相应的高级选项进行设置，如图 5-56 所示。

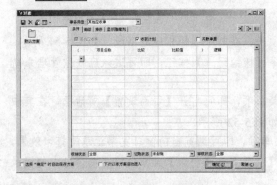

图 5-55　【过滤】对话框

图 5-56　【高级】选项卡

**步骤 03**　切换到【排序】选项卡，在其中对应收单的排序选项进行设置，如图 5-57 所示。

**步骤 04**　如果要显示某项目，只需切换到【显示隐藏列】选项卡，在此项目的"显示"列中勾选【显示】复选框，如图 5-58 所示。设置完毕后单击【确定】按钮。

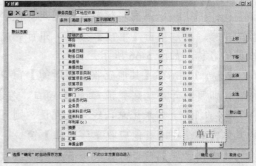

图 5-57　【排序】选项卡　　　　　　　　　图 5-58　【显示隐藏列】选项卡

**步骤 05**　进入【其他应收单序时簿】窗口，如图 5-59 所示。单击【新增】按钮，即可打开【其他应收单-新增】窗口，在其中输入相应的内容，如图 5-60 所示。单击【保存】按钮，即可将该单据保存到系统中。

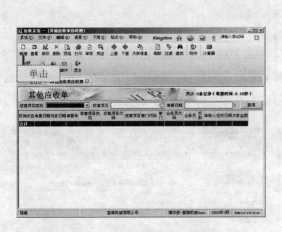

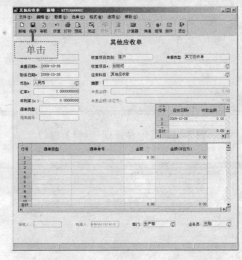

图 5-59　【其他应收单序时簿】窗口　　　　图 5-60　【其他应收单-新增】窗口

**步骤 06**　保存其他应收单之后，选择【数据】→【附件】菜单项，即可打开【附件管理-编辑】窗口，在其中可为该单据添加附件，如图 5-61 所示。单击【退出】按钮，即可返回【其他应收单序时簿】窗口，增加的其他应收单可显示在该窗口中，如图 5-62 所示。

**步骤 07**　如果要查看某应收单的详细信息，只需选中该应收单后单击【查看】按钮，即可打开【其他应收单-查看】窗口，在其中查看需要的信息，如图 5-63 所示。

**步骤 08**　如果要修改某应收单的详细信息，只需选中该应收单后单击【修改】按钮，即可打开【其他应收单-修改】窗口，在其中修改相应的信息，如图 5-64 所示。

**步骤 09**　如果要删除某应收单，只需选中该应收单后单击【删除】按钮，系统将弹出一个如图 5-65 所示的信息提示框。单击【是】按钮，即可删除应收单（由系统自动生成的其他应收单不能修改和删除）。

**提示** 如果要同时审核多条记录，则可选择【编辑】→【成批审核】菜单项，将所选记录同时审核。如果要将审核后的记录进行反审核，只需选取需要反审核的记录后，选择【编辑】→【取消审核】或【成批反审】菜单项即可完成。

步骤 10 以具有审核权限的用户身份登录，在【其他应收单序时簿】窗口中选择需要审核的单据，然后单击【审核】按钮，即可完成所选记录的审核操作，并在【审核】栏中显示审核员的名称，如图 5-66 所示。

步骤 11 在【其他应收单序时簿】窗口中选取已经审核的手工录入记录，单击【凭证】按钮，即可打开【记账凭证-新增】窗口，在其中将所选记录生成凭证，如图 5-67 所示。

步骤 12 如果记录已经生成凭证，则可选择【编辑】→【凭证信息】菜单项，查看凭证的具体内容。在【其他应收单序时簿】窗口中单击【核销记录】按钮，即可进入应收款管理系统的【核销管理】窗口，在其中查看其他应收单的核销情况，如图 5-68 所示。

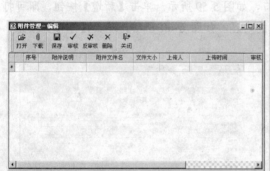

图 5-61 【附件管理-编辑】窗口

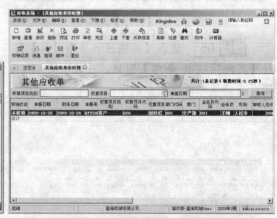

图 5-62 新增的其他应收单

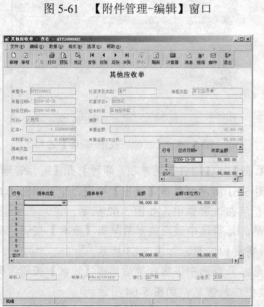

图 5-63 【其他应收单-查看】窗口

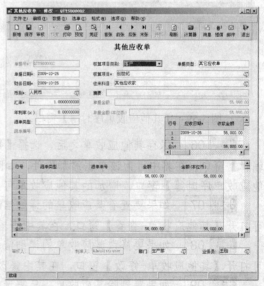

图 5-64 【其他应收单-修改】窗口

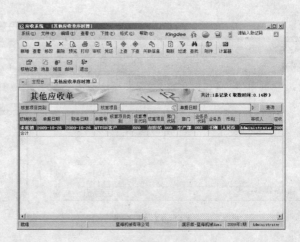

图 5-65　信息提示框

图 5-66　审核应收单

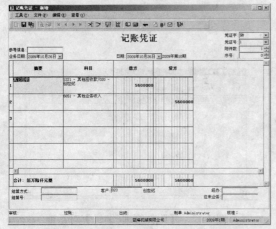

图 5-67　【记账凭证-新增】窗口

图 5-68　【核销管理】窗口

### 5.4.3　应收票据处理

票据是公司因销售商品、产品和提供劳务等而收到的商业汇票，包括银行承兑汇票和商业承兑汇票。票据处理包括应收票据的新增、修改、删除、背书、转出、贴现和退票等操作，同时可以生成收款单。处理应收票据的具体操作步骤如下。

步骤 01　在金蝶 K/3 主控台窗口中单击【财务会计】标签，展开【应收款管理】→【应收票据】功能项，然后双击【应收票据-维护】选项，即可打开【过滤】对话框，如图 5-69 所示。在"事务类型"下拉列表框中选择"应收票据"选项，单击【确定】按钮。

步骤 02　进入【应收票据序时簿】窗口，如图 5-70 所示。单击【新增】按钮，即可打开【应收票据-新增】窗口。

步骤 03　在【应收票据-新增】窗口中根据提示输入相应的内容，如图 5-71 所示。单击【保存】按钮，即可将该票据保存到系统中。

步骤 04　如果应收票据还有其他资料要一同保存，则选择【数据】→【附件】菜单项，即可打开【附件管理-编辑】对话框，在其中添加附件，如图 5-72 所示。单击【退出】按钮，返回【应收票据序时簿】窗口。

图 5-69 【过滤】对话框

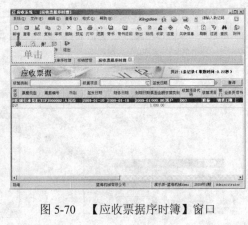

图 5-70 【应收票据序时簿】窗口

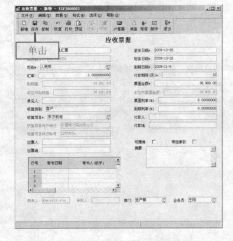

图 5-71 【应收票据-新增】窗口

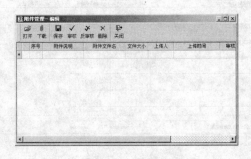

图 5-72 【附件管理-编辑】对话框

**步骤 05** 增加的应收票据将显示在该窗口中,如图 5-73 所示。如果要查看某一票据的详细信息,只需选中该票据并单击【查看】按钮。

**步骤 06** 打开【应收票据-查看】窗口,在其中查看相应的信息,如图 5-74 所示。

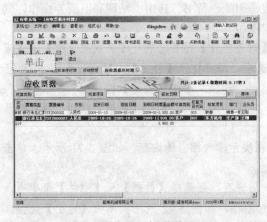

图 5-73 显示新增票据

图 5-74 【应收票据-查看】窗口

**步骤 07**　如果要修改某一票据信息，只需选中该票据后单击【修改】按钮，即可打开【应收票据-修改】窗口，在其中可修改相应的信息，如图 5-75 所示。

**步骤 08**　如果要删除某一票据信息，只需选中该票据后单击【删除】按钮，即弹出一个如图 5-76 所示的信息提示框。单击【是】按钮，即可将所选票据删除。如果新增票据与一条已经录入的票据内容基本相同，则在选取已录入的票据之后，单击【复制】按钮，即可新增一条与所选票据内容完全相同的票据，用户可以打开该票据并将其修改为新票据。

图 5-75　【应收票据-修改】窗口　　　　　图 5-76　信息提示框

> **提示**　修改和删除的应收票据必须是未审核过的票据，审核过的票据要想进行修改删除操作，必须先进行反审核操作。

**步骤 09**　以具有审核权限的用户身份登录，在【应收票据序时簿】窗口中选择需要审核的票据，然后单击【审核】按钮，即可打开【请选择】对话框，在其中选择需要生成的单据类型，如图 5-77 所示。单击【确定】按钮，即可完成审核操作。

**步骤 10**　如果要修改已经审核的票据，则可选择该票据后，选择【编辑】→【取消审核】菜单项后，再进行相应的修改操作。如果需要将票据退票处理，则在序时簿窗口中选择该票据后，单击【退票】按钮，即可打开【应收票据退票】对话框，如图 5-78 所示。在其中设置退票日期和退回金额后，单击【确定】按钮，即可完成退票操作。

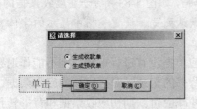

图 5-77　【请选择】对话框　　　　　图 5-78　【应收票据退票】对话框

**步骤 11**　如果要为某票据进行背书，只需选中该票据后单击工具栏上的【背书】按钮，即可打开【应收票据背书】对话框，在其中设置背书日期、背书金额、核算类别、被背书单位、利息、费用、对应科目，并选取生成单据的类型，如图 5-79 所示。单击【确定】按钮，即可完成背书操作。

**步骤 12** 如果应收票据到期后仍不能收到钱款，则可以在应收票据模块中进行转出处理，即重新增加应收账款；方法为：在【应收票据序时簿】窗口中选择需要转出的票据后，单击工具栏上的【转出】按钮，即可打开【应收票据转出】对话框，在其中设置转出日期、核算类别、转出单位、转出金额、利息、费用等选项，如图 5-80 所示。单击【确定】按钮，即可完成应收票据的转出操作。

图 5-79 【应收票据背书】对话框

图 5-80 【应收票据转出】对话框

**步骤 13** 在【应收票据序时簿】窗口中如果要对某票据进行贴现处理，只需在选择该票据后，单击工具栏上的【贴现】按钮，即可打开【应收票据贴现】对话框，在其中设置贴现日期、贴现银行、贴现率、调整天数、净额、利息、费用、结算科目，如图 5-81 所示。单击【确定】按钮，即可完成应收票据的贴现操作。

**步骤 14** 在【应收票据序时簿】窗口中选取需要进行收款处理的票据，单击工具栏上的【收款】按钮，即可打开【应收票据到期收款】对话框，在其中设置结算日期、金额、利息、结算科目等选项，如图 5-82 所示。单击【确定】按钮，即可完成应收票据的收款操作。

图 5-81 【应收票据贴现】对话框

图 5-82 【应收票据到期收款】对话框

**步骤 15** 如果所选票据已经生成其他单据或凭证，则单击【连查】按钮，即可自动调出相应的窗口，并显示应收票据在各种状态下生成的相应单据，如图 5-83 所示。在应收票据的【格式】菜单下可通过相应菜单项，设置表格的行高、恢复默认列宽、设置表格中显示的字体、冻结列数等。

如果所选应收票据没有进行审核或审核后生成的相应单据没有进行审核，则不能作退票处理。如果将背书后的票据进行退票处理，就不能查看原背书的记录。对已审核的应收票据、背书冲减应付款应收票据、背书转预付款应收票据、背书冲减应付款期初应收票据和背书转预付款期初应收票据进行退票处理时，必须反核销原已核销的相关记录，退票成功后将在应收款管理系统自动产生一张应收退款单，与原票据审核时自动产生的收款单（或预收单）自动核销。应收退款单摘要中将注明"票据 xxx 退票"的字样。退票的凭证在凭证处理模块的应收票据退票中进行处理，退票的凭证不能通过采用凭证模板的方式生成。

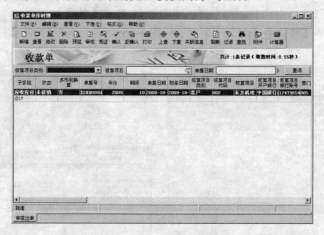

图 5-83　连查票据

在背书操作中应该注意以下方面。

- 背书生成的单据不能在应付系统进行删除处理，也不可以修改金额、币别和汇率。如果要删除，则在应收款管理系统取消应收票据背书即可。
- 如果所生成的单据已经审核，则该应收票据不能取消背书。
- 系统自动生成的单据不能产生凭证，其对应的凭证字号自动取应收票据背书时生成的凭证字号。如果相应的单据没有进行审核，则应收票据背书不能生成凭证。
- 应收票据背书凭证只能在凭证处理模块生成。

在应收票据的转出操作中应该注意以下方面。

- 应收票据进行转出处理后，应收票据减少，同时系统自动在应收单序时簿中产生一张其他应收单。
- 应收票据转出生成的其他应收单不能在应收单序时簿中删除，也不可以修改金额、币别和汇率。如果删除，则取消应收票据转出即可。
- 其他应收单未审核，则应收票据转出不能生成凭证，应收票据转出凭证只能在凭证处理模块生成。

应收票据贴现处理后不在应收款管理系统产生任何单据，只是应收票据的状态变为"贴现"。如果需要取消贴现处理，只要在【应收票据序时簿】窗口中选择【编辑】→【取消处理】菜单项即可。应收票据贴现凭证只能在凭证处理模块生成。选择应收票据与现金管理系统同步时，在应收系统进行了贴现的应收票据，传到现金管理系统时会回填相关的贴现信息。

应收票据收款凭证只能在凭证处理模块生成，应收票据进行收款处理之后，不在应收款管理系统中产生任何数据，只是状态变为"收款"。另外，在此处理进行了应收票据收款处理后，也不需要进行收款单的录入操作。如果需要取消票据的收款处理，只需在【应收票据序时簿】窗口中选择【编辑】→【取消处理】菜单项，即可完成取消操作。

### 5.4.4　收款单

收款单用于记录往来账款业务中收到或预收到客户款项的情况。收款单可以手工录入，也可以录入时关联销售发票等单据，为核算提供核销依据。管理收款单的具体操作步骤如下。

**步骤 01**　在金蝶 K/3 主控台窗口中选择【财务会计】标签，展开【应收款管理】→【收款】功能项，然后双击【收款单-维护】选项，即可打开【过滤】对话框，如图 5-84 所示。在"事务类型"下拉列表框中选择"收款单"选项后，单击【确定】按钮。

**步骤 02** 进入【收款单序时簿】窗口，如图 5-85 所示。单击【新增】按钮，即可打开【收款单-新增】窗口。

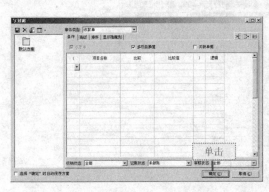

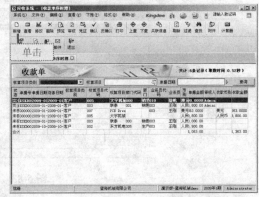

图 5-84 【过滤】对话框          图 5-85 【收款单序时簿】窗口

**步骤 03** 在【收款单-新增】窗口中指定单据日期、财务日期、核算项目类别、核算项目、结算方式及结算号、现金类科目、收款银行、单据金额等选项，如图 5-86 所示。单击【保存】按钮，将该单据保存到系统中。如果勾选【多币别换算】复选框，则可将外币结算为人民币。

**步骤 04** 保存收款单后，选择【数据】→【附件】菜单项，即可打开【附件管理-编辑】窗口，在其中为该单据添加附件，如图 5-87 所示。

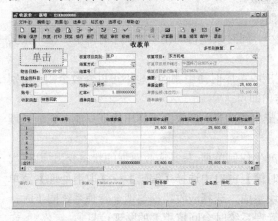

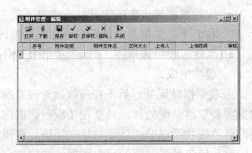

图 5-86 【收款单-新增】窗口          图 5-87 【附件管理-编辑】窗口

**步骤 05** 选择【文件】→【复制】菜单项，即可复制一份当前已保存的单据，在该单据的基础上进行修改就可以生成一张新的单据。如果录入的单据是从其他票据或单据而来，则可在【选单】菜单中选择一种单据类型，并在打开的序时簿窗口中双击需要的票据或单据，即可将所选票据或单据的相应内容填写在收款单中，用户只需要补充未填写的项目即可生成新的收款单。

**步骤 06** 单击【退出】按钮返回【收款单序时簿】窗口，增加的收款单即可显示出来，如图 5-88 所示。

**步骤 07** 在【收款单序时簿】窗口中选择一条记录，然后单击工具栏上的【修改】按钮，即可打开该收款单进行修改，如图 5-89 所示。

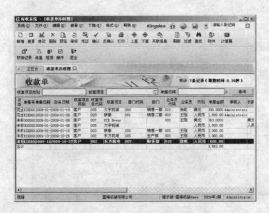

图 5-88　显示新增收款单

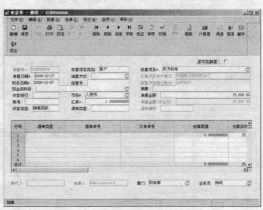

图 5-89　修改收款单

步骤 08　在【收款单序时簿】窗口中选择一条记录，然后单击工具栏上的【查看】按钮，即可打开该收款单查看其详细信息，如图 5-90 所示。

步骤 09　在【收款单序时簿】窗口中选择一条记录，然后单击工具栏上的【删除】按钮，系统将弹出一个如图 5-91 所示的信息提示框。单击【是】按钮，即可删除所选收款单。用户不能删除和修改已经审核、核销、生成凭证等业务操作的单据，也不能删除系统自动生成的单据。

步骤 10　在【收款单序时簿】窗口中选择需要审核的收款单，然后单击工具栏上的【审核】按钮，即可审核所选收款单，并在"审核人"栏中显示审核人的名字，如图 5-92 所示。

步骤 11　由现金管理系统传入的收款单，在应收系统是"未确认"状态，在【收款单序时簿】中不能直接显示，需要通过确认操作后转为"已确认"状态才可以在收款单或预收单序时簿上显示。在【收款单序时簿】窗口中单击工具栏上的【确认】按钮，即可打开【过滤条件】对话框，如图 5-93 所示。

步骤 12　在其中设置核算项目类别、核算项目代码、部门代码、业务员代码、币别、单据号码等选项后，单击【确认】按钮，即可打开【收款单确认】对话框并显示符合条件且处于"未确认"状态的收款单，如图 5-94 所示。从中选择需要确认的收款单，单击【确定】按钮，即可将确认后的收款单显示在【收款单序时簿】窗口中。

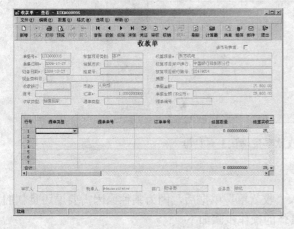

图 5-90　查看收款单

图 5-91　信息提示框

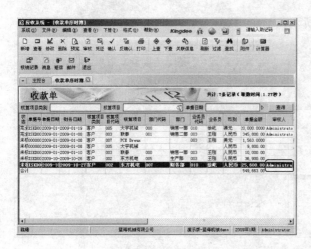

图 5-92 审核收款单

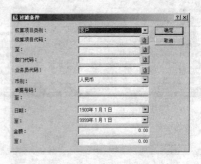

图 5-93 【过滤条件】对话框

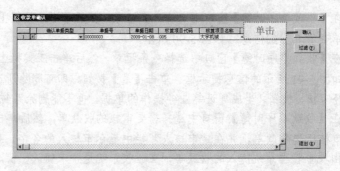

图 5-94 【收款单确认】对话框

**步骤 13** 如果需要取消单据的确认状态，则可在【收款单序时簿】窗口中单击【反确认】按钮，设置过滤条件后即可打开【收款单反确认】对话框，在其中选择需要反确认的收款单，如图 5-95 所示。❶单击【反确认】按钮，即可完成反确认。❷单击【退出】按钮，即可完成收款单的处理操作。

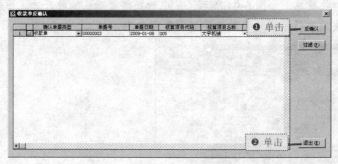

图 5-95 【收款单反确认】对话框

### 5.4.5 退款单

退款单用于处理已经收到货款并已录入"收款单"单据后，因为某种原因需要退还货款的情况。退款单的操作方法同收款单类似。具体的操作步骤如下。

**步骤 01** 在金蝶 K/3 主控台窗口中单击【财务会计】标签，展开【应收款管理】→【退款】功能项，然后双击【退款单-维护】选项，即可打开应收退款单【过滤】对话框，在"事务类型"下拉列表框中选择"应收退款单"选项，如图 5-96 所示，单击【确定】按钮。

步骤 02　进入【应收退款单序时簿】窗口，如图 5-97 所示，单击【新增】按钮。

图 5-96　【过滤】对话框　　　　　　图 5-97　【应收退款单序时簿】窗口

步骤 03　进入【应收退款单-新增】窗口，如图 5-98 所示。在其中指定单据日期、财务日期、核算项目类别、核算项目、结算方式及结算号、现金类科目、单据金额等选项后，❶单击【保存】按钮，即可将该单据保存到系统中。❷单击【退出】按钮返回【应收退款单序时簿】窗口。

步骤 04　则新增的退款单即可显示在该窗口中，如图 5-99 所示。选择需要修改的记录后，单击工具栏上的【修改】按钮。

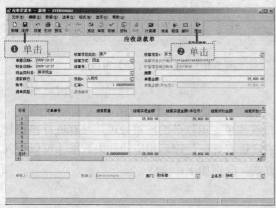
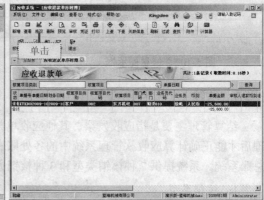

图 5-98　【应收退款单-新增】窗口　　　　图 5-99　显示新增应收退款单

步骤 05　打开【应收退款单-修改】窗口，在其中可对该单据进行修改，如图 5-100 所示。

步骤 06　选择需要查看的记录后，单击工具栏上的【查看】按钮，即可打开【应收退款单-查看】窗口查看其详细信息，如图 5-101 所示。

步骤 07　选择需要删除的记录后，单击工具栏上的【删除】按钮，即弹出一个如图 5-102 所示的信息提示框。单击【是】按钮，即可删除所选记录。用户不能删除和修改已经过审核、核销、生成凭证等业务操作的单据，也不能删除系统自动生成的单据。

步骤 08　选择需要删除的记录后，单击工具栏上的【核销记录】按钮，即可进入应收款管理系统的【核销日志】窗口，在其中可查看退款单的核销情况，如图 5-103 所示。单击【退出】按钮,即可完成退款的处理操作。

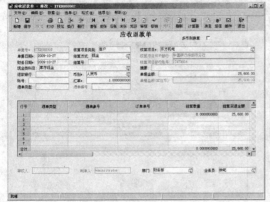

图 5-100 【应收退款单-修改】窗口

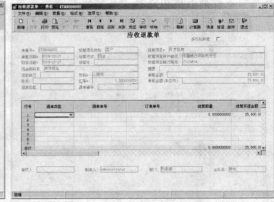

图 5-101 【应收退款单-查看】窗口

图 5-102 信息提示框

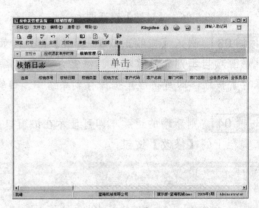

图 5-103 【核销管理】窗口

### 5.4.6 结算

结算管理主要是指应收发票、其他应收单与收款单、退款单的核销处理。只有进行核销处理后才能正确计算应收款管理系统中的各处账表,进行凭证处理后相应的往来数据才可以传入总账系统。系统提供 7 种核销类型和 3 种核销方式,分别如下:

1. 核销类型

- 到款结算:收款单、退款单与销售发票、其他应收单核销,收款单与退款单互冲,红字销售发票、其他应收单与蓝字销售发票、其他应收单互冲。不包括预收单。
- 预收款冲应收款:预收款与销售发票、其他应收单核销或预收单与退款单互冲。预收款冲应收款与到款结算的区别之处在于,前者要根据相应的核销记录生成预收款冲应收凭证,而到款结算不用。
- 应收款冲应付款:销售发票、其他应收单与采购发票、其他应付单的核销处理。
- 应收款转销:属于单边核销,即从一个客户转为另一个客户,实际应收款的总额并不减少。
- 预收款转销:属于单边核销,即从一个客户转为另一个客户,实际预收款的总额并不减少。

**Kingdee**

- 预收款冲预付款：预收单与预付单进行核销。
- 收款冲付款：收款单与付款单进行核销。

2. 核销方式

- 单据：选择单据进行核销，系统内部按行依次核销。
- 存货数量：用户可以对发票上的存货数量进行选择核销。
- 关联关系：对存在结算关联的单据进行核销，包括收款单关联应收单、退款单关联负数应收单、退款单关联收款单和退款单关联预收单。

这里以【结算】子功能项下的"到款结算"为例介绍单据核销，具体的操作步骤如下。

**步骤 01**　在金蝶 K/3 主控台窗口中选择【财务会计】标签，展开【应收款管理】→【结算】系统功能选项，然后双击【到款结算】选项，即可打开应收退款单【单据核销】对话框，如图 5-104 所示。

**步骤 02**　在"核销类型"下拉列表框中选择"到款结算"选项，并设置核算项目类别、核算项目代码范围、部门代码、业务员代码等选项后，单击【确定】按钮，即可进入【应收款管理系统-核销（应收）】窗口，如图 5-105 所示。

图 5-104　【单据核销】对话框　　　图 5-105　【应收款管理系统-核销（应收）】窗口

**步骤 03**　在"核销方式"下拉列表框中可以选择单据、存货数量和关联关系 3 种方式，在"核销日期"后的文本框中可设置相应的核销日期。

**步骤 04**　如果要使用自动核销方式，则可单击【自动】按钮，按往来单位余额自动进行核销。如果要手动核销，则可在应收款单据列表窗口和收款单据列表窗口中，分别将符合核销条件的单据标上"√"记号，然后单击【核销】按钮完成核销操作。

**步骤 05**　如果要查看某一核销记录的详细信息，只需选择该记录后单击【单据】按钮，即可打开该单据查看其详细信息，如图 5-106 所示。单击【页面】按钮，即可打开【页面选项】对话框。

**步骤 06**　在其中可设置不同单据列表窗口中显示的字段名及其宽度，如图 5-107 所示。单击【关闭】按钮，即可结束核销。

核销日志用于查看当前系统中的单据核情况，当已核销的单据需要修改时，可以在"核销日志"中反核销单据后再进行修改。具体的操作步骤如下。

**步骤 01**　在金蝶 K/3 主控台窗口中选择【财务会计】标签，展开【应收款管理】→【结算】功能选项，然后双击【核销日志-维护】选项，即可打开【核销日志（应收）】窗口并弹出【过滤条件】对话框，如图 5-108 所示。

步骤 02 在对话框中设置核销日期、核销人、核销序号、核销类型、核销方式、币别等核销条件，以及核算项目类别、核算项目、部门代码、业务员代码等单据条件后，单击【确定】按钮，即可进入【核销日志（应收）】窗口并显示符合条件的核销记录，如图 5-109 所示。

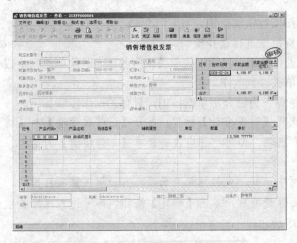

图 5-106 查看单据信息

图 5-107 【页面选项】对话框

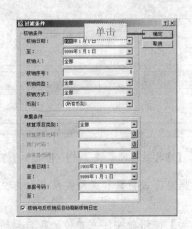

图 5-108 【过滤条件】对话框

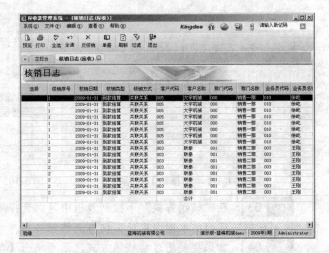

图 5-109 【核销日志（应收）】窗口

步骤 03 通过核销日志能有效查询每笔单据的结算情况。如果要查看记录的单据情况，只需选择记录后单击【单据】按钮即可。

步骤 04 如果要反核销某项记录，只需选择记录后单击【反核销】按钮，即可完成单据的反核销操作。

### 5.4.7 凭证处理

凭证处理是指将应收款系统中的各种单据生成凭证并转到总账系统，总账经过过账、汇总后得出相关的财务报表，省去了在总账系统中手工录入凭证的工作量。如果应收款系统单独使用，则可不做凭证处理。凭证处理的具体操作步骤如下。

步骤 01 在金蝶 K/3 主控台窗口中选择【财务会计】标签，展开【应收款管理】→【凭证处理】功能选项，然后双击【凭证-生成】选项，即可打开【凭证处理】窗口，如图 5-110 所示。在单据列表中选择需要查看的单据记录，单击【单据】按钮，即可打开相应的单据。

步骤 02 在其中查看单据的详细信息，如图 5-111 所示。在【凭证处理】窗口中单击【关闭】按钮，即可退出【凭证处理】窗口。

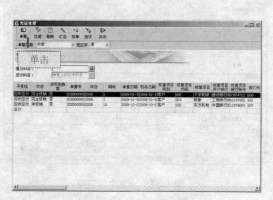

图 5-110 【凭证处理】窗口

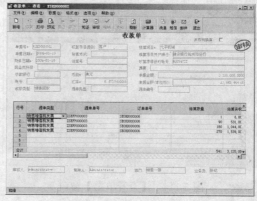

图 5-111 查看单据信息

步骤 03 在金蝶 K/3 主控台窗口中单击【财务会计】标签，展开【应收款管理】→【凭证处理】功能选项，然后双击【凭证-维护】选项，即可进入【会计分录序时簿（应收）】窗口并打开【会计分录序时簿-过滤条件】对话框，如图 5-112 所示。

步骤 04 在其中设置过滤条件和排序方式后，单击【确认】按钮，即可进入【会计分录序时簿（应收）】窗口并显示符合条件的凭证记录，如图 5-113 所示。

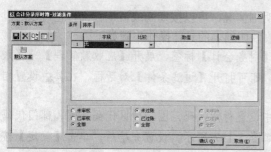

图 5-112 【会计分录序时簿-过滤条件】对话框

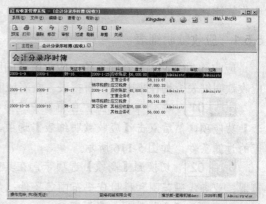

图 5-113 【会计分录序时簿（应收）】窗口

步骤 05 如果需要查看某一凭证的单据，只需在【会计分录序时簿（应收）】窗口中选择该凭证后单击【单据】按钮，即可打开【查看单据】窗口，在其中查看该凭证的单据，还可以进行新增、修改、删除等操作，如图 5-114 所示。

步骤 06 如果要修改凭证列表中的某一凭证，只需选择该凭证后单击【修改】按钮，即可从打开的窗口中进行相应修改操作，如图 5-115 所示。

步骤 07 如果要删除凭证列表中的某一凭证，只需选择该凭证后单击【删除】按钮，在弹出的信息提示框中单击【是】按钮，即可将所选凭证删除。

步骤 08 以具有审核权限的用户身份登录，选择需要审核的凭证并单击【审核】按钮，即可审核所选凭证。如果需要反审核，则可选择已经审核的凭证后，选择【编辑】→【取消审核】菜单项，即可完成反审核操作。

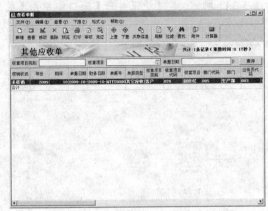

图 5-114 【查看单据】窗口

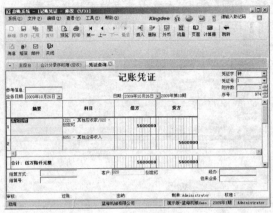

图 5-115 修改凭证

步骤 09 单击【预览】按钮，即可预览当前窗口中所有凭证记录的打印效果；单击【打印】按钮，则可将当前窗口中的凭证记录打印输出。单击【关闭】按钮，则可关闭会计分录序时簿窗口，结束凭证处理操作。

## 5.5 账表查询

应收款管理系统中，账表包括应收款明细表、应收款汇总表、往来对账单、到期债权列表、应收款计息表等内容。

### 5.5.1 应收款明细表

应收款明细表用于查询系统中应收账款的明细情况，可以按期间或日期查询，也可以通过应收款明细表查询往来账款的日报表。查看应收款明细表的具体操作步骤如下。

步骤 01 在金蝶 K/3 主控台窗口中选择【财务会计】标签，展开【应收款管理】→【账表】功能项，然后双击【应收款明细表】选项，即可打开【过滤条件】对话框，在其中设置相应的过滤条件，如图 5-116 所示。

步骤 02 切换到【高级】选项卡，在其中设置行业代码范围、地区代码范围、部门代码范围、业务代码范围和科目代码范围等条件，如图 5-117 所示。设置完毕后，单击【确定】按钮，即可进入【应收款明细表】窗口。

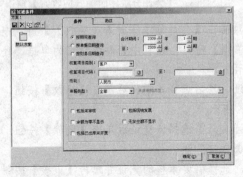

图 5-116 【过滤条件】对话框

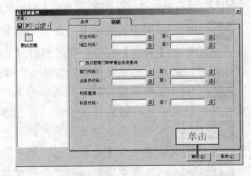

图 5-117 【高级】选项卡

步骤 03　在其中可查看相应的应收款明细表记录，如图 5-118 所示。若要查看某一条记录的详细信息，可选中该记录后单击【单据】按钮，即可打开所选单据。

步骤 04　查看相应的数据，如图 5-119 所示。单击【过滤】按钮，即可重新设置过滤条件进行查询。选择【文件】→【引出】菜单项，即可引出应收款明细表。

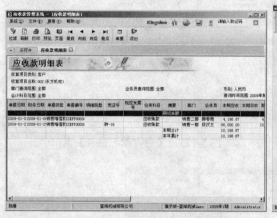

图 5-118　【应收款明细表】窗口

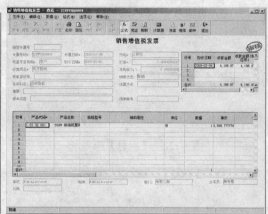

图 5-119　查看单据信息

## 5.5.2　应收款汇总表

应收款汇总表用于查询客户在当前会计期间应收款的汇总情况。查询应收款汇总表的具体操作步骤如下。

步骤 01　在金蝶 K/3 主控台窗口中选择【财务会计】标签，展开【应收款管理】→【账表】功能项，然后双击【应收款汇总表】选项，即可打开【过滤条件】对话框，如图 5-120 所示。

步骤 02　在【条件】选项卡中设置会计期间范围、核算项目类别、核算项目代码范围、币别等条件后，切换到【高级】选项卡，从中可以设置客户行业范围、客户地区范围、部门代码范围、业务员代码范围和科目代码范围等相应条件，如图 5-121 所示。

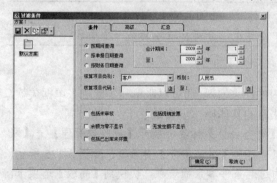

图 5-120　【过滤条件】对话框

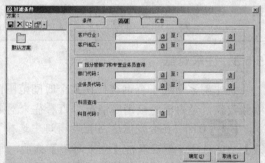

图 5-121　【高级】选项卡

步骤 03　切换到【汇总】选项卡，在其中可设置分析标准和分级汇总等条件，如图 5-122 所示。单击【确定】按钮，即可进入【应收款汇总表】窗口，在其中可查看相应的汇总表记录，如图 5-123 所示。

步骤 04　若要查看某一记录的明细表，只需选择该记录后单击【明细】按钮，即可打开相应的明细表进行查看，如图 5-124 所示。

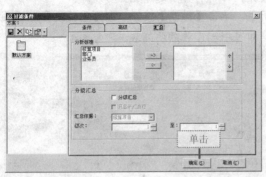

图 5-122　【汇总】选项卡

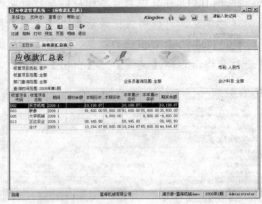

图 5-123　【应收款汇总表】窗口

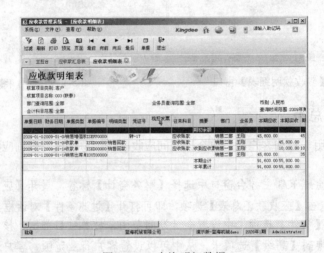

图 5-124　查询明细数据

提示　在进行分级汇总设置时，如果既要按"分析标准"查询，又要按"汇总依据"级次汇总，
"汇总依据"必须包含在"分析标准"中，且是"分析标准"的第一个项目。

### 5.5.3　往来对账

往来对账单用于查询客户在某个时间范围内的往来情况。通过对账单能了解哪张单据欠款，
哪张收款，是否已经核销等情况。查看往来对账单的具体操作步骤如下。

**步骤 01**　在金蝶 K/3 主控台窗口中选择【财务会计】标签，展开【应收款管理】→【账
表】功能选项，然后双击【往来对账】选项，即可打开【过滤条件】对话框，如图 5-125 所示。

**步骤 02**　在【条件】选项卡中设置相应的过滤条件和余额选项，切换到【高级】选项卡，
即可设置单据类型和排序方式等，如图 5-126 所示。

**步骤 03**　切换到【汇总】选项卡，在其中可以设置分析标准，如图 5-127 所示。单击【确
定】按钮。

**步骤 04**　进入【往来对账】窗口，在其中可查看相应往来对账记录，如图 5-128 所示。

**步骤 05**　若要查看某一记录的详细信息，则可在选中该记录后单击【单据】按钮，即可
打开相应的窗口查看详细信息，如图 5-129 所示。

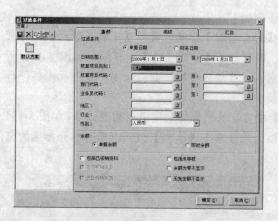

图 5-125 【过滤条件】对话框

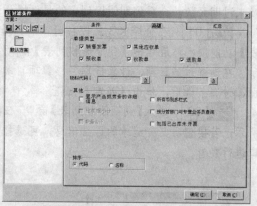

图 5-126 【高级】选项卡

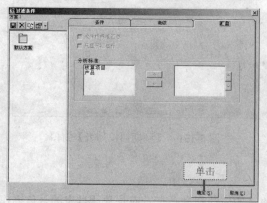

图 5-127 【汇总】选项卡

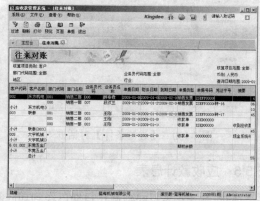

图 5-128 【往来对账】窗口

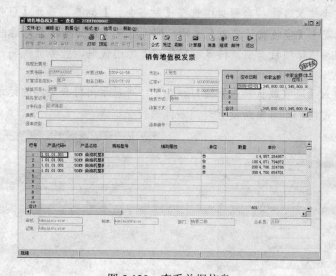

图 5-129 查看单据信息

## 5.5.4 到期债权列表

到期债权列表反映截止指定日期，已经到期的未核销应收款及过期天数、未到期的应收款及未过期天数。查看到期债权列表的具体操作步骤如下。

步骤 01　　在金蝶 K/3 主控台窗口中选择【财务会计】标签，展开【应收款管理】→【账表】功能项，然后双击【到期债权列表】选项，即可打开【过滤条件】对话框，如图 5-130 所示。在设置过滤日期、计算日期、核算项目类别、核算项目代码、部门代码、业务员代码、币别等过滤条件后，单击【确定】按钮。

步骤 02　　进入【到期债权列表】窗口，在其中可查看相应的到期债权列表记录，如图 5-131 所示。若要查看某一记录的详细信息，可选择该记录后单击【单据】按钮，即可打开相应的窗口进行查看。

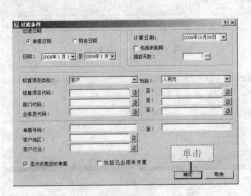

图 5-130　【过滤条件】对话框

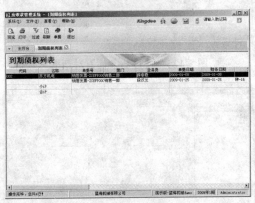

图 5-131　【到期债权列表】窗口

### 5.5.5　应收款计息表

应收款计息表反映到截止日期已经到期应收款的应计利息。查看应收款计息表的具体操作步骤如下。

步骤 01　　在金蝶 K/3 主控台窗口中选择【财务会计】标签，展开【应收款管理】→【账表】功能项，然后双击【应收款计息表】选项，即可打开【过滤条件】对话框，如图 5-132 所示。设置计息日期、核算项目类别、核算项目代码、部门代码、业务员代码、币别等条件后，单击【确定】按钮。

步骤 02　　进入【应收款计息表】窗口，在其中可显示出符合条件的记录，如图 5-133 所示。单击【过滤】按钮，即可重新设置过滤条件进行查询。

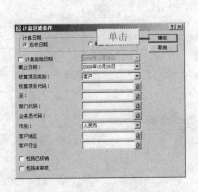

图 5-132　【过滤条件】对话框

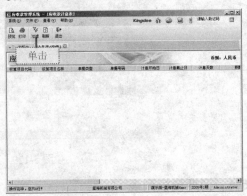

图 5-133　【应收款计息表】窗口

### 5.5.6　调汇记录表

调汇记录表反映指定期间的调汇历史记录。查看调汇记录表的具体操作步骤如下。

步骤 01　在金蝶 K/3 主控台窗口中选择【财务会计】标签，展开【应收款管理】→【账表】功能项，然后双击【调汇记录表】选项，即可打开【过滤条件】对话框，如图 5-134 所示。在设置核算项目类别、核算项目代码范围、部门代码范围、业务员代码范围、币别、科目代码、会计期间范围等条件后，单击【确定】按钮。

步骤 02　打开【调汇历史记录表（应收）】窗口，如图 5-135 所示。在其中选择需要调汇的记录，单击【反调汇】按钮，即可进行反调汇操作。

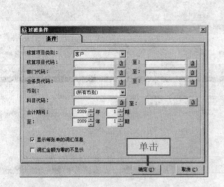

图 5-134　【过滤条件】对话框

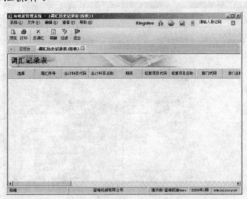

图 5-135　【调汇历史记录表（应收）】窗口

### 5.5.7　应收趋势分析表

应收趋势分析表用于对应收款管理系统中各种应收单据的应收款趋势进行分析处理。查看应收趋势分析表的具体操作步骤如下。

步骤 01　在金蝶 K/3 主控台窗口选择【财务会计】标签，展开【应收款管理】→【账表】功能项，然后双击【应收趋势分析表】选项，即可打开【过滤条件】对话框，如图 5-136 所示。在选择报表类型、设置期间范围、核算项目类别、核算项目范围、币别，并根据实际情况选择相应的复选框后，单击【确定】按钮。

步骤 02　打开【应收款趋势分析表】窗口，如图 5-137 所示。单击【过滤】按钮，可重新设置过滤条件进行操作。单击【打印】按钮，可将查询到的应收趋势分析表打印出来。

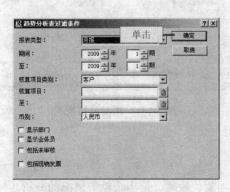

图 5-136　【过滤条件】对话框

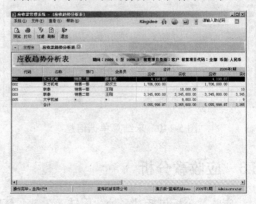

图 5-137　【应收款趋势分析表】窗口

### 5.5.8　月结单连打

月结单反映企业在实际工作中形成的与往来单位进行账务核对、单据核对、账龄核对的情况。查看月结单的具体操作步骤如下。

**步骤 01**　在金蝶 K/3 主控台窗口中选择【财务会计】标签，展开【应收款管理】→【账表】功能项，然后双击【月结单连打】选项，即可打开【过滤条件】对话框，如图 5-138 所示。

**步骤 02**　在设置财务日期范围、核算项目类别、核算项目代码范围、部门代码、业务员代码、币别等条件后，单击【确定】按钮，即可进入【月结单连打】窗口，如图 5-139 所示。

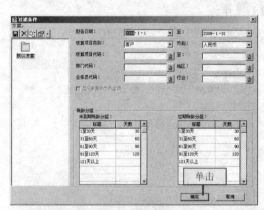

图 5-138　【过滤条件】对话框

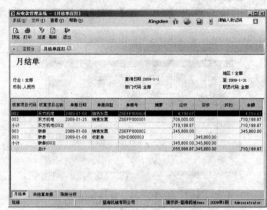

图 5-139　【月结单连打】窗口

**步骤 03**　单击窗口左下方的【未结算单据】按钮，即可显示未结算单据的有关信息，如图 5-140 所示。

**步骤 04**　单击窗口左下方的【账龄分析】按钮，即可显示应收款的有关账龄情况，如图 5-141 所示。单击【过滤】按钮，即可重新设置过滤条件进行查询。选择【文件】→【引出】菜单项，即可引出月结单。

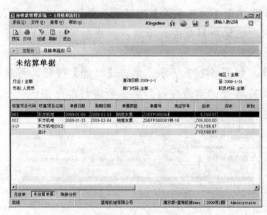

图 5-140　未结算单据信息

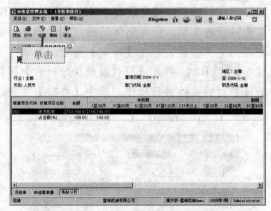

图 5-141　账龄分析情况

## 5.6　应收款分析

应收款分析包括对账龄、周转、欠款、坏账、回款、收款、信用余额等情况的分析。

## 5.6.1　账龄分析

　　账龄分析主要用来对未核销的往来账款进行分析。查看账龄分析情况的具体操作步骤如下。

　　**步骤 01**　在金蝶 K/3 主控台窗口中选择【财务会计】标签，展开【应收款管理】→【分析】功能项，然后双击【账龄分析】选项，即可打开【过滤条件】对话框，在其中设置对过滤条件、分析对象、账龄计算、单据类型等条件，如图 5-142 所示。

　　**步骤 02**　切换到【账龄取数条件】选项卡，在其中设置账龄的分组方式、排序字段、汇总类型等选项，如图 5-143 所示。单击【确定】按钮。

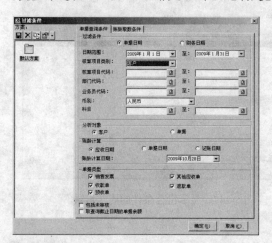
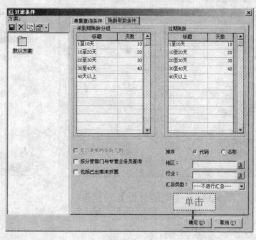

　　　　图 5-142　【过滤条件】对话框　　　　　　　图 5-143　【账龄取数条件】选项卡

　　**步骤 03**　打开【账龄分析】窗口，在其中可查看账龄分析情况，如图 5-144 所示。选择【查看】→【显示/隐藏列】菜单项。

　　**步骤 04**　打开【显示/隐藏列】对话框，在其中可设置表格中要显示或隐藏的列标题，如图 5-145 所示。单击【退出】按钮，即可退出账龄分析的操作窗口。

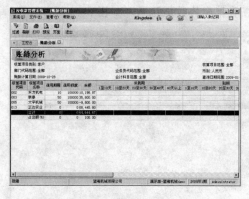
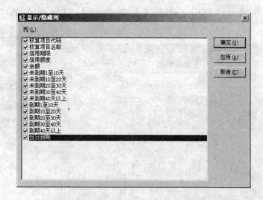

　　　　图 5-144　【账龄分析】窗口　　　　　　　图 5-145　【显示/隐藏列】对话框

## 5.6.2　周转分析

　　周转分析主要用来分析往来单位在某段时间的应收账款周转率及周转天数。通过周转分析，可以使用户了解企业资金的周转情况，指导企业制订生产计划，避免产品积压。查看周转记录的具体操作步骤如下。

**步骤 01**     在金蝶 K/3 主控台窗口中选择【财务会计】标签，展开【应收款管理】→【分析】功能项，然后双击【周转分析】选项，即可打开【周转分析】对话框，如图 5-146 所示。在设置会计期间范围、核算项目类别、核算项目代码范围、部门代码范围、业务员代码范围、币别、客户地区和客户行业等条件后，单击【确定】按钮。

**步骤 02**     切换到新界面，在其中查看相应的周转记录，如图 5-147 所示。单击【过滤】按钮，即可重新设置周转分析条件并查看其他的周转记录。

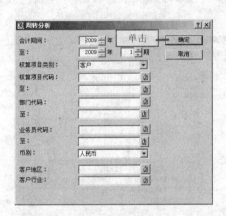

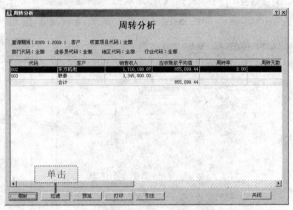

图 5-146  【周转分析】对话框         图 5-147  显示符合条件的周转记录

### 5.6.3 欠款分析

通过欠款分析表的查询，可以了解一定期间内客户的欠款情况，督促业务员加紧收款，避免坏账出现。查看欠款分析表的具体操作步骤如下。

**步骤 01**     在金蝶 K/3 主控台窗口中选择【财务会计】标签，展开【应收款管理】→【分析】功能项，然后双击【欠款分析】选项，即可打开【欠款分析】对话框，如图 5-148 所示。在选择分析标准、客户类别、币别等选项后，单击【确定】按钮。

**步骤 02**     进入【欠款分析】窗口，在其中查看相应的数据记录，如图 5-149 所示。

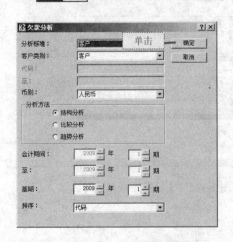

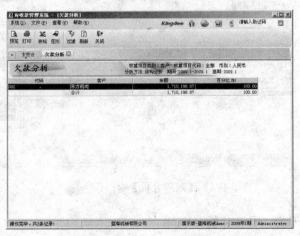

图 5-148  【欠款分析】对话框         图 5-149  【欠款分析】窗口

步骤 03　单击【图形】按钮，即可将欠款表以图形的形式显示出来，如图 5-150 所示。

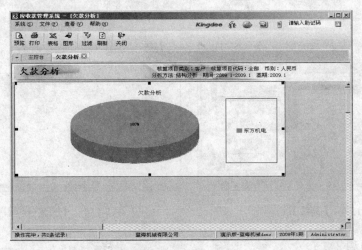

图 5-150　图表形式显示

### 5.6.4　回款分析

回款分析用来统计往来单位回款的金额，及占总回款金额的比例。回款分析的具体操作步骤如下。

步骤 01　在金蝶 K/3 主控台窗口中选择【财务会计】标签，展开【应收款管理】→【分析】功能项，然后双击【回款分析】选项，即可打开【回款分析-过滤条件】对话框，在其中设置单据日期范围、核算项目类别、币别、核算项目代码范围、部门范围、业务员范围、产品范围、地区范围、行业范围等条件，如图 5-151 所示。

步骤 02　切换到【汇总】选项卡，在其中选择分析方案、分析标准和分级汇总的方式、排序字段等选项，如图 5-152 所示。

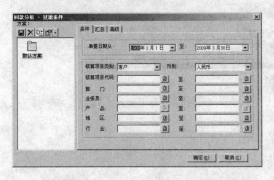

图 5-151　【回款分析-过滤条件】对话框　　　　　图 5-152　【汇总】选项卡

步骤 03　切换到【高级】选项卡，在其中选择过滤的单据类型、收款类型和单据状态选项，如图 5-153 所示。设置完毕后，单击【确定】按钮。

步骤 04　进入【回款分析】窗口，在其中查看符合条件的回款记录，如图 5-154 所示。通过【精度】按钮，可以设置数量精度和单价精度。通过【图表】按钮，可以将回款记录以图表形式显示。单击【退出】按钮，即可结束回款分析。

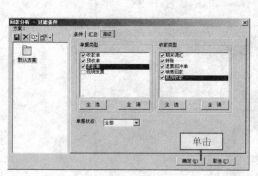

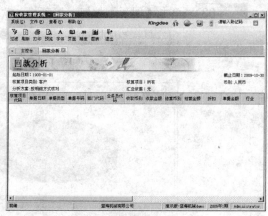

图 5-153  【高级】选项卡          图 5-154  【回款分析】窗口

### 5.6.5  收款预测

收款预测是根据应收款及已收款金额来统计将来的收款金额。查看收款预测的具体操作步骤如下。

**步骤 01**    在金蝶 K/3 主控台窗口中选择【财务会计】标签，展开【应收款管理】→【分析】功能项，然后双击【收款预测】选项，即可打开【收款预测】对话框，如图 5-155 所示。在其中设置截止日期、核算项目类别、核算项目代码范围、部门代码、业务员代码、币别，再根据实际情况选择相应的复选框。设置完毕后，单击【确定】按钮，即可进入【收款预测】窗口。

**步骤 02**    在其中查看符合条件的收款预测记录，如图 5-156 所示。通过【文件】菜单下的菜单项，可将当前窗口中的收款预测记录打印输出和引出。单击【退出】按钮，结束收款预测的查看。

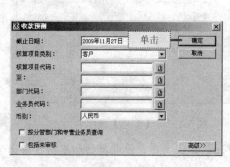

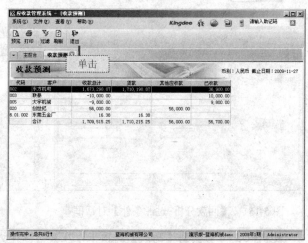

图 5-155 【收款预测】对话框          图 5-156  【收款预测】窗口

### 5.6.6  销售分析

销售分析用于统计客户销售发票的发生额。查看销售分析的具体操作步骤如下。

**步骤 01**    在金蝶 K/3 主控台窗口中选择【财务会计】标签，展开【应收款管理】→【分析】功能项，双击【销售分析】选项，即可打开【销售分析】对话框，如图 5-157 所示。设置分类标准、核算项目类别、核算项目代码范围、单据日期范围、部门代码范围、业务员代码范围等条件后，单击【确定】按钮，即可进入【销售分析】窗口。

**步骤 02**　在其中查看符合条件的销售记录，如图 5-158 所示。若要查看某一销售记录的详细数据，可在选择该记录后单击【单据】按钮。单击【关闭】按钮，即可结束销售分析操作。

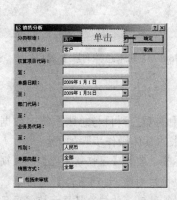
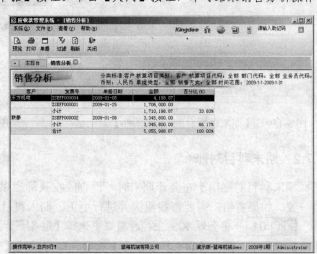

图 5-157　【销售分析】对话框　　　　　　图 5-158　【销售分析】窗口

## 5.7　期末处理

本期所有操作完成后可进行期末处理操作，主要包括单据审核、核销，相关单据可生成凭证，同时与总账等系统对账，便可进行期末结账，期末结账完毕后系统将进入下一会计期间。

### 5.7.1　期末总额对账

期末总额对账是指选择应收款系统的余额与总账系统指定科目的合计进行对账。期末总额对账的具体操作步骤如下。

**步骤 01**　在金蝶 K/3 主控台窗口中选择【财务会计】标签，展开【应收款管理】→【期末处理】功能项，然后双击【期末总额对账】选项，即可打开【期末总额对账-过滤条件】对话框，如图 5-159 所示。设置对账年份、对账期间、核算项目类别、币别等科目，并勾选【显示核算项目明细】复选框和【考虑未过账的凭证】复选框后，单击【确定】按钮，即可进入【期末总额对账】窗口。

**步骤 02**　其中显示了符合条件的记录，如图 5-160 所示。通过单击【精度】按钮，可以设置汇总行的数量精度和单价精度。

**步骤 03**　通过单击【图表】按钮，可以将科目对账表以图表形式显示。通过单击【查看】菜单，可以设置窗口中列标题的显示或隐藏、表格的行高、冻结的数量、是否超宽预警等表格显示参数。

**步骤 04**　通过【文件】菜单下的菜单项，即可将当前窗口中的期末总额对账单打印输出和引出。单击【退出】按钮，即可结束期末总额对账的操作。

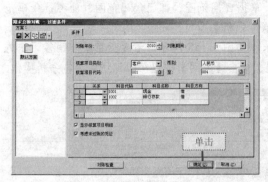

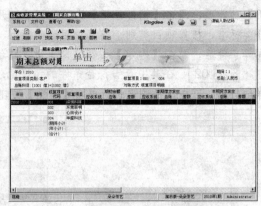

图 5-159　【期末总额对账-过滤条件】对话框　　　图 5-160　【期末总额对账】窗口

### 5.7.2　期末科目对账

期末科目对账用于在会计期末时，检查应收款管理系统中的受控科目与总账系统中数据是否一致，如果有错，需要查找原因并进行更正。期末科目对账的具体操作步骤如下。

**步骤 01**　在金蝶 K/3 主控台窗口中选择【财务会计】标签，展开【应收款管理】→【期末处理】功能项，双击【期末科目对账】选项，即可打开【受控科目对账-过滤条件】对话框，如图 5-161 所示。设置对账年份、对账期间、核算项目类别、币别等科目，并勾选【显示核算项目明细】复选框和【考虑未过账的凭证】复选框，单击【确定】按钮，即可进入【期末科目对账】窗口。

**步骤 02**　其中显示了符合条件的记录，如图 5-162 所示。在其中同样可设置汇总行的精度，也可以图表方式显示期末科目对账记录。

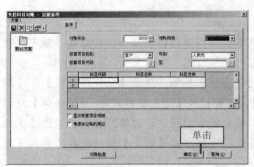

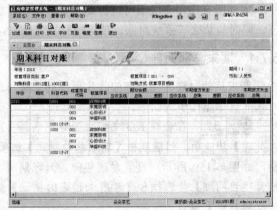

图 5-161　【受控科目对账-过滤条件】对话框　　　图 5-162　【期末科目对账】窗口

### 5.7.3　对账检查

期末对账完毕之后，还需要进行期末对账检查，以防止产生错误数据。期末对账检查的具体操作步骤如下。

**步骤 01**　在金蝶 K/3 主控台窗口中选择【财务会计】标签，展开【应收款管理】→【期末处理】功能项，然后双击【期末对账检查】选项，即可打开【应收系统对账检查】对话框，在其中选择要检查的内容，如图 5-163 所示。

**步骤 02** 切换到【高级】选项卡，在其中设置科目代码和科目名称，如图 5-164 所示。设置完毕后，单击【确定】按钮。

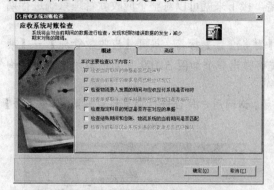

图 5-163 【应收系统对账检查】对话框

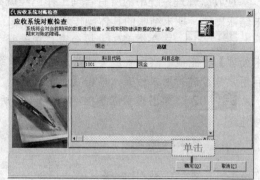

图 5-164 【高级】选项卡

**步骤 03** 此时开始对账检查，并把对账检查的结果显示出来，如图 5-165 所示。单击【确定】按钮完成对账检查操作。

图 5-165 对账结果显示

## 5.7.4 期末调汇

对于有外币业务的企业，在会计期间如有外币汇率的变化，通常要进行期末调汇的业务处理。具体的操作步骤如下。

**步骤 01** 在对账检查结果提示框中单击【确定】按钮，系统将会弹出一个如图 5-166 所示的信息提供框，提示用户是否进行期末科目对账。由于前面已经进行过期末余额对账操作，所以这里单击【否】按钮，即可切换到【应收应付系统期末调汇】对话框。

图 5-166 信息提示框

**步骤 02** 在对话框中设置相应措施的外币汇率，如图 5-167 所示。单击【下一步】按钮，即可打开进行期末调汇科目设置对话框。

**步骤 03** 在其中设置汇兑损益科目、凭证日期、凭证字等选项，如图 5-168 所示。单击【完成】按钮，即可结束期末调汇操作。

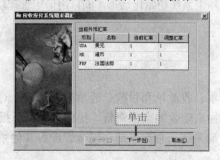

图 5-167 【应收应付系统期末调汇】对话框

图 5-168 设置期末调汇科目

### 5.7.5 期末结账

应收款管理系统中的所有管理工作已经就绪，接下来就可以对整个应收款管理系统进行期末结账操作。期末结账的具体操作步骤如下。

**步骤 01** 在金蝶 K/3 主控台窗口中选择【财务会计】标签，展开【应收款管理】→【期末处理】功能项，然后双击【结账】选项，系统将弹出一个如图 5-169 所示的提示信息框，询问用户是否进行期末检查，单击【否】按钮。

**步骤 02** 弹出提示信息框，如图 5-170 所示，询问用户是否进行期末科目对账，单击【否】按钮。

图 5-169 询问用户是否进行期末检查

图 5-170 询问用户是否进行期末科目对账

**步骤 03** 打开【期末处理】对话框，如图 5-171 所示。

**步骤 04** 选择【结账】单选按钮并单击【继续】按钮，即可进行期末结账并提示结账成功，如图 5-172 所示。若需要对已经结账的应收款管理系统进行某项修改，必须先进行反结账操作，即在【期末处理】对话框中选择【反结账】单选项后，单击【继续】按钮即可。

图 5-171 【期末处理】对话框

图 5-172 结账结果

## 5.8 专家点拨：提高效率的诀窍

（1）在进行类型维护操作过程中，为什么不能删除单据类型，但却可以修改？

**解答**：出现这种情况，可能是由于用户所操作的单据类型是系统预设的，而系统预设的项目用户不能删除，但可以修改。

（2）为什么在初始设置时不能启用信用管理？

**解答**：出现这种情况时，请先检查是否已经结束系统初始化操作，因为在应收款管理系统没有结束初始化之前，不能启用信用管理。用户需要在结束系统初始化后，才能启用信用管理功能。

## 5.9 沙场练兵

1. 填空题

（1）应收款管理系统通过发票、应收单、应付单、收款单和付款单等单据的录入，对企业的_____进行综合管理，及时、准确地提供供应商往来账款的余额资料，提供各种分析报表。

（2）应收款管理系统既可独立运行，又可与采购系统、总账系统、现金管理等其他系统结合运用，提供完整的_____和_____信息。

（3）应收款管理系统有两种操作流程，一种不参与_____，另一种参与_____。

2. 选择题

（1）收款结算包括到款结算、预收款冲应收款、应收款转销等（    ）种类型的企业债权结算方式，满足企业按单收款、按产品明细收款、按订单收款等不同层次的结算要求，以及转销业务结算和财务处理的要求。

　　A．3 种　　　　　　B．5 种　　　　　　C．7 种　　　　　　D．9 种

（2）应收款管理系统提供模板式和（    ）两种凭证生成方式，用户可以根据操作习惯自行选择。

　　A．查询　　　　　　B．非模板式　　　C．汇总　　　　　　D．明细分类

（3）类型维护用于对应收款管理系统中的（    ）进行设置。

　　A．往来账单　　　B．应收款　　　　　C．总账　　　　　　D．单据类型

3. 简答题

（1）应收款系统的功能表现在哪几个方面？

（2）在应收款管理系统中，如何进行收款条件的设置？

（3）在应收款管理系统中，如何进行期末总额对账？

# 习题答案：

1. 填空题

（1）往来账款　　（2）企业处理，财务管理　　（3）合同管理，合同管理

2. 选择题

（1）C　　　（2）B　　　（3）D

3. 简答题

（1）**解答**：具有灵活的结算管理功能；具有有效的票据管理功能；具有灵活的凭证处理功能；具有灵活的信用管理功能；支持坏账处理；具有简单易用的系统对账功能；支持外币核算和期末调汇；具有丰富的报表数据。

（2）**解答**：在金蝶 K/3 主控台窗口中选择【财务会计】标签，展开【应收款管理】→【期末处理】功能项，双击【期末总额对账】选项，即可打开【期末总额对账-过滤条件】对话框。在其中设置对账年份、对账期间、核算项目类别、币别等科目并选择【显示核算项目明细】和【考虑未过账的凭证】复选框，单击【确定】按钮，即可进入【期末总额对账】窗口，通过单击【精度】按钮设置汇总行的数量精度和单价精度。通过单击【图表】按钮将科目对账表以图表形式显示。通过单击【查看】菜单设置窗口中列标题的显示或隐藏、表格的行高、冻结的数量、是否超宽预警等表格显示参数。通过【文件】菜单下的菜单项将当前窗口中的期末总额对账单打印输出和引出。单击【退出】按钮，可结束期末总额对账的操作。

（3）**解答**：在金蝶 K/3 主控台窗口中选择【系统设置】标签，展开【基础资料】→【应收款管理】功能项，双击【收款条件】选项，即可打开【收款条件】窗口。单击工具栏上的【新增】按钮，即可打开【收款条件-新增】对话框。在其中输入收款条件的代码、名称以及结算方式等内容后，单击工具栏上的【保存】按钮，即可完成收款条件的新增操作。在收款条件中可进行新增、修改和删除等操作。如果要修改某一收款条件，只需选中此收款条件，再单击工具栏上的【修改】按钮，即可在打开的【收款条件-修改】对话框中完成修改操作。如果要删除某一收款条件，只需选中具体收款条件，再单击工具栏上的【删除】按钮，在弹出的提示对话框中单击【是】按钮即可完成删除操作。

# 第 6 章

# 管理应付款系统

**主要内容:**

- 初始设置与日常处理
- 结算与应付款分析
- 账表查询

　　本章主要介绍了应付款管理系统的初始设置、应付款管理系统的日常处理以及对应付款和账表进行查询与分析，并对整个应付款管理系统进行结账的方法，为企业应付款管理奠定知识基础。

## 6.1　初始设置

在对应付款管理系统进行管理之前，需要对应付款管理系统进行初始设置操作。这个初始设置主要是对应付款管理系统的运行参数进行设置，对一些基础资料等进行维护，以保证日常业务的正常进行。

应付款管理系统通过发票、其他应付单、付款单等单据的录入，对企业的往来账款进行综合管理，及时准确地提供供应商的往来账款余额资料，提供各种分析报表，如应付款明细表、应付款发票汇总表情况等。通过各种分析报表，帮助用户合理地进行资金的分配，提高资金的利用效率。同时系统还提供了各种预警、控制功能，如到期债务列表以及合同到期款项列表，帮助用户及时支付到期账款，以保证良好的信誉。应付款管理系统的功能有如下几点：

- 有效的单据管理。单据管理：系统提供采购合同、发票、其他应付单、付款单、退款单等单据的维护功能，以准确记录、跟踪企业实际发生的各项往来业务。
- 强大的报表功能。系统及时、准确地提供供应商的往来账款余额资料，包括应付款明细表、汇总表，往来对账，到期债务列表、月结单等，并提供各种分析报表。
- 与现金系统的有效集成。通过付款单据的系统传递，实现系统资源的共享，以减少重复劳动，提高劳动效率。

### 6.1.1　付款条件

付款条件的设置方法很简单，具体的操作步骤如下。

**步骤 01**　在金蝶 K/3 主控台窗口中单击【系统设置】标签，展开【基础资料】→【应付款管理】功能选项，然后双击【付款条件】选项，即可打开【付款条件】窗口，如图 6-1 所示。单击工具栏上的【新增】按钮，即可打开【付款条件-新增】对话框。

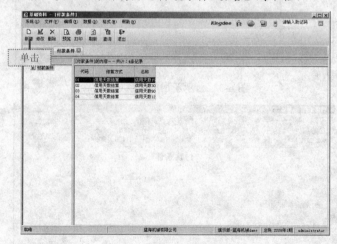

图 6-1　【付款条件】窗口

**步骤 02**　在其中输入付款条件的代码、名称以及结算方式等内容，如图 6-2 所示。单击【保存】按钮，即可完成付款条件的增加操作。

**步骤 03**　新增付款条件将在【付款条件】窗口中显示出来，如图 6-3 所示。

**步骤 04**　若要修改某一付款条件，只需在【付款条件】窗口中选择该记录后单击工具栏上的【修改】按钮，即可打开【付款条件-修改】对话框，在其中可完成修改操作，如图 6-4 所示。

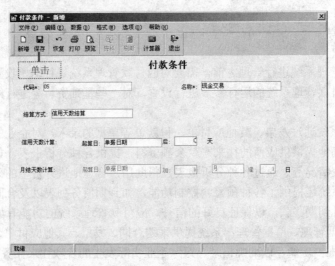

图 6-2 【付款条件-新增】对话框

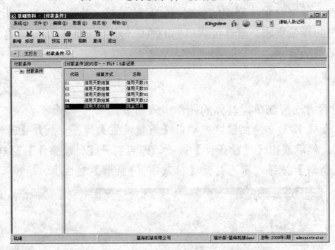

图 6-3 显示新增的付款条件

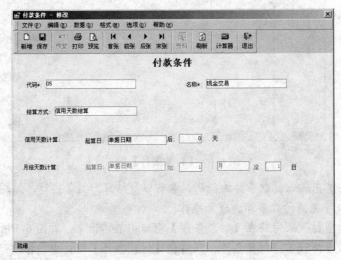

图 6-4 【付款条件-修改】对话框

步骤 **05**　若要删除某一付款条件，只需选中该记录后，单击工具栏上的【删除】按钮，系统将弹出一个信息提示框，如图 6-5 所示。单击【是】按钮，即可将所选记录删除。

单击

### 6.1.2　类型维护

图 6-5　删除信息提示框

类型维护主要是指对应付款管理系统的一些特殊项目进行维护，具体的操作步骤如下。

步骤 **01**　在金蝶 K/3 主控台窗口中单击【系统设置】标签，展开【基础资料】→【应付款管理】功能项，双击【类型维护】选项。即可打开【类型维护】对话框，如图 6-6 所示，单击【新增】按钮。

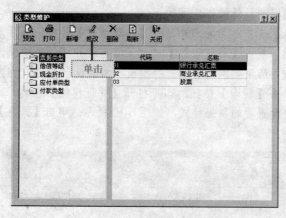

图 6-6　【类型维护】对话框

步骤 **02**　打开【新增项目】对话框，在其中输入新增项目的代码和名称，如图 6-7 所示。单击【确定】按钮保存新增项目。返回【类型维护】对话框，在其中显示了新增的项目记录，如图 6-8 所示。

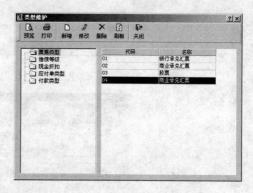

图 6-7　【新增项目】对话框　　　　　　　　　图 6-8　显示新增项目

步骤 **03**　若要修改某一项目，只需选中该项目，单击工具栏上的【修改】按钮，即可打开【修改项目】对话框，在其中修改相应的内容，如图 6-9 所示。

步骤 **04**　若要删除某一项目，只需选中该项目，单击工具栏上的【删除】按钮，系统将弹出一个如图 6-10 所示的删除提示信息框。单击【是】按钮，即可删除所选项目。对于系统预设的项目，用户不能删除，但可修改。用户增加的项目可以随意修改或删除。

步骤 **05**　单击【预览】按钮，即可预览当前窗口中显示内容的打印效果；单击【打印】

按钮，即可将当前窗口中显示的内容打印输出。

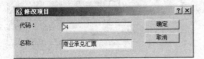

图 6-9 【修改项目】对话框　　　　图 6-10 删除信息提示对话框

### 6.1.3 凭证模板

应付款管理系统也提供了凭证模板功能，用户可以根据实际需要对系统提供的模板进行增加、修改操作。凭证模板的具体操作步骤如下。

**步骤 01** 在金蝶 K/3 主控台窗口中选择【系统设置】标签，展开【基础资料】→【应付款管理】功能选项，然后双击【凭证模板】选项，即可打开【凭证模板设置】窗口。窗口中预设了在应付款管理系统中所用到的所有票据的模板，如图 6-11 所示。在左侧票据列表中选择需要操作的票据类型，单击【新增】按钮，即可打开【凭证模板】窗口。

**步骤 02** 在其中设置新的票据样式，如图 6-12 所示。单击【保存】按钮，即可将新增的凭证模板保存到系统中。

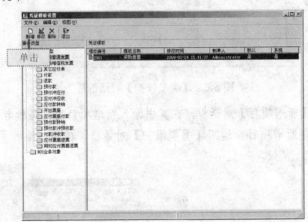

图 6-11 【凭证模板设置】窗口

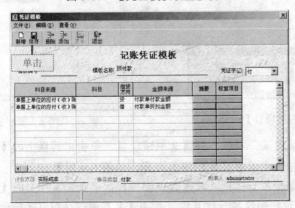

图 6-12 【凭证模板】窗口

**步骤 03** 新增的凭证模板将在【凭证模板设置】窗口显示出来，如图 6-13 所示。

**步骤 04**　若要修改某一票据类型，只需在【凭证模板设置】窗口中选择要修改的票据记录，单击【修改】按钮，即可打开【凭证模板】窗口，在其中进行修改操作，如图 6-14 所示。

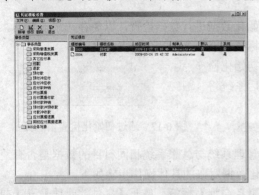

图 6-13　显示新增凭证模板

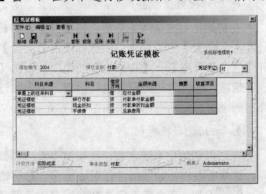

图 6-14　修改凭证模板

### 6.1.4　采购价格管理

利用灵活的价格体系和价格信息查询可以降低采购成本，通过严密的限价预警控制手段可以杜绝采购陷阱。金蝶 K/3 供应链的采购价格管理模块给用户提供了一个有效的内部控制工具。采购价格管理的具体操作步骤如下。

**步骤 01**　在金蝶 K/3 主控台窗口中选择【系统设置】标签，展开【基础资料】→【应付款管理】功能项，然后双击【采购价格管理】选项，即可打开【系统基本资料（采购价格管理）】窗口，如图 6-15 所示。从中选择供应商或物料列表框下的具体选项后，单击工具栏上的【新增】按钮，便可打开【供应商供货信息】窗口。

**步骤 02**　在其中录入相应信息，如图 6-16 所示。单击【保存】按钮，即可将新增信息保存到系统中。在【系统基本资料（采购价格管理）】窗口中，可单击工具栏上的【修改】、【删除】、【审核】等按钮对供应商或物料信息进行相应操作。

图 6-15　【系统基本资料（采购价格管理）】窗口

图 6-16　【供应商供货信息】窗口

## 6.2　日常处理

应付款管理系统里应付账款的产生有多种渠道，可按照企业内部实际工作流程选择适合的产生渠道。

### 6.2.1 初始化数据

#### 1. 初始化数据检查

在初始化数据录入完毕后，需要对录入的初始化数据进行数据检查，以免存在错误数据。只需在金蝶 K/3 主控台窗口中选择【财务会计】标签，展开【应付款管理】→【初始化】功能项，双击【初始化检查】选项，即可对初始设置进行检查。检查通过后系统将弹出一个信息提示对话框，如图 6-17 所示。

图 6-17  通过初始化检查信息提示

#### 2. 初始化数据对账

在结束初始化系统之前，还需要查看应付款管理系统与总账系统相同科目的数据是否有差异，这就需要对初始数据进行对账操作。对初始化数据对账的具体操作步骤如下。

**步骤 01**   在金蝶 K/3 主控台窗口中选择【财务会计】标签，展开【应付款管理】→【初始化】功能项，然后双击【初始化对账】选项，即可打开【初始化对账-过滤条件】对话框，在其中设置对账的科目代码，如图 6-18 所示，单击【确定】按钮。

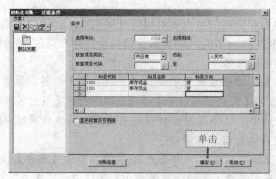

图 6-18  【初始化对账-过滤条件】对话框

**步骤 02**   打开【初始化对账】窗口，如图 6-19 所示。在其中可以查看应付款管理系统与总账系统相同科目的数据是否有差异，若有差异应查明原因，纠正错误后再次对账，直到应付款管理系统与总账系统的数据平衡。

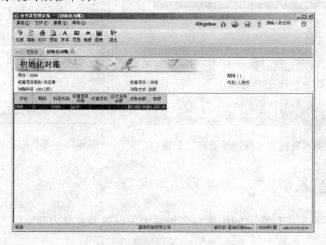

图 6-19  【初始化对账】窗口

**3. 结束初始化**

在所有初始化数据录入完成后，即可结束初始化操作，启用应付款管理系统。要结束初始化操作，只需在金蝶 K/3 主控台窗口中选择【财务会计】标签，展开【应付款管理】→【初始化】功能项，然后双击【结束初始化对账】选项，在弹出的信息提示框中连续单击【否】按钮，表示已经查看过初始检查结果与初始对账结果，即可完成初始化操作。

## 6.2.2　单据处理

应付款管理系统中的单据处理，主要是对发票、其他应付单、付款、退款和相应的票据等内容进行处理，以实现应付款系统的管理操作。

**1. 发票处理**

在应付款管理系统中，使用的发票都是采购发票，分为普通发票和增值税发票两种，所以发票处理实际上就是对这两种发票进行处理，由于方法相似，这里就选择其中的一种进行详解。发票处理的具体操作步骤如下。

**步骤 01** 在金蝶 K/3 主控台窗口中选择【财务会计】标签，展开【应付款管理】→【发票处理】功能项，然后双击【采购发票-维护】选项，即可打开【过滤】对话框，如图 6-20 所示。在"事务类型"下拉列表框中选择"采购增值税发票"选项后，单击【确定】按钮。

图 6-20　【过滤】对话框

**步骤 02** 打开【采购增值税发票序时簿】窗口，如图 6-21 所示，单击【新增】按钮。

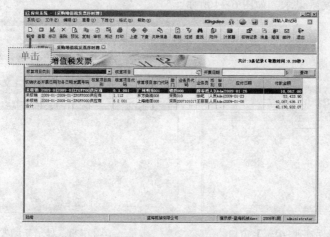

图 6-21　【采购增值税发票序时簿】窗口

**步骤 03**　打开【采购增值发票-新增】窗口，如图 6-22 所示。在该窗口中指定开票日期、财务日期、应付日期，设置核算项目，往来科目、摘要内容，并录入该发票所采购的产品清单，系统将自动计算出应付金额。然后录入采购部门与业务员。

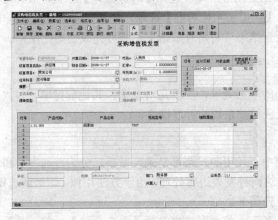

图 6-22　【采购增值发票-新增】窗口

**步骤 04**　若该发票使用外币结算，则还需要设置币别与汇率等内容，然后单击【保存】按钮，即可将录入完毕的发票保存到系统中，继续录入下一张发票。

> **提示**　在"事务类型"下拉列表框中有"全部采购发票"、"采购普通发票"和"采购增值税发票" 3 种选择。若选择"全部采购发票"选项，即可进入【全部采购发票】窗口，但不能新增发票；若选择"采购普通发票"或"采购增值税发票"选项，则可进入相应的窗口，并可录入新的发票。

**步骤 05**　保存已录入完毕的发票之后，选择【数据】→【附件】菜单项，即可打开【附件管理-编辑】窗口，在其中可添加与该发票相关的资料，如图 6-23 所示。

> **提示**　在录入发票的过程中，若新发票的内容与已经录入的发票大体相同，则可在打开已录入的发票后单击工具栏上的【复制】按钮，再在新复制的发票上进行修改并保存即可。

**步骤 06**　在新增采购增值税发票后，返回到【采购增值税发票序时簿】窗口，可看到其中显示出新增采购发票记录，如图 6-24 所示。

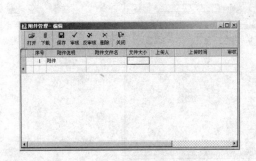

图 6-23　【附件管理-编辑】窗口

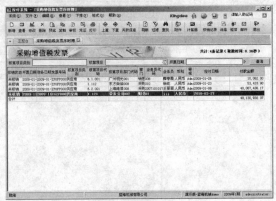

图 6-24　显示新增发票

步骤 07　如果要查看某一发票的详细信息，只需选择该发票记录，然后单击工具栏上的【查看】按钮，即可打开【采购增值税发票-查看】窗口，在其中查看需要的信息，如图 6-25 所示。

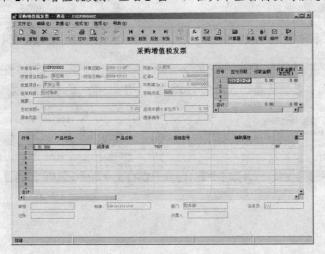

图 6-25　【采购增值税发票-查看】窗口

步骤 08　如果要修改某一发票的信息，只需选择该发票记录，然后单击【修改】按钮，即可打开【采购增值税发票-修改】窗口，在其中可修改相应信息，如图 6-26 所示。

图 6-26　【采购增值税发票-修改】窗口

步骤 09　如果要删除某一发票的信息，只需选择该发票记录，然后单击【删除】按钮，系统即可弹出一个删除信息提示框，如图 6-27 所示。单击【是】按钮，即可完成删除操作。

步骤 10　在【采购增值税发票序时簿】窗口中选择一条需要复制的记录，然后单击工具栏上的【复制】按钮，即可复制出一条与所选记录相同的发票记录，复制成功后系统便会弹出一个信息提示框，如图 6-28 所示。

步骤 11　单击【确定】按钮，便会显示出复制记录，如图 6-29 所示。在【采购增值税发票序时簿】窗口中选择一条记录后，选择【编辑】→【按分录合并复制】菜单项，则可在【采购增值税发票-新增】窗口中打开该发票记录。用户修改后再将其保存，即可生成一条新的发票记录。

图 6-27 删除发票提示框

图 6-28 复制成功提示信息

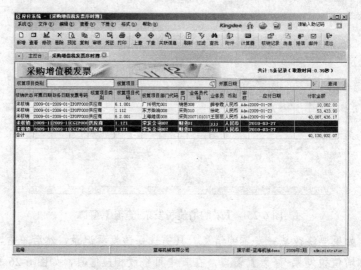

图 6-29 复制出的采购发票记录

**步骤 12** 以具有审核权限的用户身份登录金蝶 K/3 系统，在【采购增值税发票序时簿】窗口中选择需要审核的记录后，单击【审核】按钮，即可将所选记录审核，并在【审核】栏中显示审核人的名字，如图 6-30 所示。

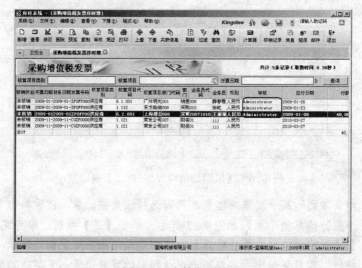

图 6-30 审核发票记录

**提示** 若要同时审核多条记录，只需选取多条记录，再选择【编辑】→【成批审核】菜单项，即可同时审核所选的多条记录。

**步骤 13** 若发现审核后的记录需要修改或删除，则可在选取该记录之后，再选择【编辑】→【取消审核】菜单项，将审核后的记录反审核。若同时需要反审核多条记录，则可同时选取这些记录之后，选择【编辑】→【成批反审核】菜单项，即可完成反审核操作。

步骤 14　　选择【格式】→【行高】菜单项，即可打开【行高】对话框，在其中设置发票序时簿窗口中表格的行高，如图 6-31 所示。

步骤 15　　如果用户用鼠标拖动的方式改变了表格中的列宽，则可选择【格式】→【恢复默认列宽】菜单项，将表格的列宽恢复到系统默认的状态。选择【格式】→【冻结列】菜单项，即可打开【冻结列】对话框，在其中设置发票序时簿窗口要冻结列的列数，如图 6-32 所示。

图 6-31　【行高】对话框

图 6-32　【冻结列】对话框

步骤 16　　选择【格式】→【选项设置】菜单项，即可打开【选项设置】对话框，在其中进行相应的设置，如图 6-33 所示。切换到【选中行合计字段】选项卡，在其中选择相应的字段，如图 6-34 所示。单击【确定】按钮，即可完成设置操作。

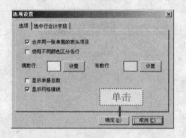

图 6-33　【选项设置】对话框

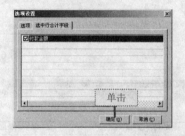

图 6-34　【选中行合计字段】选项卡

步骤 17　　选择【格式】→【字体】菜单项，即可打开【字体】对话框，在其中设置发票序时簿窗口中显示的字体样式，如图 6-35 所示。选择【文件】→【页面设置】菜单项，即可打开【页面设置】对话框，在其中选择纸张大小、方向并设置打印的页边距，如图 6-36 所示。

图 6-35　【字体】对话框

图 6-36　【页面设置】对话框

步骤 18　　单击【核销记录】按钮，即可进入应付款管理系统的核销日志窗口，在其中可查看发票的核销情况，如图 6-37 所示。

步骤 19　　选择【文件】→【打印预览】菜单项，即可打开【打印预览】窗口，浏览当前窗口发票记录的打印效果，如图 6-38 所示。若感觉满意可选择【格式】→【打印】菜单项，将当前窗口中的记录打印输出。

步骤 20　　选择【文件】→【引出内部数据】菜单项，即可打开【引出 '采购增值税发票序时簿'】对话框，在其中可将当前窗口中显示的发票记录引出，如图 6-39 所示。

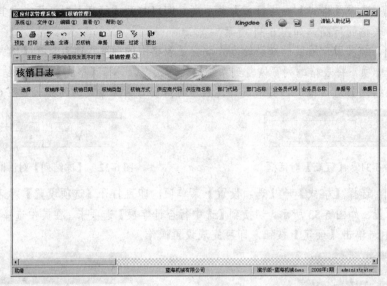

图 6-37　查看核销日志

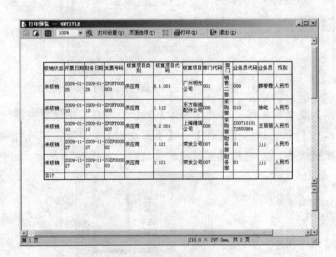

图 6-38　【打印预览】窗口

图 6-39　【引出'采购增值税发票序
时簿'】对话框

## 2. 其他应付单处理

其他应付单也是单据处理中不可忽视的一项内容。处理其他应付单的具体操作步骤如下。

**步骤 01**　在金蝶 K/3 主控台窗口中选择【财务会计】标签，展开【应付款管理】→【其他应付单】功能项，双击【其他应付单-维护】选项，即可打开【过滤】对话框，在其中设置相应的条件，如图 6-40 所示。

**步骤 02**　切换到【高级】选项卡，在其中设置相应的高级选择，如图 6-41 所示。

**步骤 03**　切换到【排序】选项卡，在其中设置相应的排序方式，如图 6-42 所示。

**步骤 04**　切换到【显示隐藏列】选项卡，在其中设置要显示的项目，如图 6-43 所示。单击【确定】按钮，即可进入【其他应付单序时簿】窗口。

图 6-40 【过滤】对话框

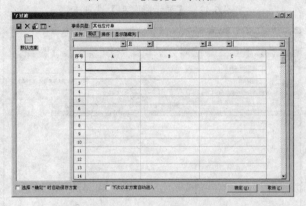

图 6-41 【高级】选项卡

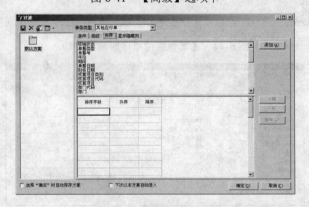

图 6-42 【排序】选项卡

步骤 05 其中将显示符合条件的单据记录，如图 6-44 所示。在【其他应付单序时簿】窗口中单击工具栏上的【新增】按钮，即可打开【其他应付单-新增】窗口。

步骤 06 在其中选择核算项目类别、单据类型，设置单据日期、财务日期、核算项目、往来科目，并输入摘要信息、金额与付款金额，指定部门与业务员，如图 6-45 所示。

步骤 07 单击【保存】按钮，将该票据信息保存到系统中。选择【数据】→【附件】菜单项，打开【附件管理-编辑】窗口，在其中为该单据添加相应附件信息，如图 6-46 所示。

步骤 08 在【其他应付单-新增】窗口中单击【退出】按钮，返回【其他应付单序时簿】窗口，其中将显示新增的单据信息，如图 6-47 所示。

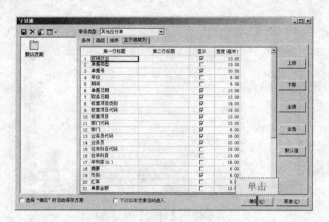

图 6-43 【显示隐藏列】选项卡

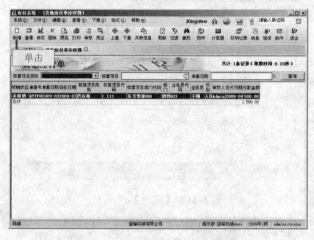

图 6-44 【其他应付单序时簿】窗口

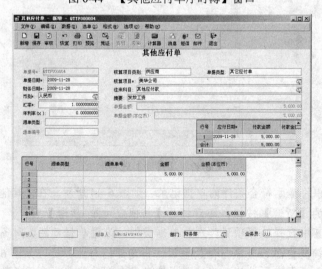

图 6-45 【其他应付单-新增】窗口

**步骤 09** 如果要查看某一应付单的详细信息，只需选择该应付单记录，然后单击【查看】按钮，即可打开【其他应付单-查看】窗口，在其中可查看需要的信息，如图 6-48 所示。

**步骤 10**　　如果要修改某一应付单的详细信息，只需在【其他应付单序时簿】窗口中选择该应付单据，然后单击工具栏上的【修改】按钮，即可打开【其他应付单-修改】窗口，从中可修改相应的信息，如图 6-49 所示。

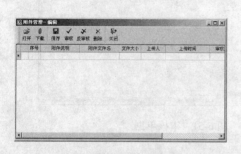

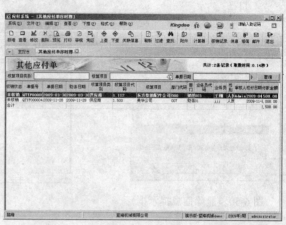

图 6-46　【附件管理-编辑】窗口　　　　　　　　图 6-47　显示新增内容

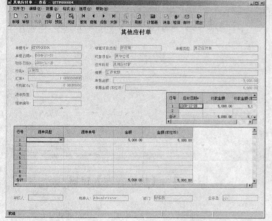

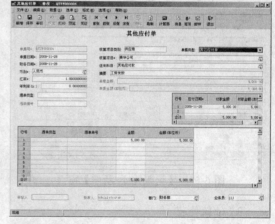

图 6-48　【其他应付单-查看】窗口　　　　　　　图 6-49　【其他应付单-修改】窗口

**步骤 11**　　如果要删除某一应付单，只需选中该单据后，单击【删除】按钮，系统即可弹出如图 6-50 所示的信息提示框。单击【是】按钮，即可将所选单据删除。以具有审核权限的用户身份登录金蝶系统，在【其他应付单序时簿】窗口中选择需要审核的单据，单击【审核】按钮。

**步骤 12**　　经过以上操作后，就完成了所选记录的审核操作，并在"审核"栏中显示审核人的名字，如图 6-51 所示。还可同时选择多条记录，然后选择【编辑】→【成批审核】菜单项，同时审核所选记录。若需要将审核后的记录进行反审核，则在选择需要反审核的记录后，选择【编辑】→【取消审核】或【成批反审】菜单项即可完成。

**步骤 13**　　在【其他应付单序时簿】窗口中选择已审核的手工录入记录，单击工具栏上的【凭证】按钮，即可进入【记账凭证-新增】窗口，将所选记录生成凭证，如图 6-52 所示。如果单据已生成凭证，则可选择【编辑】→【凭证信息】菜单项，查看凭证的具体内容。

**步骤 14**　　在【其他应付单序时簿】窗口中单击【核销记录】按钮，即可进入应付款管理系统的【核销管理】窗口，查看其他应付单的核销情况，如图 6-53 所示。通过【文件】菜单下的菜单项，可将当前窗口中的应付单记录打印输出和引出。

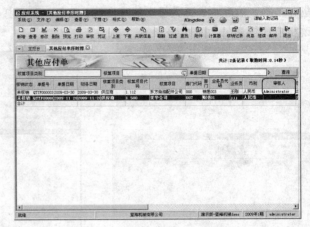

图 6-50　删除信息提示框　　　　　　　　图 6-51　审核单据

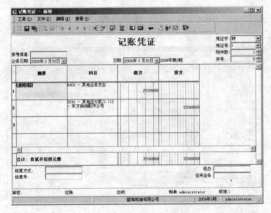

图 6-52　【记账凭证-新增】窗口

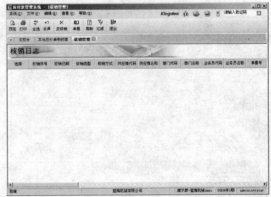

图 6-53　【核销管理】窗口

### 3. 付款处理

付款处理主要是对付款单和预付单进行各种维护，如新增、修改、删除等操作。付款处理的具体操作步骤如下。

**步骤 01**　在金蝶 K/3 主控台窗口中选择【财务会计】标签，展开【应付款管理】→【付款】功能项，双击【付款单-维护】选项，即可打开【过滤】对话框，如图 6-54 所示。在"事务类型"下拉列表框中选择"付款单"选项后，单击【确定】按钮。

**步骤 02**　打开【付款单序时簿】窗口，如图 6-55 所示。在【付款单序时簿】窗口中单击【新增】按钮，即可打开【付款单-新增】窗口。

**步骤 03**　在其中指定单据日期、财务日期、核算项目类别、核算项目、结算方式及结算号、现金类科目、付款银行、单据金额、源单类型及源单编号、结算实付金额等选项，如图 6-56 所示。单击【保存】按钮，将该新增单据保存到系统中。若勾选【多币别换算】复选框，则可将外币结算为人民币。

**步骤 04**　在【付款单-新增】窗口中选择【文件】→【复制】菜单项，即可将当前已经保存过的单据复制一份，用户在此基础上进行修改就可以生成一张新的单据。若录入的单据是从

Kingdee

其他票据或单据而来，则可在【选单】菜单中选择一种单据类型，并在打开的序时簿窗口中双击需要的票据或单据，以便将所选票据或单据的相应内容填写在付款单中。用户只需补充未填写的项目即可生成新的付款单。

图 6-54　【过滤】对话框

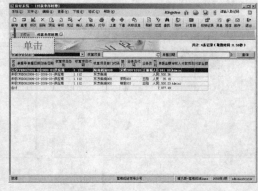

图 6-55　【付款单序时簿】窗口

| 提示 | 在【过滤】对话框中的"事务类型"下拉列表框中提供了"付款单"、"预付单"和"全部付款单" 3 个选项。如果选择"付款单"选项，则可打开付款单序时簿，增加付款单；如果选择"预付单"选项，即可打开预付单序时簿，增加预付单；如果选择"全部付款单"选项，则可打开全部付款单序时簿，查看符合条件的付款单和预付单，但不能增加单据。 |
|---|---|

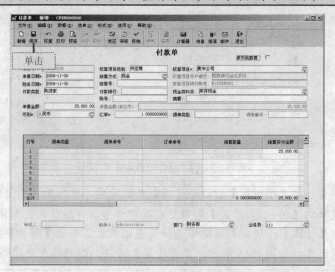

图 6-56　【付款单-新增】窗口

步骤 05　用户可在【选项】菜单项下选择适当的菜单，对付款单编辑过程进行控制。保存付款单后，选择【数据】→【附件】菜单项，即可打开【附件管理-编辑】窗口，如图 6-57 所示。

步骤 06　在【付款单-新增】窗口中单击【退出】按钮，即可返回【付款单序时簿】窗口，其中将显示新增的付款单，如图 6-58 所示。

步骤 07　在【付款单序时簿】窗口中选择某条记录后，单击工具栏上的【查看】按钮，即可打开所选付款单的【付款单-查看】窗口，在其中查看其详细信息，如图 6-59 所示。

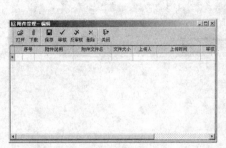

图 6-57 【附件管理-编辑】窗口

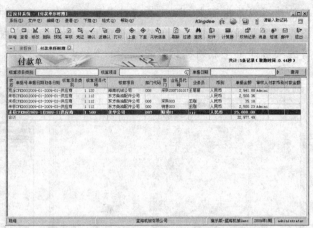

图 6-58 显示新增付款单

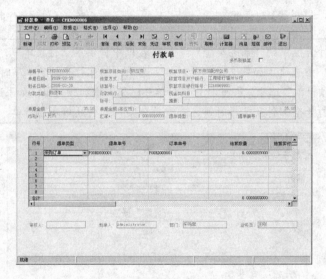

图 6-59 【付款单-查看】窗口

**步骤 08** 在【付款单序时簿】窗口中选择某条记录后,单击工具栏上的【修改】按钮,即可打开所选付款单的【付款单-修改】窗口,在其中修改其详细信息,如图 6-60 所示。

**步骤 09** 在【付款单序时簿】窗口中选择某条记录后,单击【删除】按钮,系统即可弹出一个信息提示对话框,如图 6-61 所示。单击【是】按钮,即可将所选记录删除。

**提示** 用户不能删除和修改已经通过审核、核销、生成凭证等业务操作的单据,也不能删除系统自动生成的单据。

**步骤 10** 以具有审核权限的用户身份登录金蝶系统,在【付款单序时簿】窗口中选择一条记录后,单击工具栏上的【审核】按钮,即可审核所选记录。还可同时选择多条记录,然后选择【编辑】→【成批审核】菜单项进行审核。若需要反审核,则可选择审核后的记录,然后选择【编辑】→【取消审核】或【成批反审】菜单项即可。

**步骤 11** 在【付款单序时簿】窗口中选择一条记录后,单击工具栏上的【凭证】按钮,打开【记账凭证-新增】窗口,在其中可将该记录生成凭证,如图 6-62 所示。若已经生成凭证,则可查看其相应的凭证。由现金管理系统传入的付款单在【付款单序时簿】窗口不能显示，需要通过确认操作后才可以在付款单或预付单序时簿上显示。

**步骤 12** 如果付款单在应付款系统是"未确认"状态，需要通过业务类型确认的操作后转为"已确认"状态，才可以进行后续的操作。在【付款单序时簿】窗口中单击工具栏上的【确认】按钮，即可打开【过滤条件】对话框，如图 6-63 所示。

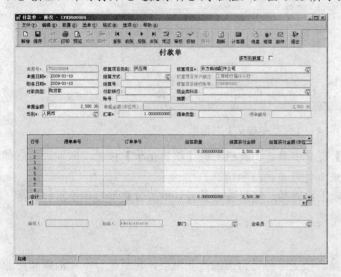

图 6-60　【付款单-修改】窗口

图 6-61　删除信息提示对话框

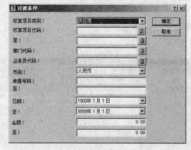

图 6-62　【记账凭证-新增】窗口　　　　　　图 6-63　【过滤条件】对话框

**步骤 13** 在其中设置核算项目类别、核算项目代码、部门代码、业务员代码、币别等条件后，单击【确定】按钮，即可打开【付款单确认】对话框，在其中显示符合条件且处于"未确认"状态的付款单，如图 6-64 所示。在选择需要确认的付款单后，单击【确认】按钮，即可将确认后的付款单显示在【付款单序时簿】窗口中。

**步骤 14** 若需要取消单据的确认状态，则可在【付款单序时簿】窗口中单击【反确认】按钮，设置过滤条件并在【付款单反确认】对话框中选择需要反确认的付款单，再单击【反确认】按钮即可完成。　在【付款单序时簿】窗口中提供了单据的连查功能，用户可上查生成所选付款单的单据，下查生成的其他单据或凭证。如果为付款单添加了附件，还可在【付款单序时簿】窗口中选择该单据，单击工具栏上的【附件】按钮，查看其附件信息。

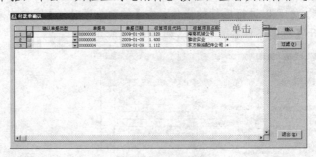

图 6-64　【付款单确认】对话框

**步骤 15**　在【付款单序时簿】窗口中单击工具栏上的【核销记录】按钮，即可进入应付款管理系统的【核销日志】窗口，查看付款单的核销情况。

**步骤 16**　通过【文件】菜单项下的选项，可以将当前窗口中的付款单打印输出和引出。单击【退出】按钮，即可完成付款单的处理。

4.　应付票据处理

应付票据用来核算公司采购商品、接受劳务等付出的商业汇票，包括银行承兑汇票和商业承兑汇票。对应付票据的处理主要是对应付票据进行各种维护，如新增、修改、删除及付款、退票等操作。应付票据处理的具体操作步骤如下。

**步骤 01**　在金蝶 K/3 主控台窗口中选择【财务会计】标签，展开【应付款管理】→【应付票据】功能项，然后双击【应付票据-维护】选项，即可打开【过滤】对话框，如图 6-65 所示。在【事务类型】下拉列表框中选择【应付票据】选项后，单击【确定】按钮。

**步骤 02**　打开【应付票据序时簿】窗口，如图 6-66 所示。单击工具栏上的【新增】按钮，即可打开【应付票据-新增】窗口。

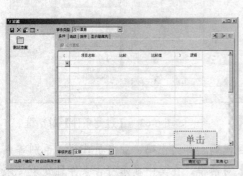

图 6-65　【过滤】对话框

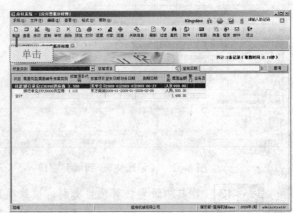

图 6-66　【应付票据序时簿】窗口

**步骤 03**　在窗口中选择票据类型，设置签发日期、财务日期、到期日期，输入票据金额、摘要信息等，如图 6-67 所示。如果该票据允许撤销，则可选择【可撤销】复选框。单击【保存】按钮，即可将该票据保存到系统中。

**步骤 04** 单击【退出】按钮返回【应付票据序时簿】窗口，窗口中将显示刚新增的应付票据，如图 6-68 所示。

图 6-67 【应付票据-新增】窗口　　　　　图 6-68 显示新增应付票据

**步骤 05** 如果要在【应付票据序时簿】窗口中查看某一票据的详细信息，只需选中该票据，单击【查看】按钮，即可打开相应窗口查看。

**步骤 06** 若要修改某一票据信息，只需选中该票据后单击【修改】按钮，即可在打开的修改窗口中修改相应信息。若要删除某一票据信息，只需选中该票据后单击【删除】按钮，在弹出的删除信息提示框中单击【是】按钮，即可将所选票据删除。已经审核过的票据不能修改或删除。

**步骤 07** 若新增的票据与一条已经录入的票据内容完全相同，则在选择已录入的票据之后，单击【复制】按钮，即可新增一条与所选票据内容完全相同的票据，用户可以打开该票据并将其修改为新票据。以具有审核权限的用户身份登录金蝶系统，在【应付票据序时簿】窗口中选择需要审核的票据，单击【审核】按钮。

**步骤 08** 打开【请选择】对话框，如图 6-69 所示。在选择需要生成的单据类型后，单击【确定】按钮完成审核。

**步骤 09** 若需要修改已审核的票据，则可选中该票据并选择【编辑】→【取消审核】菜单项，然后对其进行相应修改。如果需要将票据退票作废，则在序时簿窗口中选择该票据并单击【退票】按钮，即可打开【应收票据退票】对话框。

**步骤 10** 在【应收票据退票】对话框中设定退票日期与退票金额，如图 6-70 所示。单击【确定】按钮，即可完成退票操作。若所选应付票据没有进行审核或审核后生成的相应单据没有进行审核，则不能作退票处理。

图 6-69 【请选择】对话框

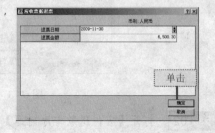

图 6-70 【应收票据退票】对话框

步骤 11  在【应付票据序时簿】窗口中选择需要进行付款处理的票据后，单击【付款】按钮，即可打开【应付票据到期付款】对话框，在其中指定结算日期、金额、利息、费用等，如图 6-71 所示。单击【确定】按钮，即可完成应付票据的付款操作。

步骤 12  如果所选票据已经生成其他单据或凭证，则单击工具栏上的【连查】按钮，即可自动调出相应的窗口，并显示应付票据在各种状态下生成的相应单据，如图 6-72 所示。

图 6-71  【应付票据到期付款】对话框

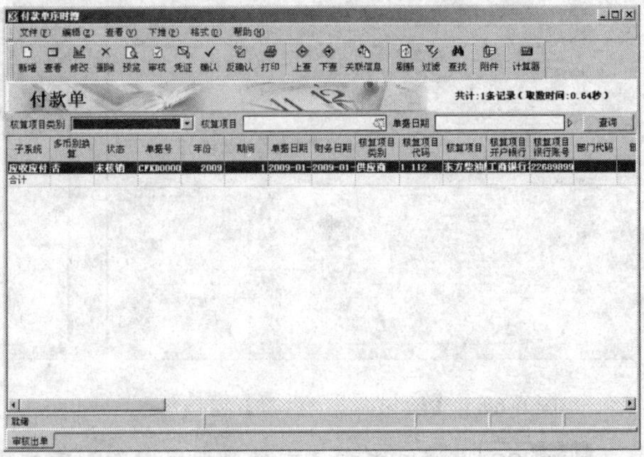

图 6-72  连查票据

步骤 13  如果在【录入应付票据】窗口中为所选票据添加了附件，则单击【附件】按钮，即可查看有关附件信息。

步骤 14  在应付票据的【格式】菜单项下可通过相应菜单，设置表格的行高、恢复默认列宽、设置表格中显示的字体、冻结列数。在应付票据的【文件】菜单项下可将当前窗口中的票据记录打印输出和引出。单击【退出】按钮，即可完成应付票据的处理。

5. 退款处理

退款处理的具体操作步骤如下。

步骤 01  在金蝶 K/3 主控台窗口中单击【财务会计】标签，展开【应付款管理】→【退款】功能项，然后双击【退款单-维护】选项，即可打开【过滤】对话框，如图 6-73 所示。在设置过滤条件后，单击【确定】按钮。

图 6-73  【过滤】对话框

步骤 02  打开【应付退款单序时簿】窗口，如图 6-74 所示。单击工具栏上的【新增】按钮，即可打开【应付退款单-新增】窗口。

**Kingdee**

步骤 03 在其中输入单据日期、财务日期、核算项目类别、核算项目、结算方式、结算号、现金类科目、退款银行等数据，如图 6-75 所示。在设置完毕后单击【保存】按钮，将新增退款单保存到系统中。

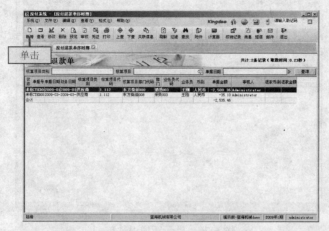

图 6-74 【应付退款单序时簿】窗口

图 6-75 【应付退款单-新增】窗口

步骤 04 单击【退出】按钮返回【应付退款单序时簿】窗口，则新增的退款单显示在该窗口中，如图 6-76 所示。

步骤 05 若要查看某一退款单的详细信息，只需选择该退款单，单击【查看】按钮，即可打开所选退款单的单据窗口，在其中查看退款单的详细信息。

步骤 06 若要修改某一退款单的详细信息，只需选择该退款单，单击【修改】按钮，即可打开所选退款单的单据窗口，在其中修改退款单的详细信息。

步骤 07 若要删除某一退款单的详细信息，只需选择该退款单，单击【删除】按钮，在弹出的删除信息提示对话框中单击【是】按钮，即可删除所选退款单。用户不能修改和删除已经通过审核、核销、生成凭证的等业务操作的单据，也不能删除系统自动生成的单据。

步骤 08 以具有审核权限的用户身份登录金蝶系统，在【应付退款单序时簿】窗口中选择一条记录后，单击【审核】按钮，即可审核所选记录。还可同时选择多条记录，然后选择【编辑】→【成批审核】菜单项进行审核。若需要反审核，则选择已经审核的记录，选择【编辑】→【取消审核】或【取消成批反审】菜单项，即可完成反审核操作。

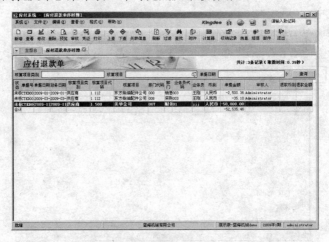

图 6-76　显示新增退款单

步骤 09　在【应付退款单序时簿】窗口中选择一条已经审核的记录，单击【凭证】按钮，即可将该记录制成凭证。若已生成凭证，则可查看其相应的凭证。

步骤 10　在【应付退款单序时簿】窗口中同样提供了单据的连查功能，用户可以上查生成所选退款单的单据，下查生成的其他单据或凭证。在【应付退款单序时簿】窗口中单击【核销记录】按钮，即可进入应付款管理系统的核销日志窗口，在其中查看退款单的核销情况。

步骤 11　在【应付退款单序时簿】窗口中选择一条记录后，选择【编辑】→【按单复制】菜单项，即可复制出一条新的记录，用户可以打开该单据，将其修改成新单据。单击【退出】按钮，即可完成退款单的处理操作。

## 6.3　结算管理

应付款管理系统提供的结算管理主要基于应付款的核销处理及凭证处理。只有进行核销处理后才能正确计算账龄分析、到期债务、应付计息。此外，进行凭证处理后相应的往来数据才可以传入总账系统。

### 6.3.1　核销管理

核销管理主要用来对往来账款进行各种形式的核销处理。虽然通过单据的录入可以及时获悉往来款的余额资料，如应付款汇总表、应付款明细表，但由于付款到账的时间差异性等特点，要正确计算账龄、到期债务、应付计息等，不能简单地按时间先后顺序以付款日期为基础来计算，必须通过核销进行处理。只有经过核销的应付单据才能真正作为付款处理，同时核销日期也是计算账龄分析的重要依据。

1．单据的核销

核销单据的具体操作步骤如下。

步骤 01　在金蝶 K/3 主控台窗口中单击【财务会计】标签，展开【应付款管理】→【结算】功能项，然后双击【付款结算】选项，即可打开【单据核销】对话框，如图 6-77 所示。在"核销类型"下拉列表框中选择"付款结算"选项，并设置核算项目类别、核算项目代码范围、部门代码、业务员代码、金额范围、日期范围、合同号等选项，单击【确定】按钮。

步骤 02　打开【核销（应付）】窗口，如图 6-78 所示。若要使用自动核销方式，则可单击工具栏上的【自动】按钮，按往来单位余额自动进行核销。若要手动核销，则可在应付款单据列表窗口和付款单据列表窗口中分别将符合核销条件的单据标上"√"标记，然后单击【核销】按钮完成核销操作。

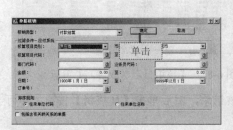

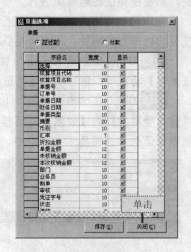

图 6-77　【单据核销】对话框　　　　　图 6-78　【核销（应付）】窗口

步骤 03　在核销操作窗口中，如果要查看某一核销记录的详细信息，只需选中该记录，单击【单据】按钮，则可打开所选单据查看其详细信息，如图 6-79 所示。

步骤 04　在【核销（应付）】窗口中单击【页面】按钮，即可打开【页面选项】对话框，在其中设置不同单据列表窗口中显示的字段名及其宽度，如图 6-80 所示。单击【关闭】按钮，即可退出核销操作窗口。

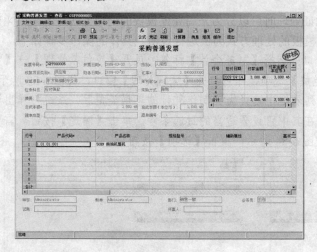

图 6-79　查看单据信息　　　　　　　图 6-80　【页面选项】对话框

## 2. 查询单据核销日志

应付款单据的核销操作已经完成，如果要查询其核销日志，则可以通过以下方法完成。

步骤 01　在金蝶 K/3 主控台窗口中选择【财务会计】标签，展开【应付款管理】→【结算】功能项，双击【核销日志-维护】选项，即可打开【过滤条件】对话框，如图 6-81 所示。

**步骤 02**　　在【过滤条件】对话框中设置核销日志范围、核销人、核销序号、核销类型、核销方式、币别等核销条件，以及核销项目代码、部门代码、业务员代码等单据条件之后，单击【确定】按钮，即可进入【核销日志（应付）】窗口，其中显示了符合条件的核销记录，如图 6-82 所示。

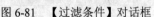

图 6-81　【过滤条件】对话框　　　　　　　　　　图 6-82　【核销日志（应付）】窗口

**步骤 03**　　如果要反核销某一项记录，只需选择该记录，然后单击【反核销】按钮，即可完成单据的反核销操作。

**步骤 04**　　如果要查看某一单据的详细信息，只需选择该单据记录，然后单击【单据】按钮，即可打开所选单据查看其详细信息。

## 6.3.2　凭证处理

为保证应付款管理系统与总账系统的数据保持一致，在应付款管理系统新增单据之后，必须通过凭证处理把单据生成凭证传入总账系统。通常情况下，应付款管理系统的单据要生成凭证，都要在凭证处理模块进行。

在应付款管理系统，集中进行凭证处理时可以分为采用凭证模板的处理方式与不采用凭证模板的处理方式两种，现以采用凭证模板的处理方式为例进行说明。具体的操作步骤如下。

**步骤 01**　　在金蝶 K/3 主控台窗口中选择【财务会计】标签，展开【应付款管理】→【凭证处理】功能项，然后双击【凭证-生成】选项，即可打开【凭证处理】窗口，如图 6-83 所示。

**步骤 02**　　在"单据类型"下拉列表框中选择需要制作凭证的单据类型后，系统将弹出该单据类型所对应的【过滤】对话框，在其中可设置适当的过滤条件。单击【确定】按钮，需要制作凭证的单据将显示在窗口中，如图 6-84 所示，单击【选项】按钮。

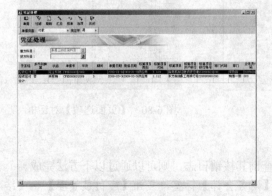
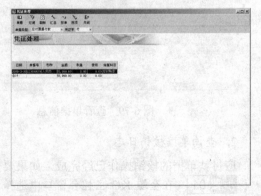

图 6-83　【凭证处理】窗口　　　　　　　　　　图 6-84　显示单据

**Kingdee**

**步骤 03**　打开【选项】对话框，在其中设置凭证的生成模式，如图 6-85 所示。

**步骤 04**　切换到【科目合并选项】选项卡，在其中设置相应的科目合并选项，如图 6-86 所示。单击【确定】按钮即可完成设置操作。

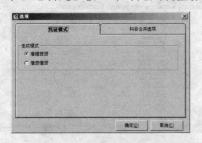

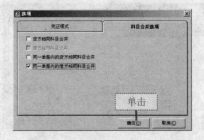

图 6-85　【选项】对话框　　　　　　　　图 6-86　【科目合并选项】选项卡

**步骤 05**　选择一条或多条需要生成凭证的记录后，单击【按单】或【汇总】按钮，即可进入记账凭证窗口，其中已填写了所选单据的内容，只需在某些分录中输入凭证摘要，如图 6-87 所示。单击【保存】按钮将新凭证保存到系统中。

图 6-87　记账凭证窗口

如果要查看已生成凭证的凭证信息，可通过查询凭证功能实现。具体的操作步骤如下。

**步骤 01**　在金蝶 K/3 主控台窗口中选择【财务会计】标签，展开【应付款管理】→【凭证处理】功能项，双击【凭证-维护】选项，即可打开【会计分录序时簿-过滤条件】对话框，如图 6-88 所示。在其中设置过滤条件、排序方式以及凭证的状态，单击【确认】按钮。

**步骤 02**　打开【会计分录序时簿（应付）】窗口，在其中显示符合条件的凭证记录，如图 6-89 所示。

**步骤 03**　如果要修改凭证列表中的某一凭证，只需选中该凭证，然后单击【修改】按钮，即可在打开的窗口中进行相应修改，如图 6-90 所示。

**步骤 04**　如果要删除凭证列表中的某一凭证，只需选择该凭证，然后单击【删除】按钮，系统即弹出一个如图 6-91 所示。单击【确定】按钮，即可将所选凭证删除。

**步骤 05**　以具有审核权限的用户身份登录金蝶系统，选择需要审核的凭证后，单击【审核】按钮，即可将所选凭证进行审核。若需要反审核，则可选择已经审核的凭证，然后选择【编辑】→【取消审核】菜单项，即可完成反审核操作。

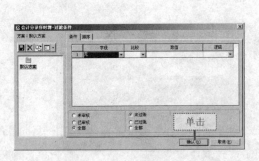

图 6-88 【会计分录序时簿-过滤条件】对话框

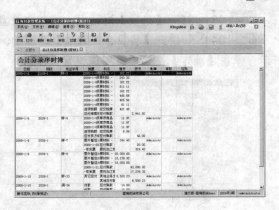

图 6-89 【会计分录序时簿（应付）】窗口

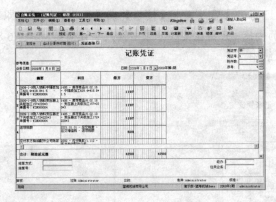

图 6-90 修改凭证

图 6-91 删除信息提示对话框

**步骤 06** 如果要查看凭证列表中的某一凭证单据，只需选择该凭证，然后单击【单据】按钮，即可打开生成该凭证的单据，在其中查看其单据内容。

**步骤 07** 单击【预览】按钮，即可预览当前窗口中所有凭证记录的打印效果，如图 6-92 所示。单击【打印】按钮，即可打开【打印】对话框。

**步骤 08** 在其中选择打印机名称并设置打印份数，如图 9-93 所示。❶单击【确定】按钮，即可将当前窗口中的凭证记录打印输出。❷单击【关闭】按钮关闭【会计分录序时簿】窗口，即可结束凭证查询操作。

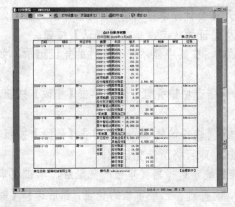

图 6-92 打印预览

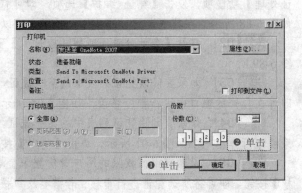

图 6-93 【打印】对话框

## 6.4　应付款分析

应付款管理系统提供的分析管理主要是指各种分析的查询。分析管理主要包括账龄分析、付款分析和付款预测 3 种。

### 6.4.1　账龄分析

账龄分析主要用来对未核销的往来账款的余额、账龄进行分析。具体的操作步骤如下。

步骤 01　在金蝶 K/3 主控台窗口中选择【财务会计】标签，展开【应付款管理】→【分析】功能选项，双击【账龄分析】选项，即可打开【过滤条件】对话框，如图 6-94 所示。

步骤 02　在对话框中设置过滤条件、分析对象、账龄计算日期、单据类型，并设置是否包括未审核单据、是否取查询截止日期的单据余额等选项后，切换到【账龄取数条件】选项卡，在其中设置账龄的分组方式，排序字段、汇总类型等选项，如图 6-95 所示。单击【确定】按钮，即可进入【账龄分析】窗口。

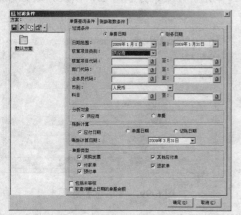
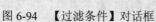

图 6-94　【过滤条件】对话框

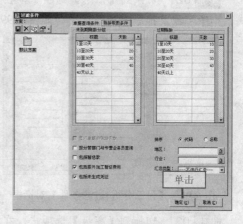

图 6-95　【账龄取数条件】选项卡

步骤 03　在其中显示了符合条件的账龄分析记录，如图 6-96 所示。

步骤 04　选择【查看】→【显示/隐藏列】菜单项，即可打开【显示/隐藏列】对话框，在其中设置表格中显示或隐藏的列标题，如图 6-97 所示。

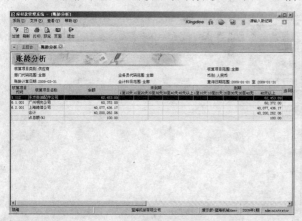

图 6-96　【账龄分析】窗口

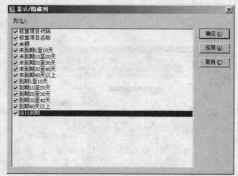

图 6-97　【显示/隐藏列】对话框

步骤 05　通过选择【查看】菜单项下的选项，可以设置表格的行高、冻结的列数、启用超宽预警等。

步骤 06　在【文件】菜单项中可以将当前窗口中显示的账龄分析表打印输出和引出。单击【退出】按钮，即可关闭账龄分析窗口。

### 6.4.2　付款分析

付款分析主要用来统计往来单位（或地区、行业）付款的金额，及占总体的付款金额的比例。付款分析的具体操作步骤如下。

步骤 01　在金蝶 K/3 主控台窗口中选择【财务会计】标签，展开【应付款管理】→【分析】功能项，然后双击【付款分析】选项，即可打开【付款分析-过滤条件】对话框，在其中设置单据日期范围、核算项目类别、核算项目代码范围、部门范围、业务员范围、币别等条件，如图 6-98 所示。

步骤 02　切换到【汇总】选项卡，在其中选择分析方案、分析标准，以及分级汇总的方式、排序字段及排序方式等选项，如图 6-99 所示。

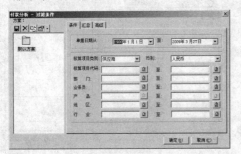

图 6-98　【付款分析-过滤条件】对话框

图 6-99　【汇总】选项卡

步骤 03　切换到【高级】选项卡，在其中选择单据类型、付款类型，以及单据状态等选项，如图 6-100 所示，单击【确定】按钮。

步骤 04　进入【付款分析】窗口，在其中可查看符合条件的付款分析情况，如图 6-101 所示。通过单击【精度】按钮，可在【汇总行精度设置】对话框中设置数量精度和单价精度。单击【退出】按钮，即可退出付款分析窗口。

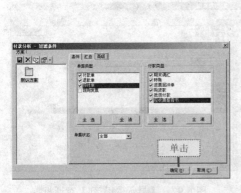

图 6-100　【高级】选项卡

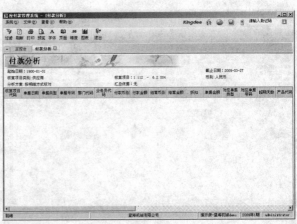

图 6-101　【付款分析】窗口

### 6.4.3　付款预测

付款预测主要根据应付款及已付款金额来统计将来的付款金额。付款预测的具体操作步骤如下。

**步骤 01**　在金蝶 K/3 主控台窗口中选择【财务会计】标签，展开【应付款管理】→【分析】功能项，然后双击【付款预测】选项，即可打开【付款预测】对话框，如图 6-102 所示。在其中设置截止日期、核算项目类别、核算项目代码范围、部门代码、业务员代码等选项，并根据需要勾选【按分管部门和专营业务员查询】、【包括未审核】复选框，单击【确定】按钮。

**步骤 02**　打开【付款预测】窗口，如图 6-103 所示。在【文件】菜单项下，可将当前窗口中的付款预测表打印输出或引出。单击【退出】按钮，即可结束付款预测的分析操作。

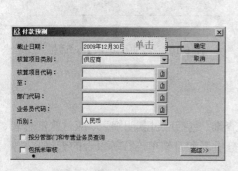

图 6-102　【付款预测】对话框

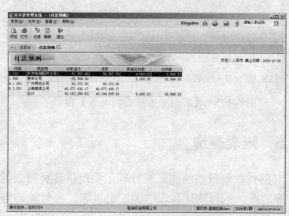

图 6-103　【付款预测】窗口

### 6.4.4　应付票据综合情况表

利用应付票据综合情况表在一张报表中可以查询所有状态的应付票据。查询应付票据综合情况表的具体操作步骤如下。

**步骤 01**　在金蝶 K/3 主控台窗口中单击【财务会计】标签，展开【应付款管理】→【分析】功能项，然后双击【应付票据综合情况表】选项，即可打开【过滤条件】对话框，在其中设置核算项目类别、核算项目代码范围、币别、票据号码、财务日期范围、到期日期范围，如图 6-104 所示。

**步骤 02**　在【高级】选项卡中设置票据类别、票据状态、排序方式等选项，如图 6-105 所示，单击【确定】按钮。

图 6-104　【过滤条件】对话框

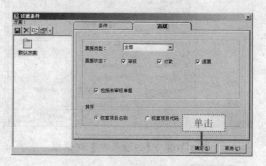

图 6-105　【高级】选项卡

步骤 03　　打开【应付票据综合情况表】窗口，如图 6-106 所示。单击工具栏中的【页面】按钮，即可打开【页面选项】对话框。

步骤 04　　在其中设置打印选项、字体颜色、网格线类型、页眉页脚等设置，如图 6-107 所示。单击【退出】按钮，即可结束应付票据综合情况分析操作。

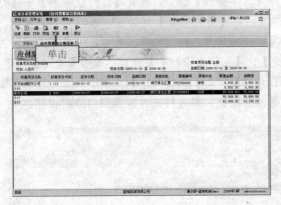

图 6-106　【应付票据综合情况表】窗口

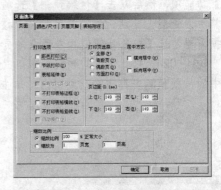

图 6-107　【页面选项】对话框

## 6.5　账表查询

应付款管理系统的账表管理主要提供各种报表的查询，包括应付款明细表、应付款汇总表、往来对账、应付款计息表、调汇记录表、应付款趋势分析表和月结单连打等报表的查询。

### 6.5.1　应付款明细表

应付款明细表可以按期间输出，也可以按具体日期输出。用户可以通过应付款明细表查询往来账款的日报表。查看应付款明细表的具体操作步骤如下。

步骤 01　　在金蝶 K/3 主控台窗口中选择【财务会计】标签，展开【应付款管理】→【账表】功能选项，然后双击【应付款明细表】选项，即可打开【过滤条件】对话框，如图 6-108 所示。

步骤 02　　在其中设置查询方式及其相应选项，选择核算项目类型、核算项目代码范围、币别、单据类型等选项，并根据需要选中相应的复选框，如图 6-109 所示。

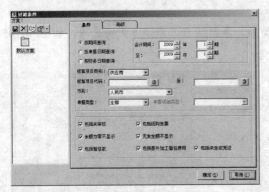

图 6-108　【过滤条件】对话框　　　　　　　　图 6-109　【高级】选项卡

步骤 03　　切换到【高级】选项卡下，在其中可以设置行业代码范围、地区代码范围，以及部门代码范围、业务员代码范围和科目代码范围等选项，然后单击【确定】按钮，即可打开【应付款明细表】窗口，如图 6-110 所示。单击工具栏上的【最前】、【向前】、【向后】、【最后】按钮，即可查看其他客户的应付款明细表。

步骤 **04**　若要查看某条单据信息，只需选中该单据记录后，单击【单据】按钮，即可打开相应的单据进行查看，如图 6-111 所示。在【查看】菜单中可设置窗口中列标题的显示或隐藏、表格的行高、冻结列的数量、是否超宽预警等表格显示参数。

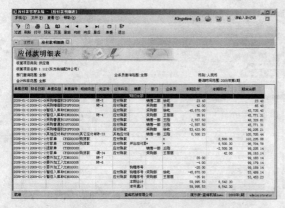

图 6-110　【应付款明细表】窗口

图 6-111　查看单据

步骤 **05**　在【文件】菜单中可以将当前窗口中的应付款明细表打印输出和引出，并可一次性将所有过滤条件中包括的客户应付款明细表连续打印输出。

步骤 **06**　单击【退出】按钮，即可关闭【应付款明细表】操作窗口。

## 6.5.2　应付款汇总表

应付款汇总表主要用来反映往来单位在某段时间的本期应付数、本期实付数、本年累计应付数、本年累计实付数、期初余额、期末余额等，方便与总账的对账。查看应付款汇总表的具体操作步骤如下。

步骤 **01**　在金蝶 K/3 主控台窗口中选择【财务会计】标签，展开【应付款管理】→【账表】功能项，然后双击【应付款汇总表】选项，即可打开【过滤条件】对话框，在其中设置查询的条件，如会计期间范围、核算项目类别、核算项目代码等选项，如图 6-112 所示。

步骤 **02**　切换到【高级】选项卡，在其中可以设置更高级的查询条件，比如可以按部门和业务员范围查询（部门和业务员是在基础资料的供应商中设置的，其代码可手工输入，也可按 F7 查询取得），如图 6-113 所示。

图 6-112　【过滤条件】对话框

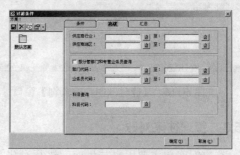

图 6-113　【高级】选项卡

步骤 03 切换到【汇总】选项卡,在其中可设置分析标准项目,可提供按供应商、部门、业务员的任意组合出具应付款项的汇总信息,方便不同要求的数据查询。如果勾选【分级汇总】复选框,则可根据选定的"汇总依据"进行任意级次查询,如图 6-114 所示。在查询条件输入完毕之后,单击【确定】按钮。

步骤 04 打开【应付款汇总表】窗口,在其中按所设定的条件显示应付款汇总表,如图 6-115 所示。

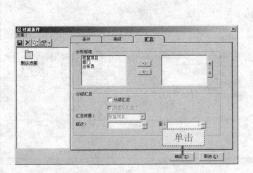

图 6-114 【汇总】选项卡

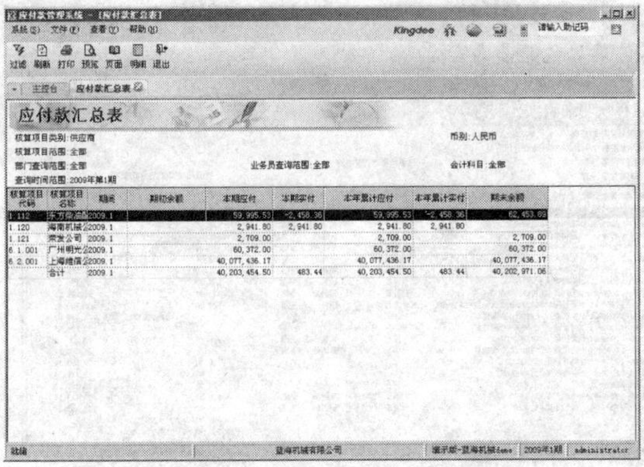

图 6-115 【应付款汇总表】窗口

步骤 05 如果要查看某一汇总记录的详细信息,只需选择该记录,然后单击工具栏上的【明细】按钮,则可进入【应付款明细表查询】窗口,如图 6-116 所示。选择【文件】→【引出内部数据】菜单项。

步骤 06 打开【引出'应付款汇总表'】对话框,在其中可引出应付款汇总表,引出格式可以为多种形式,如电子报表格式、文本格式等,如图 6-117 所示。选择【文件】→【打印预览】菜单项,或单击【预览】按钮预览应付款汇总表。选择【文件】→【打印】菜单项,或单击【打印】按钮打印应付款汇总表。

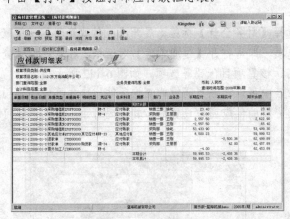

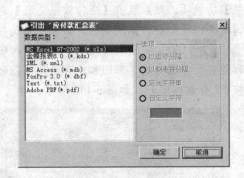

图 6-116 【应付款明细表查询】窗口

图 6-117 【引出'应付款汇总表'】对话框

### 6.5.3 管理往来对账

往来对账单主要用来与供应商进行对账。管理往来对账的具体操作步骤如下。

步骤 01 在金蝶 K/3 主控台窗口中选择【财务会计】标签,展开【应付款管理】→【账表】功能项，然后双击【往来对账】选项，即可打开【过滤条件】对话框，如图 6-118 所示。

　　**步骤 02**　　在设置过滤条件、余额等选项并选择相应的复选框后，切换到【高级】选项卡，在其中选择单据类型和排序方式并选择相应的复选框，如图 6-119 所示。

图 6-118　【过滤条件】对话框

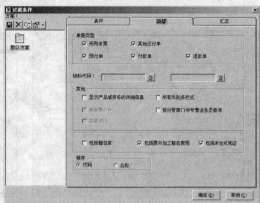

图 6-119　【高级】选项卡

　　**步骤 03**　　切换到【汇总】选项卡，在其中设置往来对账的分析标准，如图 6-120 所示，单击【确定】按钮。

　　**步骤 04**　　进入【往来对账】窗口，在其中按所设定的条件显示往来对账单，如图 6-121 所示。如果要查看某一往来对账记录的详细信息，在选择要查看的记录后单击【单据】按钮，即可打开相应的窗口查看具体信息。

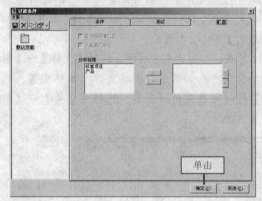

图 6-120　【汇总】选项卡

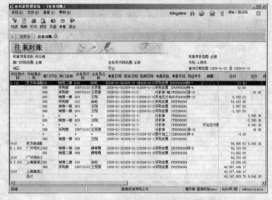

图 6-121　【往来对账】窗口

## 6.5.4　到期债务列表

　　到期债务列表反映截止到指定日期，已经到期的未核销应付款及过期天数、未到期的应付款及未过期天数。查询到期债务列表的具体操作步骤如下。

　　**步骤 01**　　在金蝶 K/3 主控台窗口中选择【财务会计】标签，展开【应付款管理】→【账表】功能项，然后双击【到期债务列表】选项，即可打开【过滤条件】对话框，如图 6-122 所示。在设置查询日期范围、核算项目类别、币别、核算项目代码范围、部门代码范围、业务员代码范围等条件后，单击【确定】按钮。

　　**步骤 02**　　进入【到期债务列表】窗口，在其中查看需要查询的到期债务列表的相应信息，如图 6-123 所示。单击【过滤】按钮，可重新定义过滤条件进行查询。单击【单据】按钮，可以查看光标所在行的相关单据。

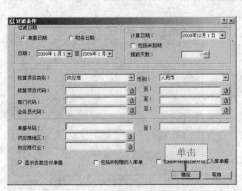

图 6-122  【过滤条件】对话框

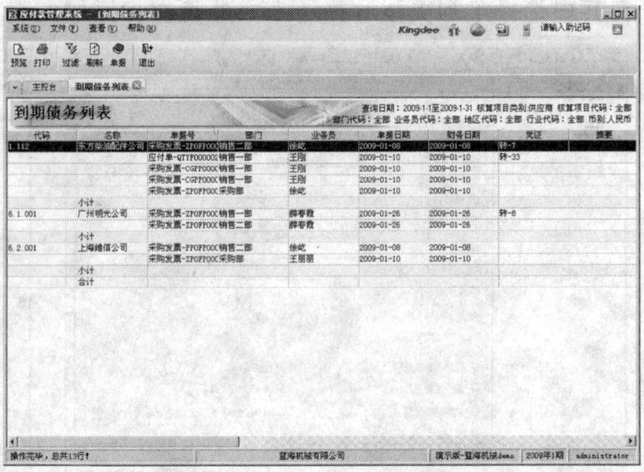

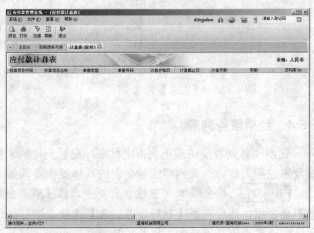

图 6-123  【到期债务列表】窗口

### 6.5.5  应付款计息表

应付计息表反映到截止日期，已经到期应付款的应计利息。查看应付计息表的具体操作步骤如下。

**步骤 01**  在金蝶 K/3 主控台窗口中选择【财务会计】标签，展开【应付款管理】→【账表】功能项，然后双击【应付款计息表】选项，即可打开【计息过滤条件】对话框，在其中设置计算日期、截止日期、核算项目类别、核算项目代码范围、部门代码、币别等条件，如图 6-124 所示。单击【确定】按钮，即可进入【应付款计息表】窗口。

**步骤 02**  其中将显示符合设定条件的应付计息表，如图 6-125 所示。选择【文件】→【引出】菜单项，即可将当前记录引出，引出格式可以为多种，如电子报表格式、文本格式等。选择【文件】→【打印预览】菜单项或单击【预览】按钮预览应付计息表。选择【文件】→【打印】菜单项，或单击【打印】按钮打印应付计息表。

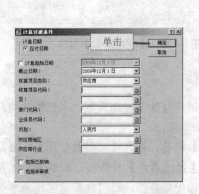

图 6-124  【计息过滤条件】对话框

图 6-125  【应付款计息表】窗口

### 6.5.6　应付款趋势分析表

查看应付款趋势分析表的具体操作步骤如下。

**步骤 01**　在金蝶 K/3 主控台窗口中选择【财务会计】标签，展开【应付款管理】→【账表】功能项，然后双击【应付款趋势分析表】选项，即可打开【趋势分析表过滤条件】对话框，如图 6-126 所示。在设置报表类型、期间范围、核算项目类别、核算项目范围、币别，并根据实际情况选择相应的复选框后，单击【确定】按钮，即可进入【应付趋势分析表】窗口。

**步骤 02**　其中将显示符合条件的应付款趋势分析表，如图 6-127 所示。选择【文件】→【打印预览】菜单项或单击工具栏上的【预览】按钮，即可预览应付款趋势分析表。选择【文件】→【打印】菜单项，或单击工具栏上的【打印】按钮，即可打印应付款趋势分析表。

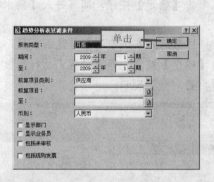

图 6-126　【趋势分析表过滤条件】对话框

图 6-127　【应付趋势分析表】窗口

### 6.5.7　月结单连打

月结单反映企业在实际工作中与往来单位进行账务核对、单据核对、账龄核对的情况。查看月结单的具体操作步骤如下。

**步骤 01**　在金蝶 K/3 主控台窗口中选择【财务会计】标签，展开【应付款管理】→【账表】功能项，然后双击【月结单连打】选项，即可打开【过滤条件】对话框，如图 6-128 所示。在设置财务日期范围、核算项目类别、币别、核算项目代码范围、部门代码等选项后，单击【确定】按钮。

**步骤 02**　打开【月结单连打】窗口，如图 6-129 所示。单击【过滤】按钮，即可重新定义过滤条件进行查询。

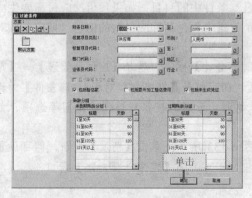

图 6-128　【过滤条件】对话框

图 6-129　【月结单连打】窗口

## 6.6 期末处理

应付款管理系统的基本操作完成后，就可以进行期末处理操作。期末处理操作包括期末对账、对账检查、期末调汇和结账等操作。

### 6.6.1 期末对账

在应付款管理模块中，期末对账包括期末科目对账和期末总额对账两种。期末科目对账可以提供应付款管理系统的单据与总账系统的账簿余额按会计科目进行指定期间的对账。科目对账的具体操作步骤如下。

步骤 01　在金蝶 K/3 主控台窗口中选择【财务会计】标签，展开【应付款管理】→【期末处理】功能项，然后双击【期末科目对账】选项，即可打开【受控科目对账-过滤条件】对话框，在其中设置相应的过滤条件，如图 6-130 所示。单击【确定】按钮，即可进入【期末科目对账】窗口。

步骤 02　在其中检查应付款管理系统中的受控科目与总账系统中的数据是否一致，若有错误需要查找原因进行更正，如图 6-131 所示。单击【精度】按钮，即可设置汇总行的数量精度和单价精度。单击【退出】按钮，即可关闭【期末科目对账】窗口。

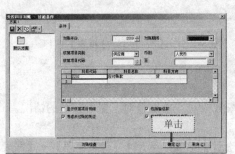

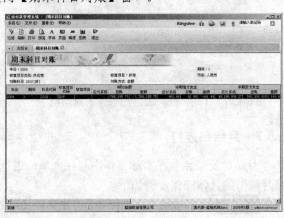

图 6-130　【受控科目对账-过滤条件】对话框　　　　图 6-131　【期末科目对账】窗口

总额对账的规则与科目对账大体一致，不同点是：过滤条件中的"会计科目"只对总账系统的取数有效，对应付款管理系统的取数无效；不论会计科目选什么，应付款管理系统均取所有的单据，不判断单据上的往来科目是否等同于过滤条件中的科目；如果预付冲应付需要生成凭证且已经核销并生成凭证，总额对账不会取核销记录中预付款冲应付款的信息。期末总额对账的具体操作步骤如下。

步骤 01　在金蝶 K/3 主控台窗口中选择【财务会计】标签，展开【应付款管理】→【期末处理】功能项，然后双击【期末总额对账】选项，即可打开【期末总额对账-过滤条件】对话框，在其中设置对账年份、对账期间、核算项目类别、币别、核算项目代码范围等选项，如图 6-132 所示，单击【确定】按钮。

步骤 02　打开【期末总额对账】窗口，如图 6-133 所示。单击【精度】按钮，即可设置汇总行的数量精度和单价精度。单击【退出】按钮，即可关闭【期末总额对账】窗口。

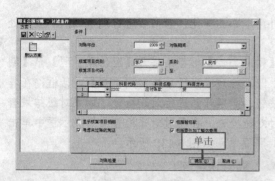

图 6-132 【期末总额对账-过滤条件】对话框

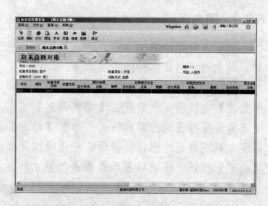

图 6-133 【期末总额对账】窗口

## 6.6.2 对账检查

在期末对账完成后，就可以对期末对账进行对账检查，防止错误数据的产生。对账检查的具体操作步骤如下。

**步骤01** 在金蝶 K/3 主控台窗口中选择【财务会计】标签，展开【应付款管理】→【期末处理】功能项，然后双击【期末对账检查】选项，即可打开【应付系统对账检查】对话框，在其中可以设置检查的内容，如图 6-134 所示。

**步骤02** 切换到【高级】选项卡，在其中可以设置相应的科目代码，如图 6-135 所示。单击【确定】按钮，即可开始对账检查并把对账结果显示出来。

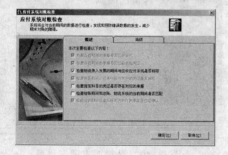

图 6-134 【应付系统对账检查】对话框

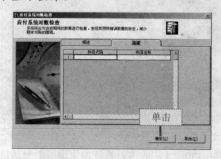

图 6-135 【高级】选项卡

**步骤03** 如果有错误，系统将弹出【对账检查】对话框，如图 6-136 所示。

**步骤04** 按照对账检查给出的结果改正错误后再次对账，若无误系统将弹出如图 6-137 所示的对账检查通过信息提示框。单击【确定】按钮，即可完成对账检查操作。

图 6-136 【对账检查】对话框

图 6-137 对账检查通过

### 6.6.3 期末调汇

对于有外币业务的企业，在会计期末如有外币汇率的变化，通常要进行期末调汇的业务处理。期末调汇的具体操作步骤如下。

**步骤 01** 在金蝶 K/3 主控台窗口中选择【财务会计】标签，展开【应付款管理】→【期末处理】功能项，然后双击【期末调汇】选项，即可打开【应付系统对账检查】对话框，在其中选择需要检查的内容和科目。单击【确定】按钮，即可开始进行对账检查。如果对账结果有错误，系统将会给出错误提示，若正确即可通过对账检查。在通过对账检查信息提示框中单击【确定】按钮，系统将显示是否进行期末科目对账提示，如图 6-138 所示。

图 6-138　信息提示框

**步骤 02** 由于前面已进行过期末余额对账操作，所以这里用户可以单击【否】按钮，即可切换到【应收应付系统期末调汇】对话框，在其中设置相应的外币汇率，如图 6-139 所示。单击【下一步】按钮，即可打开期末调汇科目设置对话框。

**步骤 03** 在其中设置汇兑损益科目、凭证日期、凭证字和凭证摘要等选项，如图 6-140所示。单击【完成】按钮，即可完成期末调汇操作。

图 6-139　【应收应付系统期末调汇】对话框

图 6-140　设置期末调汇科目

### 6.6.4 期末结账

当本期所有操作完成之后，如所有单据都进行了审核、核销处理，相关单据已生成了凭证，同时与总账等系统的数据资料已核对完毕，就可以进行期末结账操作了。期末结账的具体操作步骤如下。

**步骤 01** 在金蝶 K/3 主控台窗口中选择【财务会计】标签，展开【应付款管理】→【期末处理】功能项，然后双击【结账】选项，系统将弹出提示信息对话框，询问用户是否进行期末检查。单击【否】按钮，系统将弹出是否进行期末科目对账的提示信息对话框；单击【否】按钮，即可切换到【期末处理】对话框，在其中选择【结账】单选按钮，如图 6-141 所示。单击【继续】按钮，即可完成应付款管理系统的期末结账操作。

**步骤 02** 如果需要对已经结账的应付款管理系统进行某项修改操作，只需在【期末处理】对话框中选择"反结账"单选项，如图 6-142 所示。单击【继续】按钮，即可进行反结账。

图 6-141　【期末处理】对话框

图 6-142　进行反结账操作

## 6.7　专家点拨：提高效率的诀窍

（1）为什么不能进行删除单据操作？

**解答：** 出现这种情况时，用户最好先检查一下要删除的单据是否已经经过了审核、核销、生成凭证，如果已经进行了这些操作，则不能删除该单据。此外，用户也不能删除系统自动生成的单据。

（2）为什么不能对应付票据进行退票处理？

**解答：** 出现这种情况时，用户最好先检查一下要作退票处理的单据是否已经进行了审核，或审核后生成的相应单据是否已经进行了审核，如果没有进行审核操作，则不能进行退票处理。

## 6.8　沙场练兵

### 1．填空题

（1）应付管理系统里应付账款的产生有多种渠道，可按照企业内部实际_____选择适合的产生渠道。

（2）初始化数据录入完毕后，就需要对录入的初始化数据进行_____，以免存在错误数据的现象。

（3）在结束初始化系统之前，还需要查看应付款管理系统与总账系统相同科目的数据是否有差异，这就需要对初始数据进行_____操作。

### 2．选择题

（1）应付票据用来核算公司采购商品、接受劳务等而付出的（　　），包括银行承兑汇票和商业承兑汇票。

　　A．承兑发票　　　B．商业汇票　　　C．销售发票　　　D．采购发票

（2）只有经过（　　）的应付单据才能真正作为付款处理，同时核销日期也是计算账龄分析的重要依据。

　　A．审核　　　　　B．生成凭证　　　C．核销　　　　　D．以上答案均正确

（3）应付款汇总表主要用来反映（　　）在某段时间的本期应付数、本期实付数、本年累计应付数、本年累计实付数、期初余额、期末余额等。

　　A．往来单位　　　B．总账　　　　　C．应付账款　　　D．以上答案均正确

### 3．简答题

（1）在应付款管理系统中如何设置付款条件。

（2）在应付款管理系统中如何查询账龄分析表。

（3）在应付款管理系统中如何管理应付款明细表。

## 习题答案

1. 填空题

（1）工作流程　　（2）数据检查　　（3）对账

2. 选择题

（1）B　　　　　　（2）C　　　　　　（3）A

3. 简答题

（1）**解答**：在金蝶 K/3 主控台窗口中单击【系统设置】标签展开【基础资料】→【应付款管理】功能项，双击【付款条件】选项，在【付款条件】窗口中单击【新增】按钮，在【付款条件-新增】对话框中输入付款条件的代码、名称以及结算方式等内容。单击【保存】按钮，即可完成付款条件的增加。若要修改某一付款条件，只需选择该记录后单击工具栏上的【修改】按钮，在【付款条件-修改】对话框中完成修改。若要删除某一付款条件，只需选择该记录后，单击【删除】按钮，系统将弹出一个删除信息提示框，单击【是】按钮将所选记录删除掉。

（2）**解答**：在金蝶 K/3 主控台窗口中单击【财务会计】标签，展开【应付款管理】→【分析】功能项，然后双击【账龄分析】选项，在【过滤条件】对话框中设置过滤条件、分析对象、账龄计算日期、单据类型，并设置是否包括未审核单据、是否取查询截止日期的单据余额等选项后，在【账龄取数条件】选项卡中设置账龄的分组方式，排序字段、汇总类型等选项。单击【确定】按钮进入【账龄分析】窗口，选择【查看】→【显示/隐藏列】菜单项，在【显示/隐藏列】对话框中设置表格中显示或隐藏的列标题。在【文件】菜单项中可将当前窗口中显示的账龄分析表打印输出和引出，单击【退出】按钮可关闭账龄分析窗口。

（3）**解答**：在金蝶 K/3 主控台窗口中选择【财务会计】标签，展开【应付款管理】→【账表】功能项，双击【应付款明细表】选项，在打开的【过滤条件】对话框中设置查询方式及其相应选项，选择核算项目类型、核算项目代码范围、币别、单据类型等选项，并根据实际需要选中相应的复选框，在【高级】选项卡中可设置行业代码范围、地区代码范围，以及部门代码范围、业务员代码范围和科目代码范围等选项，单击【确定】按钮，即可按照用户的设置条件生成应付款明细表，在【应付款明细表】窗口中单击【最前】、【向前】、【向后】、【最后】按钮，即可查看其他客户的应付款明细表。若要查看某条单据信息，只需在选择需要查看的单据记录后，单击【单据】按钮，即可打开相应的单据进行查看。在【文件】菜单中可以将当前窗口中的应付款明细表打印输出和引出，并可一次性将所有过滤条件中包括的客户应付款明细表连续打印输出。

# 第 7 章

## 固定资产管理系统

**主要内容:**

- 固定资产的日常处理
- 固定资产报表
- 固定资产的期末处理

    本章内容有助于读者熟练掌握固定资产管理系统各模块的使用。在使用固定资产管理系统时，需要先进行系统初始设置，然后才能进行日常业务处理、报表统计与管理以及固定资产管理系统期末处理的操作。

## 7.1    日常处理

固定资产的日常处理是指对固定资产的增加、清理，固定资产的变动，卡片查询和凭证管理等操作。

固定资产管理系统的管理范围包括固定资产的新增、清理、变动，按国家会计准则的要求进行计提折旧，以及与折旧相关的基金计提和分配核算等。该系统可帮助管理者全面掌握企业当前固定资产的数量与价值，追踪固定资产的使用状况，加强企业资产管理，提高资产利用率。

固定资产管理系统与其他系统的数据传输关系如图 7-1 所示。

在使用固定资产管理系统前需先进行系统初始设置，然后才能进行日常业务处理操作。系统初始化结束后，随着公司的业务开展，还有许多基础资料需要设置，如卡片类维护、存放地点维护等，用户可以随时在业务处理时进行设置。固定资产管理系统的操作流程如图 7-2 所示。

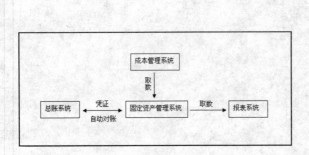

图 7-1　固定资产管理系统与其他系统的关系　　　　图 7-2　固定资产管理系统流程

### 7.1.1    新增固定资产

新增固定资产的具体操作步骤如下。

**步骤 01**　在金蝶 K/3 主控台窗口中选择【财务会计】标签，展开【固定资产管理】→【业务处理】功能项，然后双击【新增卡片】选项，即可打开【卡片及变动-新增】对话框，在【基本信息】选项卡中设置资产类别、资产编码、资产名称、计量单位，修改入账日期，获取存放地点、使用状况、经济用途、变动方式等信息，如图 7-3 所示。

**步骤 02**　切换到【部门及其他】选项卡，在其中设置固定资产科目、累计折旧科目、使用部门、折旧费用分配等信息，如图 7-4 所示。

**步骤 03**　切换到【原值与折旧】选项卡，在其中录入原币金额、预计工作总量、预计净残值、工作量计量单位等信息，如图 7-5 所示。单击【保存】按钮保存当前资料。若需要继续新增卡片，可单击【新增】按钮继续新增卡片。

**步骤 04**　单击【取消】按钮关闭【卡片及变动-新增】对话框并进入【卡片管理】窗口，其中将显示刚才新增的变动资料，如图 7-6 所示。

**步骤 05**　单击工具栏上的【查看】按钮，即可打开【卡片及变动-查看】对话框，在其中查看卡片的具体内容，如图 7-7 所示。

步骤 **06**　　单击工具栏上的【编辑】按钮，即可打开【卡片及变动-修改】对话框，在其中对卡片内容进行修改，如图 7-8 所示，但只能修改当前会计期间的业务资料。

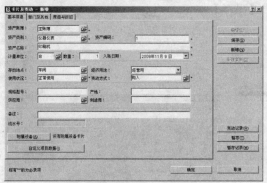

图 7-3　【卡片及变动-新增】对话框

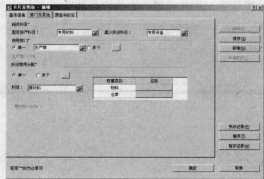

图 7-4　【部门及其他】选项卡

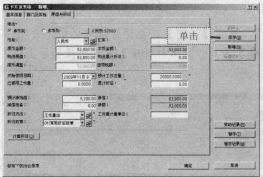

图 7-5　【原值与折旧】选项卡

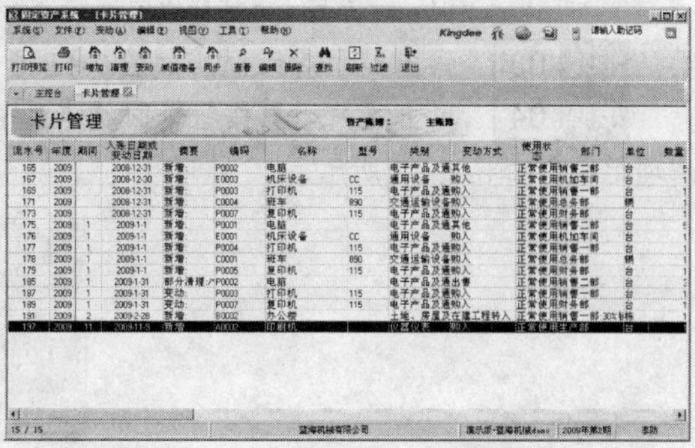

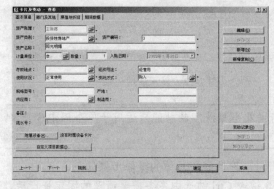

图 7-6　显示新增的卡片资料

图 7-7　【卡片及变动-查看】对话框

图 7-8　【卡片及变动-修改】对话框

## 7.1.2　清理固定资产

清理固定资产是指将固定资产清理出账簿，使该资产的价值为零。清理固定资产的具体操作步骤如下。

步骤 **01**　　在金蝶 K/3 主控台窗口中选择【财务会计】标签，展开【固定资产管理】→【业务处理】功能项，然后双击【变动处理】选项，即可进入【卡片管理】窗口，如图 7-9 所示。

在其中选择要进行清理的记录，单击工具栏上的【清理】按钮。

**步骤 02** 打开【固定资产清理-新增】对话框，如图 7-10 所示。在其中设置清理日期、清理数量、清理费用、残值收入等内容后，单击【保存】按钮。

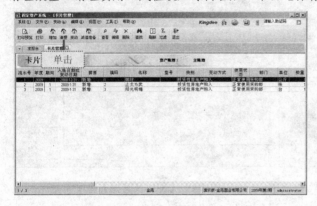

图 7-9 【卡片管理】窗口

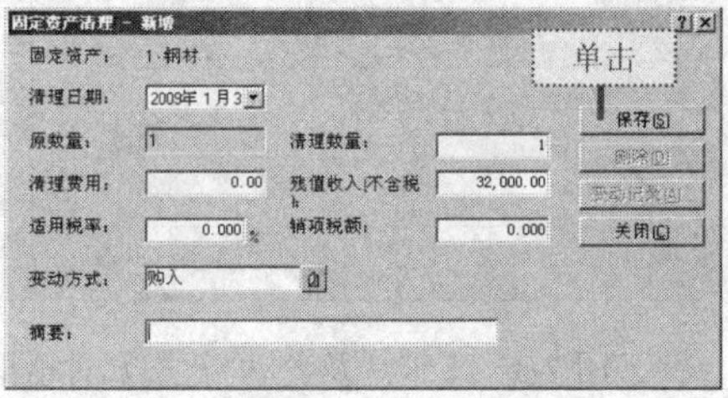

图 7-10 【固定资产清理-新增】对话框

**步骤 03** 弹出提示对话框，如图 7-11 所示。单击【确定】按钮保存清理记录。

**步骤 04** 单击【关闭】按钮返回【卡片管理】窗口，【卡片管理】窗口中将显示出一条清理记录，如图 7-12 所示。

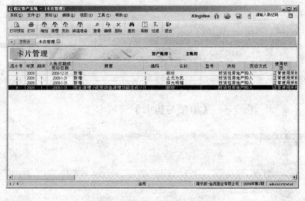

图 7-11 提示对话框

图 7-12 显示清理记录

**提示** 当期已进行变动的资产不能清理。当期新增及当期清理的功能只适用于单个固定资产清理，不适用于批量清理。

为提高工作效率，系统提供了固定资产的批量清理功能。具体的操作步骤如下。

**步骤 01** 在【卡片管理】窗口中按住 Shift 键或 Ctrl 键选中多条需要清理的固定资产后，选择【变动】→【批量清理】菜单项，即可打开【批量清理】对话框，如图 7-13 所示。在其中设置清理日期、变动方式，输入清理的摘要等内容后，单击【确定】按钮，即可进行批量清理操作。

**步骤 02** 在【卡片管理】窗口中将生成多条清理记录，如图 7-14 所示。

固定资产清理记录的编辑和删除与固定资产的编辑和删除操作有所不同，具体的操作步骤如下。

**步骤 01** 在【卡片管理】窗口中选择要编辑或删除的固定资产清理记录，单击工具栏上的【清理】按钮，即可弹出如图 7-15 所示的提示对话框，单击【是】按钮。

**步骤 02**　打开【固定资产清理-编辑】对话框，在其中可修改清理内容，如图 7-16 所示。单击【删除】按钮，即可完成该固定资产的清理工作。

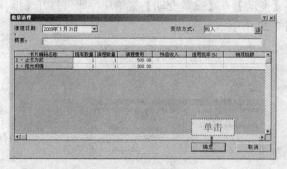

图 7-13　【批量清理】对话框

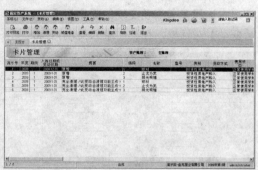

图 7-14　批量清理记录

图 7-15　提示对话框

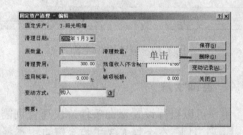

图 7-16　【固定资产清理-编辑】对话框

### 7.1.3　变动固定资产

固定资产变动业务用于处理固定资产减少或卡片项目内容有变动的情况，如固定资产原值、部门、使用情况、类别和使用寿命等发生变动的情况。变动固定资产的具体操作步骤如下。

**步骤 01**　在【卡片管理】窗口中选择变动的固定资产，单击工具栏上的【变动】按钮，即可打开【卡片及变动-新增】对话框，在【基本信息】选项卡中将"变动方式"设为"盘亏"，如图 7-17 所示。

**步骤 02**　在【部门及其他】选项卡中将"使用部门"修改为"财务部"，如图 7-18 所示。

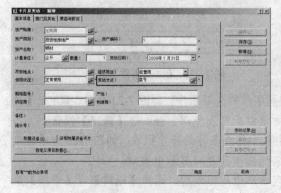

图 7-17　获取变动方式

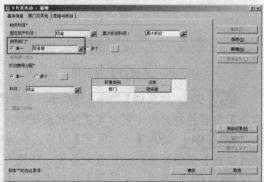

图 7-18　获取使用部门

**步骤 03**    在【原值与折旧】选项卡中修改原币金额，如图 7-19 所示。修改完毕后单击【确定】按钮，即可保存当前变动资料并返回【卡片管理】窗口。

本期的固定资产不能在本期变动。系统还提供了固定资产的批量变动功能，在【卡片管理】窗口中选择多条需要变动的固定资产后，选择【变动】→【批量变动】菜单项，即可打开【批量变动】对话框，在其中录入变动内容，如图 7-20 所示。

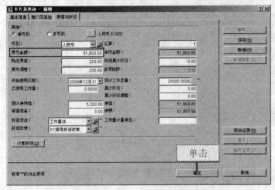

图 7-19   修改原币金额

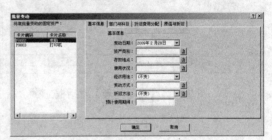

图 7-20   【批量变动】对话框

## 7.1.4   查询卡片

用户可以自行设置查询条件，快速查询需要的卡片资料。查询卡片的具体操作步骤如下。

**步骤 01**    在金蝶 K/3 主控台窗口中选择【财务会计】标签，展开【固定资产管理】→【业务处理】功能项，然后双击【查询卡片】选项，即可打开【过滤】对话框，如图 7-21 所示。

**步骤 02**    在【基本条件】选项卡下设置资产账簿后，切换到【过滤条件】选项卡，在其中设置过滤条件，如图 7-22 所示。

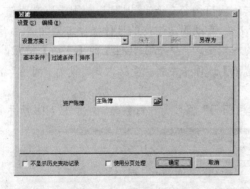

图 7-21   【过滤】对话框

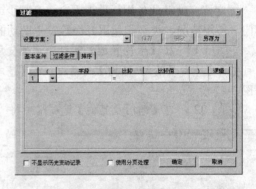

图 7-22   【过滤条件】选项卡

**步骤 03**    切换到【排序】选项卡，即可设置字段的先后顺序，如图 7-23 所示。❶单击【另存为】按钮将当前的设置方案保存到系统中，方便以后再次使用。❷单击【确定】按钮。

**步骤 04**    进入【卡片管理】窗口，在其中显示符合条件的卡片记录，如图 7-24 所示。单击【过滤】按钮可重新设置查询条件，将符合条件的卡片资料显示出来。

**步骤 05**    在【卡片管理】窗口中选择固定资产卡片记录后，选择【编辑】→【审核】菜单项，即可对所选记录进行审核并在"审核"栏中显示审核人的名字，如图 7-25 所示。审核人与制单人不能是同一人。

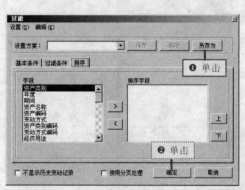

图 7-23 【排序】选项卡

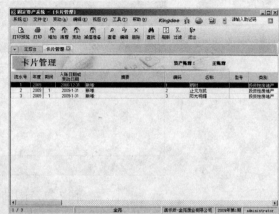

图 7-24 【卡片管理】窗口

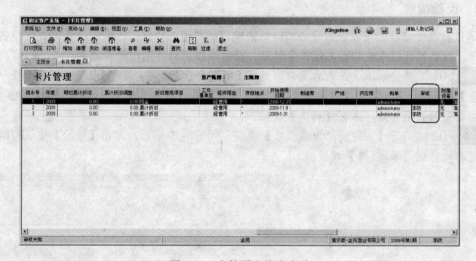

图 7-25 审核固定资产卡片

## 7.1.5 拆分固定资产

拆分固定资产可以将原来成批、成套的资产拆分成单个资产管理。卡片拆分既可以处理当期新的卡片，也可以拆分以前期间录入的卡片。在系统中提供了两种拆分方式，分别为按金额进行拆分和按数量进行拆分，前者是按金额百分比进行拆分，不对资产数量进行控制；后者是按数量百分比对金额进行拆分，并且控制拆分后卡片上的资产数量之和与原卡片上的资产数量之和相等。具体的操作步骤如下。

**步骤 01** 在【卡片管理】窗口中选择要拆分的卡片，选择【变动】→【拆分】菜单项，即可打开【卡片拆分】对话框，如图 7-26 所示。选中【按金额进行拆分】单选按钮并设置录入卡片拆分的数量，单击【确定】按钮，即可进行卡片拆分操作并打开卡片拆分列表。

图 7-26 【卡片拆分】对话框

**步骤 02** 在列表中可以录入拆分后每项资产的原值和累计折旧等内容，还可以设置变动方式，如图 7-27 所示。设置完毕后单击【完成】按钮。

图 7-27　卡片拆分列表

拆分后卡片的原值、累计折旧、净值和减值准备等和拆分前的卡片一致。

### 7.1.6　设备检修

通过设备维修功能可以录入设备的维修情况，如费用、检修员等内容，并可查询设备检修序时簿、设备检修日报表和设备保养序时簿。设备维修的具体操作步骤如下。

**步骤 01**　在金蝶 K/3 主控台窗口中选择【财务会计】标签，展开【固定资产管理】→【业务处理】功能项，然后双击【设备检修】选项，即可弹出【设备检修】对话框，如图 7-28 所示。在其中设置过滤条件后，单击【确定】按钮。

**步骤 02**　打开【固定资产设备检修】窗口，如图 7-29 所示。单击【增加】按钮，即可打开【设备检修记录单-新增】对话框。

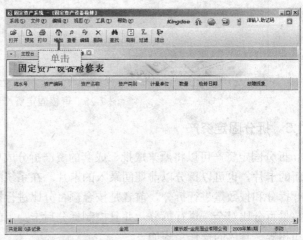

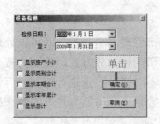

图 7-28　【设备检修】对话框　　　　　　　图 7-29　【固定资产设备检修】窗口

**步骤 03**　在其中设置资产类别、资产编码、资产名称、计量单位、数量、检修员等信息，如图 7-30 所示。单击【保存】按钮，即可保存当前资料；单击【新增】按钮，即可继续新增检修记录。

**步骤 04**　添加完毕后，单击【确定】按钮，即可关闭【设备检修记录单-新增】对话框并返回【固定资产设备检修】窗口，在其中可看到新录入的信息，如图 7-31 所示。

Kingdee

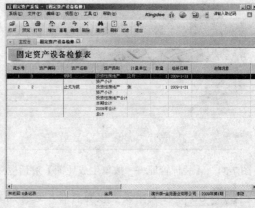

图 7-30　【设备检修记录单-新增】对话框　　　图 7-31　显示新增的检修记录

### 7.1.7　管理凭证

凭证管理指根据固定资产增加、变动等业务资料生成凭证，并对凭证进行有效管理，包括生成凭证、修改凭证和审核凭证等操作。固定资产系统和总账系统连接使用时，生成的凭证可传递到总账系统，保证固定资产系统和总账系统的固定资产科目和累计折旧科目数据一致。凭证管理的具体操作步骤如下。

**步骤 01**　在金蝶 K/3 主控台窗口中选择【财务会计】标签，展开【固定资产管理】→【业务处理】功能项，双击【凭证管理】选项，即可弹出【凭证管理——过滤方案设置】对话框，在其中设置卡片事务类型、会计年度、会计期间和凭证状态等，如图 7-32 所示，然后单击【确定】按钮。

**步骤 02**　在【凭证管理】窗口中显示出符合条件的卡片记录，如图 7-33 所示。在其中选择需要生成凭证的记录后，单击工具栏上的【按单】按钮。

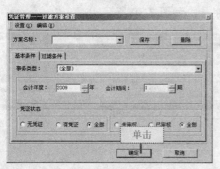

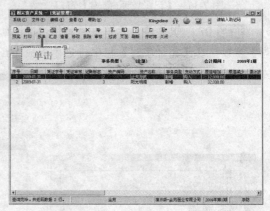

图 7-32　【凭证管理——过滤方案设置】对话框　　　图 7-33　【凭证管理】窗口

**步骤 03**　打开【凭证管理——按单生成凭证】对话框，如图 7-34 所示，单击【开始】按钮。

**步骤 04**　弹出提示对话框，提示"凭证保存出错！是否手工调整"字样的对话框，如图 7-35 所示。单击【是】按钮，即可打开【记账凭证-新增】窗口。

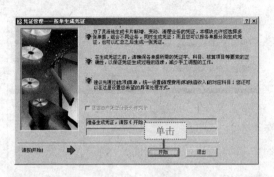

图 7-34 【凭证管理——按单生成凭证】对话框          图 7-35 提示对话框

**步骤 05** 在其中设置核算科目，选择结算方式等信息，如图 7-36 所示。单击【保存】按钮保存当前凭证。然后单击【关闭】按钮返回【凭证管理——按单生成凭证】对话框。

**步骤 06** 可以看到其中显示了凭证的生成状态，如图 7-37 所示。单击【查看报告】按钮，即可打开【凭证生成报告】对话框。

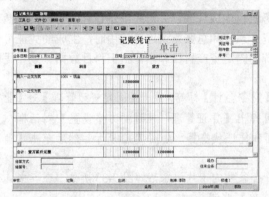

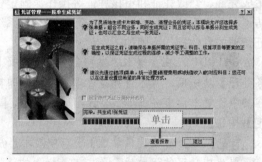

图 7-36 【记账凭证-新增】窗口          图 7-37 凭证生成状态

**步骤 07** 其中将显示单据的具体情况，如图 7-38 所示。单击【退出】按钮返回【凭证管理】窗口，在【凭证字号】栏中将显示生成凭证的字号，如图 7-39 所示。

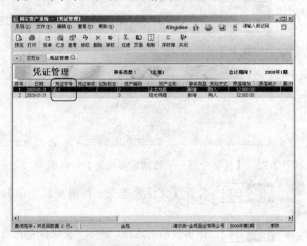

图 7-38 【凭证生成报告】对话框          图 7-39 【凭证管理】窗口

$\boxed{步骤\ 08}$　生成凭证后，授权用户可以对已生成的凭证进行查看、修改、删除和审核等操作。单击工具栏上的【序时簿】按钮，即可打开【会计分录序时簿 过滤】对话框，在其中设置过滤条件，如图 7-40 所示。单击【确定】按钮，即可进入固定资产的【会计分录序时簿】窗口。

$\boxed{步骤\ 09}$　在其中可对凭证进行查看、修改、删除和审核等操作，如图 7-41 所示。

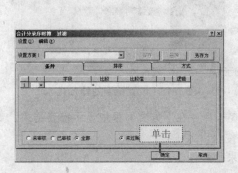

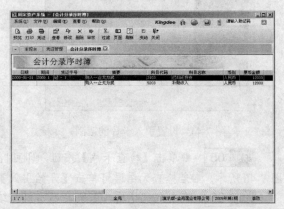

图 7-40　【会计分录序时簿 过滤】对话框　　　　图 7-41　【会计分录序时簿】窗口

> **提示**　生成凭证时出错不是系统原因，因为系统不知道相应的固定资产对方科目，如固定资产增加时，系统不知道是付的现金还是银行存款，因此需手工将凭证补充完整。

### 7.1.8　卡片的引入、引出

固定资产管理系统提供卡片引入、引出功能，支持用户在系统外利用 Excel 等进行固定资产数据准备并引入到系统中，帮助企业简化操作，快速实施，减少系统应用风险。利用卡片的引入功能，还可以引入金蝶财务软件各种版本之间交换数据用的标准格式卡片。引入卡片的具体操作步骤如下。

$\boxed{步骤\ 01}$　在金蝶 K/3 主控台窗口中选择【财务会计】标签，展开【固定资产管理】→【业务处理】功能项，双击【标准卡片引入】选项，即可打开【引入标准卡片】对话框，如图 7-42 所示，单击【下一步】按钮，即可进入引入标准卡片的第一步。

$\boxed{步骤\ 02}$　选择卡片所在的位置，如图 7-43 所示。单击【下一步】按钮，即可进入引入卡片的第二步。

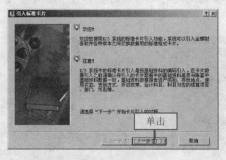

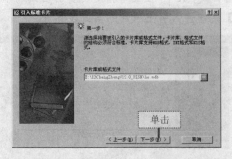

图 7-42　【引入标准卡片】对话框　　　　　图 7-43　选择需要引入的卡片

$\boxed{步骤\ 03}$　设置引入卡片的范围及入账日期，如图 7-44 所示。单击【下一步】按钮，即可进入引入卡片的第三步。

步骤 **04**　设置引入卡片时发生错误的处理方式，如图 7-45 所示。单击【下一步】按钮，进入引入卡片的第四步。

图 7-44　设置引入卡片的范围

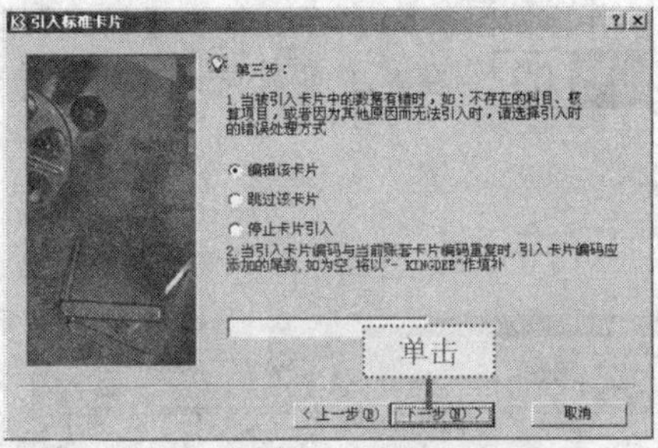

图 7-45　设置错误处理方式

步骤 **05**　❶单击【检查卡片】按钮，即可检查卡片并在下方文本框中显示检查结果，如图 7-46 所示。❷若检查无错误可单击【开始引入】按钮引入卡片。

步骤 **06**　在引入完毕后，系统会显示引入结果，如图 7-47 所示。

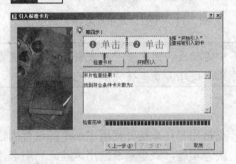

图 7-46　检查卡片

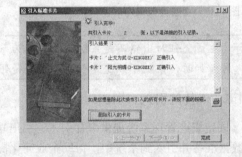

图 7-47　引入结果

利用卡片引出功能，可以将卡片引出到金蝶财务软件各种版本之间交换数据用的标准格式卡片库文件中。引出卡片的具体操作步骤如下。

步骤 **01**　在金蝶 K/3 主控台窗口中选择【财务会计】标签，展开【固定资产管理】→【业务处理】功能项，双击【标准卡片引出】选项，即可弹出【引出到标准卡片】对话框，如图 7-48 所示。单击【下一步】按钮进入引出卡片的第一步界面。

步骤 **02**　在其中指定将要引出到的卡片库或格式文件名称，如图 7-49 所示。单击【下一步】按钮进入引出卡片的第二步界面。

图 7-48　【引出到标准卡片】对话框

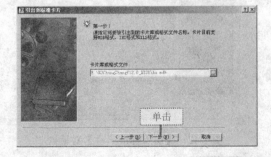

图 7-49　指定引出卡片的位置和名称

步骤 **03**　在其中选择引出卡片信息的范围，如图 7-50 所示。单击【下一步】按钮进入引

Kingdee

出卡片的第三步界面。

步骤 04　❶ 单击【检查卡片】按钮，在其中检查要引出的卡片并显示检查结果，如图 7-51 所示。❷ 检查卡片无错误后，单击【开始引出】按钮，即可开始引出卡片。

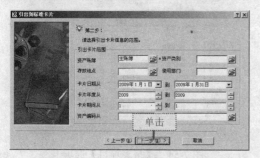

图 7-50　选择引出卡片信息的范围

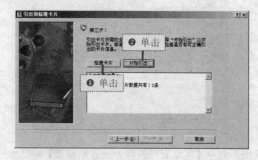

图 7-51　检查卡片

步骤 05　引出卡片完毕并给出卡片引出结果，如图 7-52 所示。

图 7-52　成功引出卡片

## 7.2　固定资产报表

系统提供了按照多种条件（如部门、类别、存放地点、经济用途、变动方式、使用状态）随意组合查询固定资产信息的功能，帮助企业进行资产统计分析及资产折旧费用和成本的分析，为固定资产投资、保养、修理等提供决策依据。

### 7.2.1　统计报表

统计报表主要用于查看有关固定资产的数据统计，以便对比和分析。

1. 固定资产清单

固定资产清单是当前系统中已有的固定资产卡片清单的详细列表。查看固定资产清单的具体操作步骤如下。

步骤 01　在金蝶 K/3 主控台窗口中选择【财务会计】标签，展开【固定资产管理】→【统计报表】功能项，然后双击【资产清单】选项，即可打开【固定资产清单——方案设置】对话框，在其中选择资产账簿，设置会计年度、会计期间和机制标志等选项，如图 7-53 所示。

步骤 02　切换到【报表项目】选项卡，在其中设置报表项目显示内容，如图 7-54 所示。

步骤 03　切换到【过滤条件】选项卡，在其中设置更详细的过滤条件，如图 7-55 所示。

❶单击【保存】按钮将当前方案保存到系统中，以便再次使用。❷单击【确定】按钮。

**步骤 04** 进入【固定资产清单】窗口，其中将显示符合条件的清单，如图 7-56 所示。

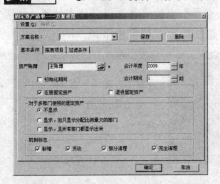

图 7-53 【固定资产清单——方案设置】对话框

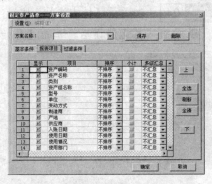

图 7-54 【报表项目】选项卡

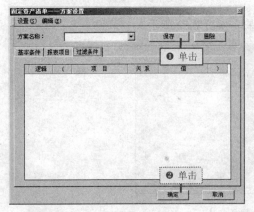

图 7-55 【过滤条件】选项卡

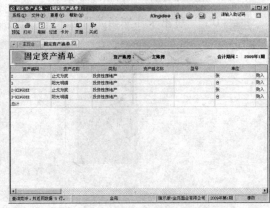

图 7-56 【固定资产清单】窗口

**步骤 05** 选择某条固定资产清单后，单击工具栏上的【卡片】按钮，即可查看固定资产的卡片情况，如图 7-57 所示。

**步骤 06** 单击【页面】按钮打开【页面设置】对话框，在其中设置固定资产清单的显示颜色、显示方式等内容，如图 7-58 所示。单击【关闭】按钮，即可退出固定资产清单的操作。

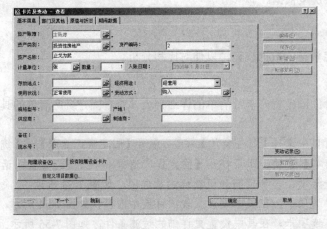

图 7-57 查看卡片

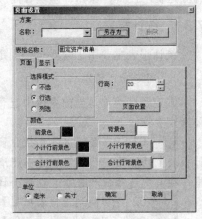

图 7-58 【页面设置】对话框

2. 固定资产价值变动表

固定资产价值变动表反映固定资产的变动情况。查看固定资产价值变动表的具体操作步骤如下。

步骤 01　在金蝶 K/3 主控台窗口中选择【财务会计】标签，展开【固定资产管理】→【统计报表】功能项，然后双击【固定资产价值变动表】选项，即可打开【固定资产价值变动表——方案设置】对话框，在其中设置查询的资产账簿、会计年度、会计期间和是否包含本期已清理的卡片，如图 7-59 所示。

步骤 02　切换到【汇总设置】选项卡，在其中设置汇总条件，如图 7-60 所示。

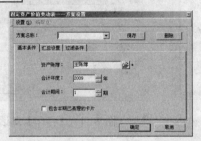

图 7-59　【固定资产价值变动表——方案设置】对话框　　　图 7-60　【汇总设置】选项卡

步骤 03　切换到【过滤条件】选项卡，在其中设置更详细的过滤条件，如图 7-61 所示，单击【确定】按钮。

步骤 04　进入【固定资产价值变动表】窗口，其中将显示符合条件的记录，如图 7-62 所示。

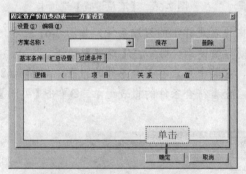

图 7-61　【过滤条件】选项卡　　　　　图 7-62　【固定资产价值变动表】窗口

步骤 05　单击【预览】按钮，即可预览当前窗口中显示内容的打印效果，如图 7-63 所示。单击【打印】按钮，即可打开【打印】对话框。

步骤 06　在其中选择打印机名称并设置打印范围，如图 7-64 所示。单击【确定】按钮，即可将当前的固定资产价值变动表打印输出。

3. 数量统计表

数量统计表根据过滤条件中的"汇总设置"进行数量统计。数量统计表的具体操作步骤如下。

步骤 01　在金蝶 K/3 主控台窗口中选择【财务会计】标签，展开【固定资产管理】→【统计报表】功能项，然后双击【数量统计表】选项，即可打开【固定资产数量统计表——方案设置】对话框，如图 7-65 所示。

**步骤 02** 在【基本条件】选项卡下设置固定资产的资产账簿、会计年度、会计期间等信息后，切换到【汇总设置】选项卡，在其中设置汇总条件，如图 7-66 所示。

图 7-63　预览效果　　　　　　　　　　图 7-64　【打印】对话框

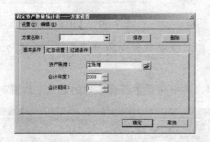

图 7-65　【固定资产数量统计表——方案设置】对话框　　　图 7-66　【汇总设置】选项卡

**步骤 03** 切换到【过滤条件】选项卡，在其中设置更详细的过滤条件，如图 7-67 所示。❶单击【保存】按钮将当前方案保存到系统中，以便再次使用。❷单击【确定】按钮。

**步骤 04** 进入【固定资产数量统计表】窗口，在其中可查看符合条件的报表，如图 7-68 所示。❶单击【过滤】按钮，即可重新设置过滤条件，查看符合条件的报表记录。❷单击【关闭】按钮，即可退出数量统计表的查看操作。

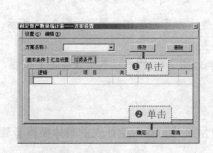

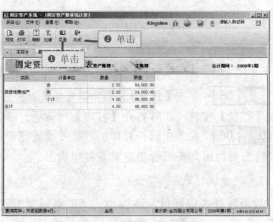

图 7-67　【过滤条件】选项卡　　　　　　图 7-68　【固定资产数量统计表】窗口

**4. 到期提示表**

到期提示表用于查询在某个会计年度的会计期间中到期的报表。查看到期提示表的具体操作步骤如下。

**步骤 01** 在金蝶 K/3 主控台窗口中选择【财务会计】标签，展开【固定资产管理】→【统计报表】功能项，然后双击【到期提示表】选项，即可打开【固定资产到期提示表——方案设置】对话框，在其中设置固定资产的资产账簿、会计年度、会计期间等信息，如图 7-69 所示，单击【确定】按钮。

**步骤 02** 进入【固定资产到期提示表】窗口，在其中查看符合条件的报表，如图 7-70 所示。如果在该窗口中有符合条件的记录，可选择要操作的记录后，❶单击工具栏上的【清理】按钮，将所选记录进行清理操作。❷单击【关闭】按钮，即可退出到期提示表的查看操作。

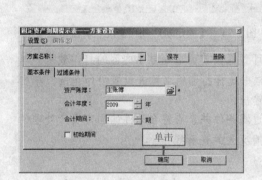

图 7-69 【固定资产到期提示表——方案设置】对话框

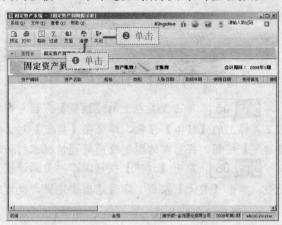

图 7-70 【固定资产到期提示表】窗口

**5. 处理情况表**

处理情况表用于查询在某个会计期间中的报表处理情况。查询处理情况表的具体操作步骤如下。

**步骤 01** 在金蝶 K/3 主控台窗口中选择【财务会计】标签，展开【固定资产管理】→【统计报表】功能项，双击【处理情况表】选项，即可打开【固定资产处理情况表——方案设置】对话框，如图 7-71 所示。

**步骤 02** 在【基本条件】选项卡下设置固定资产的资产账簿、会计年度、会计期间等信息后，切换到【汇总设置】选项卡，在其中进行汇总设置，如图 7-72 所示。

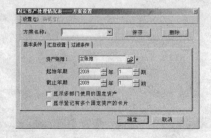

图 7-71 【固定资产处理情况表——方案设置】对话框

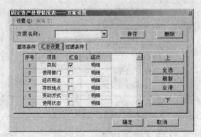

图 7-72 【汇总设置】选项卡

步骤 **03** 切换到【过滤条件】选项卡，在其中设置更详细的过滤条件，如图 7-73 所示，单击【确定】按钮。

步骤 **04** 进入【固定资产处理情况表】窗口，在其中查看符合条件的处理情况表，如图 7-74 所示。

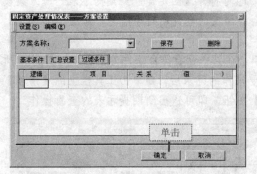

图 7-73 【过滤条件】选项卡　　　　　图 7-74 【固定资产处理情况表】窗口

步骤 **05** 单击工具栏上的【预览】按钮，即可预览当前窗口中显示内容的打印效果。单击工具栏上的【打印】按钮，即可在【打印】对话框中选择打印机名称并设置打印范围。单击【确定】按钮，将当前的固定资产处理情况表打印输出。

步骤 **06** 单击【过滤】按钮，即可重新设置过滤条件并查看符合条件的固定资产处理情况表。单击【关闭】按钮，即可退出固定资产处理情况表的查看操作。

6. 附属设备明细表

查看附属设备明细表的具体操作步骤如下。

步骤 **01** 在金蝶 K/3 主控台窗口中选择【财务会计】标签，展开【固定资产管理】→【统计报表】功能项，然后双击【附属设备明细表】选项，即可打开【固定资产附属设备表——方案设置】对话框，如图 7-75 所示。在其中设置固定资产的资产账簿、会计年度、会计期间，并选择是否包含本期已清理的卡片，然后单击【确定】按钮。

步骤 **02** 进入【固定资产附属设备表】窗口，在其中查看符合条件的记录，如图 7-76 所示。单击工具栏上的【预览】按钮，即可预览当前窗口中显示内容的打印效果。

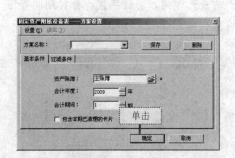

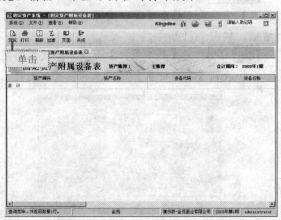

图 7-75 【固定资产附属设备表——方案
　　　　　设置】对话框

图 7-76 【固定资产附属设备表】窗口

**步骤 03** 单击工具栏上的【打印】按钮，即可在【打印】对话框中选择打印机名称并设置打印范围。单击【确定】按钮，即可将当前的固定资产处理情况表打印输出。单击【过滤】按钮，即可重新设置过滤条件并查看符合条件的固定资产附属设备明细表。

**步骤 04** 单击【关闭】按钮，即可退出固定资产附属设备明细表的查看操作。

### 7.2.2 管理报表

管理报表用于查询、分析固定资产的使用情况。

1. 固定资产变动及结存表

固定资产变动及结存表反映了固定资产的增加和减少情况。查看固定资产变动及结存表的具体操作步骤如下。

**步骤 01** 在金蝶 K/3 主控台窗口中选择【财务会计】标签，展开【固定资产管理】→【管理报表】功能项，然后双击【固定资产变动及结存表】选项，即可打开【固定资产变动及结存表——方案设置】对话框，如图 7-77 所示。在【基本条件】选项卡中设置资产账簿、会计期间范围，并根据需要勾选【初始化期间】、【显示明细资产类别】和【显示明细变动方式级别】复选框等信息后，切换到【过滤条件】选项卡。

**步骤 02** 在其中设置更详细的过滤条件，如图 7-78 所示。❶单击【保存】按钮，即可保存当前方案的设置，以便再次使用。❷单击【确定】按钮，即可进入【固定资产变动及结存表】窗口。

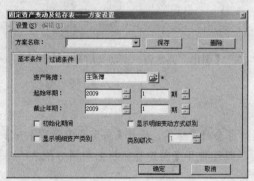

图 7-77 【固定资产变动及结存表——方案设置】对话框

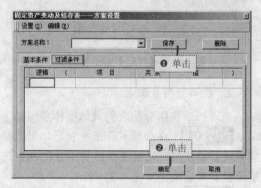

图 7-78 【过滤条件】选项卡

**步骤 03** 在其中查看符合条件的固定资产变动及结存表，如图 7-79 所示，单击【预览】按钮。

**步骤 04** 在当前窗口中显示内容的打印效果，如图 7-80 所示。单击【打印】按钮，即可打开【打印】对话框。

**步骤 05** 在其中选择打印机名称并设置打印范围，如图 7-81 所示。单击【确定】按钮，即可将当前的固定资产处理情况表打印输出。

**步骤 06** 选择【文件】→【引出】菜单项，即可打开【引出'固定资产变动及结存表'】对话框。在其中选择要引出的数据类型，如图 7-82 所示。单击【确定】按钮，即可将当前查询的固定资产变动及结存表引出到指定位置。单击【过滤】按钮，即可重新设置过滤条件并查看符合条件的固定资产变动及结存表。单击【关闭】按钮，即可退出固定资产变动及结存表的查看操作。

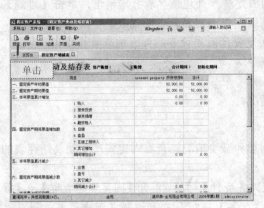

图 7-79 【固定资产变动及结存表】窗口

图 7-80 预览打印效果

图 7-81 【打印】对话框

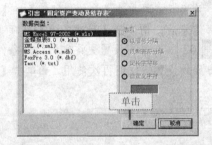

图 7-82 【引出'固定资产变动及结存表'】对话框

## 2. 折旧费用分配表

查看折旧费用分配表的具体操作步骤如下。

**步骤 01** 在金蝶 K/3 主控台窗口中选择【财务会计】标签，展开【固定资产管理】→【管理报表】功能项，双击【折旧费用分配表】选项，即可打开【固定资产折旧费用分配表——方案设置】对话框，如图 7-83 所示。

**步骤 02** 在【基本条件】选项卡中选择资产账簿、会计期间后，切换到【汇总设置】选项卡，在其中进行汇总设置并根据情况选择是否勾选【明细级的列头显示为具体的级别】、【单级汇总项目的列头显示出级别】和【显示固定资产明细】复选框，如图 7-84 所示。

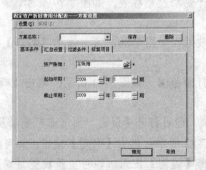

图 7-83 【固定资产折旧费用分配表——方案设置】对话框

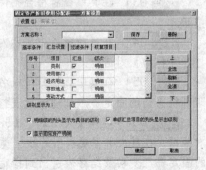

图 7-84 【汇总设置】选项卡

步骤 **03**　切换到【过滤条件】选项卡，在其中设置更详细的过滤条件，如图 7-85 所示。

步骤 **04**　切换到【核算项目】选项卡，在其中对核算项目进行设置，如图 7-86 所示，然后单击【确定】按钮。

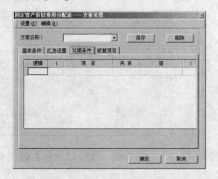

图 7-85　【过滤条件】选项卡

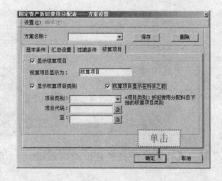

图 7-86　【核算项目】选项卡

步骤 **05**　进入【固定资产折旧费用分配表】窗口，查看符合条件的折旧费用分配表，如图 7-87 所示。单击工具栏上的【预览】按钮，即可预览当前窗口中显示内容的打印效果。

步骤 **06**　单击工具栏上的【打印】按钮，即可在【打印】对话框中选择打印机名称并设置打印范围。单击【确定】按钮，即可将当前的固定资产折旧费用分配表打印输出。

单击【过滤】按钮，即可重新设置过滤条件，查询新的固定资产折旧费用分配表。单击【关闭】按钮，即可退出固定资产折旧费用分配表的查看操作。

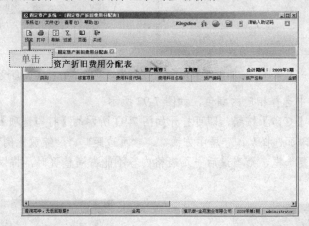

图 7-87　【固定资产折旧费用分配表】窗口

**3.　固定资产明细账**

查询固定资产明细账的具体操作步骤如下。

步骤 **01**　在金蝶 K/3 主控台窗口中选择【财务会计】标签，展开【固定资产管理】→【管理报表】功能项，双击【固定资产明细账】选项，即可打开【固定资产及累计折旧明细账——方案设置】对话框，如图 7-88 所示。

步骤 **02**　在【基本条件】选项卡中选择资产账簿，设置会计期间范围后，切换到【过滤条件】选项卡，在其中根据需要选择过滤条件，如图 7-89 所示，单击【确定】按钮。

步骤 **03**　进入【固定资产及累计折旧明细账】窗口，在其中查看符合条件的账表，如图 7-90 所示。

**步骤 04**　　在【固定资产及累计折旧明细账】窗口中选择【查看】→【页面设置】菜单项，即可打开【页面设置】对话框，如图 7-91 所示。在"行高"文本框中输入数值，可自定义设置账表的行高。单击【前景色】、【背景色】、【合计行前景色】等按钮，均可打开【颜色】对话框。

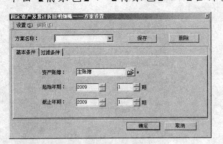

图 7-88　【固定资产及累计折旧明细账——方案设置】对话框　　　　图 7-89　【过滤条件】选项卡

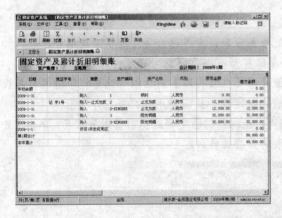

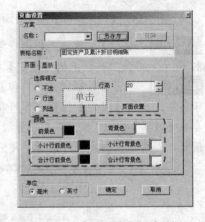

图 7-90　【固定资产及累计折旧明细账】窗口　　　　　　　图 7-91　【页面设置】对话框

**步骤 05**　　在其中选择相应的颜色，如图 7-92 所示。

**步骤 06**　　单击【打印】按钮，即可打开如图 7-93 所示的【打印选项】对话框，从中可对"打印选项"、"打印页选择"、"居中方式"、"页边距"、"缩放比例"等内容进行设置。若勾选【表格延伸】复选框，则当最后一页表格内容不能占满整页时，将以空白表格方式填满剩余部分。

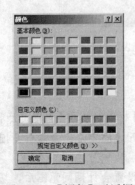

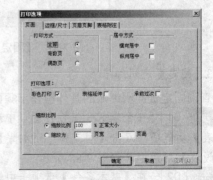

图 7-92　【颜色】对话框　　　　　　　　　　　　图 7-93　【打印选项】对话框

**步骤 07**　　选择【边框/尺寸】选项卡，在其中设置页边距、边框线等，如图 7-94 所示。切换到【页眉页脚】选项卡，在其中对页眉页脚的不同打印方式进行设置，如图 7-95 所示。单击【编辑】按钮，即可打开【页眉 1】对话框。

图 7-94　【边框/尺寸】选项卡

图 7-95　【页眉页脚】选项卡

**步骤 08**　　在其中编辑相应的页眉和页脚，如图 7-96 所示。单击【字体】按钮，即可打开【字体】对话框，在其中对表格文字的字形、大小、颜色等内容进行设置，如图 7-97 所示。

图 7-96　【页眉 1】对话框

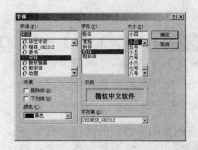

图 7-97　【字体】对话框

**步骤 09**　　切换到【表格附注】选项卡，在其中输入表格附注内容，如图 7-98 所示，附注内容将显示在最后一页的表格下方。单击【确定】按钮，关闭【打印选项】对话框并返回到【页面设置】对话框。

**步骤 10**　　切换到【显示】选项卡，在其中对所选字段列的列宽进行设置，如图 7-99 所示。单击【确定】按钮，即可关闭【页面设置】对话框。

图 7-98　【表格附注】选项卡

图 7-99　【显示】选项卡

**步骤 11**　　若要使用套打格式打印固定资产及累计折旧明细账，则选择【工具】→【套打设置】菜单项，即可打开【套打设置】对话框，在其中对固定资产明细账的套打格式进行设置，如图 7-100 所示。

**步骤 12** 选择【文件】→【打印设置】菜单项，即可打开【打印设置】对话框，在其中选择打印机并设置纸张及其方向等选项。选择【文件】→【使用套打】菜单项，即可以套打方式打印固定资产及累计折旧明细账。选择【文件】→【打印预览】菜单项，即可在【打印预览】窗口中浏览打印效果，如图 7-101 所示。

图 7-100 【套打设置】对话框　　　　　　　图 7-101 打印预览效果

**步骤 13** 选择【文件】→【打印】菜单项，即可在【打印】对话框中设置相关选项。单击【确定】按钮，即可将固定资产及累计折旧明细账打印输出。单击【关闭】按钮，即可退出固定资产明细账的查询操作。

4. 折旧明细账

查询折旧明细账的操作步骤如下。

**步骤 01** 在金蝶 K/3 主控台窗口中选择【财务会计】标签，展开【固定资产管理】→【管理报表】功能项，然后双击【折旧明细账】选项，即可打开【固定资产折旧表——方案设置】对话框，如图 7-102 所示。

**步骤 02** 在【基本条件】选项卡中选择资产账簿，设置会计期间范围并根据需要选择相应的复选框，切换到【汇总设置】选项卡，在其中进行汇总设置，如图 7-103 所示。

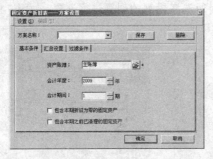 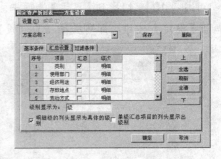

图 7-102 【固定资产折旧表——方案设置】对话框　　　图 7-103 【汇总设置】选项卡

**步骤 03** 切换到【过滤条件】选项卡，在其中设置更详细的过滤条件，如图 7-104 所示，然后单击【确定】按钮。

**步骤 04** 进入【固定资产折旧表】窗口，其中将显示符合条件的固定资产折旧表，如图 7-105 所示。

**步骤 05** 单击工具栏上的【预览】按钮，即可预览当前窗口中显示内容的打印效果。单击工具栏上的【打印】按钮，即可在【打印】对话框中选择打印机名称并设置打印范围。单击

【确定】按钮，即可将当前的固定资产折旧表打印输出。

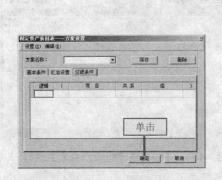

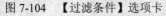

　　图 7-104　【过滤条件】选项卡　　　　　　　图 7-105　【固定资产折旧表】窗口

**步骤 06**　　单击【过滤】按钮，即可重新设置过滤条件并查看符合条件的固定资产折旧表。单击【关闭】按钮，即可退出固定资产折旧表的查看操作。

5. 折旧汇总表

查询折旧汇总表的具体操作步骤如下。

**步骤 01**　　在金蝶 K/3 主控台窗口中选择【财务会计】标签，展开【固定资产管理】→【管理报表】功能项，然后双击【折旧汇总表】选项，即可打开【固定资产折旧汇总表——方案设置】对话框，如图 7-106 所示。

**步骤 02**　　在【基本条件】选项卡中选择资产账簿，设置会计期间范围并根据需要选择相应的复选框，然后切换到【汇总设置】选项卡，可在其中进行汇总设置，如图 7-107 所示。

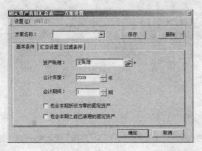

图 7-106　【固定资产折旧汇总表——方案设置】对话框　　图 7-107　【汇总设置】选项卡

**步骤 03**　　切换到【过滤条件】选项卡，在其中设置更详细的过滤条件，如图 7-108 所示，然后单击【确定】按钮。

**步骤 04**　　进入【固定资产折旧汇总表】窗口，可以看到其中显示了符合条件的固定资产折旧汇总表，如图 7-109 所示。

**步骤 05**　　单击工具栏上的【预览】按钮，即可预览当前窗口中显示内容的打印效果。单击工具栏上的【打印】按钮，即可在【打印】对话框中选择打印机名称并设置打印范围。单击【确定】按钮，即可将当前的固定资产折旧汇总表打印输出。

**步骤 06**　　单击【过滤】按钮，即可重新设置过滤条件，在其中查看符合条件的固定资产折旧汇总表。单击【关闭】按钮，即可退出固定资产折旧汇总表的查询操作。

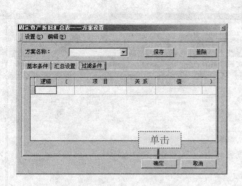

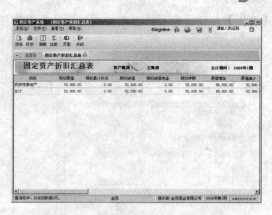

图 7-108 【过滤条件】选项卡

图 7-109 【固定资产折旧汇总表】窗口

### 6. 资产构成表

查询资产构成表的具体操作步骤如下。

**步骤 01** 在金蝶 K/3 主控台窗口中选择【财务会计】标签，展开【固定资产管理】→【管理报表】功能项，然后双击【资产构成表】选项，即可打开【固定资产构成分析表——方案设置】对话框，如图 7-110 所示。在其中选择资产账簿，设置会计年度和会计期间并选择构成项目等选项，然后单击【确定】按钮。

**步骤 02** 进入【固定资产构成分析表】窗口，在其中查看符合条件的资产构成表，如图 7-111 所示。❶单击【过滤】按钮，即可重新设置过滤条件，在其中查看符合条件的固定资产构成分析表。❷单击【关闭】按钮，即可退出固定资产构成分析表的查询操作。

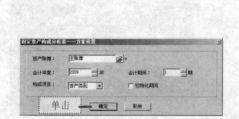

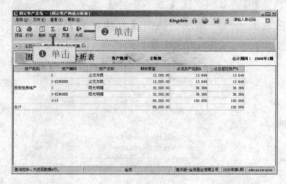

图 7-110 【固定资产构成分析表——方案
设置】对话框

图 7-111 【固定资产构成分析表】窗口

### 7. 变动历史记录表

查询变动历史记录表的具体操作步骤如下。

**步骤 01** 在金蝶 K/3 主控台窗口中选择【财务会计】标签，展开【固定资产管理】→【管理报表】功能项，然后双击【变动历史记录表】选项，即可打开【卡片历史记录——方案设置】对话框，在其中设置会计期间范围等选项，如图 7-112 所示，然后单击【确定】按钮。

**步骤 02** 进入【卡片历史记录】窗口，在其中查看符合条件的历史记录，如图 7-113 所示。❶单击【过滤】按钮，即可重新设置过滤条件，在其中查看符合条件的变动历史记录表。❷单击【关闭】按钮，即可退出变动历史记录表的查询操作。

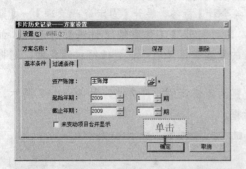

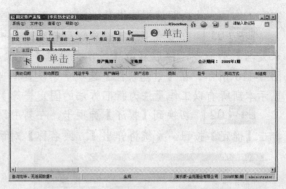

图 7-112　【卡片历史记录——方案<br>设置】对话框
图 7-113　【卡片历史记录】窗口

**8. 资产折旧对比报表**

查看资产折旧对比报表的具体操作步骤如下。

**步骤 01** 　在金蝶 K/3 主控台窗口中选择【财务会计】标签，展开【固定资产管理】→【管理报表】功能项，然后双击【资产折旧对比报表】选项，即可打开【资产折旧对比报表——方案设置】对话框，在其中选择资产账簿、设置会计年度和会计期间，并在【比较账簿】列表中选择要比较的账簿，如图 7-114 所示。然后单击【确定】按钮。

**步骤 02** 　进入【资产折旧对比报表】窗口，在其中可查看符合条件的折旧对比报表，如图 7-115 所示。❶单击【过滤】按钮，即可重新设置过滤条件，查看符合条件的折旧对比报表。❷单击【关闭】按钮，即可退出资产折旧对比报表的查看操作。

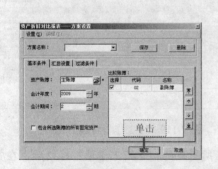

图 7-114　【资产折旧对比报表——方案<br>设置】对话框
图 7-115　【资产折旧对比报表】窗口

## 7.3　期末处理

固定资产的所有账务处理操作都已经就绪，最后就是要对处理的固定资产进行期末处理。期末处理主要用于处理计提固定资产折旧费用和期末结账，彻底完成对固定资产系统的管理操作。

### 7.3.1　工作量管理

如果账套中有采用工作量法计提折旧的固定资产，则在计提折旧之前需要输入本期完成的实际工作量，为折旧计提提供基础数据。工作量管理的具体操作步骤如下。

步骤 01　在金蝶 K/3 主控台窗口中选择【财务会计】标签，展开【固定资产管理】→【期末处理】功能项，然后双击【工作量管理】选项，即可打开【工作量编辑过滤】对话框，如图 7-116 所示。在【过滤条件】选项卡中设置适当的过滤条件（若不设置任何过滤条件，则将显示本期所有以工作量法为折旧方法的固定资产）。

步骤 02　切换到【排序】选项卡，在其中设置固定资产的排序方式，如图 7-117 所示。单击【确定】按钮，系统将弹出【方案名称】对话框。

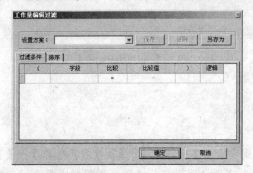

图 7-116　【工作量编辑过滤】对话框　　　　　图 7-117　【排序】选项卡

步骤 03　在其中输入当前设置的方案名称，如图 7-118 所示。单击【确定】按钮，即可进入【工作量管理】窗口。

步骤 04　其中将显示符合过滤条件的固定资产记录，如图 7-119 所示。

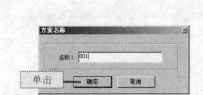

图 7-118　【方案名称】对话框　　　　　　图 7-119　【工作量管理】窗口

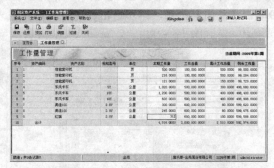

步骤 05　单击需要输入工作量数据的固定资产所对应的"本期工作量"栏之后，在其中输入该固定资产在本期完成的工作量数据。

步骤 06　单击工具栏上的【保存】按钮，即可将输入的工作量保存到系统中。单击工具栏上的【还原】按钮，则刚输入的工作量数据将被清除，并恢复到上次保存的状态。

### 7.3.2　计提折旧

计提折旧功能能够在各项数据设置的基础上，自动计提本期各项固定资产的折旧，并将折旧费用根据使用部门的情况分别计入有关费用科目。此外计提折旧根据固定资产卡片上的折旧方法生成计提折旧凭证。计提折旧的具体操作步骤如下。

步骤 01　在金蝶 K/3 主控台窗口中选择【财务会计】标签，展开【固定资产管理】→【期末处理】功能项，然后双击【计提折旧】选项，即可打开【计提折旧】对话框，如图 7-120 所示。在"折旧账簿选择"列表的左侧列表中选择账簿。如果在【计提折旧】对话框中选择了生成凭证，则可能导致固定资产系统与总账系统的余额不等。❶单击 > 按钮，将其移至右侧列表中，❷单击【下一步】按钮。

步骤 02 进入计提折旧向导界面，如图 7-121 所示，单击【下一步】按钮。

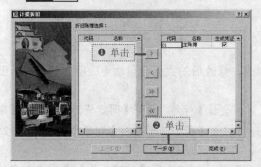

图 7-120 【计提折旧】对话框  图 7-121 计提折旧向导界面

步骤 03 在其中输入凭证摘要和凭证字，如图 7-122 所示。单击【下一步】按钮，即可进入开始计提折旧界面，如图 7-123 所示。单击【计提折旧】按钮，即可开始本期的折旧计提。

图 7-122 设置凭证摘要和凭证字  图 7-123 开始计提折旧界面

步骤 04 若勾选【保留修改过的折旧额】复选框，则不再计提本期已改过的折旧额。若本期已进行过折旧计提操作，则在计提过程中会弹出信息提示框，在其中询问是否要重新计提折旧，单击【是】按钮，即可开始计提折旧操作并给出计提结果，如图 7-124 所示。单击【完成】按钮，即可结束计提折旧。

图 7-124 显示计提结果

计提折旧生成的凭证可以在【会计分录序时簿】窗口中进行管理。在【凭证管理】窗口中单击工具栏上的【序时簿】按钮，即可进入【会计分录序时簿】窗口，在其中找到"计提"凭证进行相应的操作。该笔计提凭证在总账系统中可以进行查询，但不能编辑。

为了保证折旧数据的正确性，计提折旧时不允许其他用户同时使用系统。如果此时有用户使用，系统将给予提示。这时需要联系系统管理员，请其在中间层服务器上用账套管理中的网络控制功能来清除并发操作。

### 7.3.3 折旧管理

折旧管理是对已提折旧的金额进行查看和修改，修改后的数据会自动更改所提的计提折旧凭证金额。折旧管理的具体操作步骤如下。

**步骤 01** 在金蝶 K/3 主控台窗口中选择【财务会计】标签，展开【固定资产管理】→【期末处理】功能项，然后双击【折旧管理】选项，即可打开【折旧管理过滤】对话框，如图 7-125 所示。

**步骤 02** 在【基本条件】选项卡中选择资产账簿后，切换到【过滤条件】选项卡，在其中设置更详细的过滤条件，如图 7-126 所示。

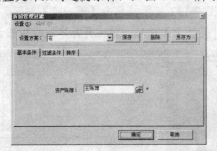

图 7-125 【折旧管理过滤】对话框

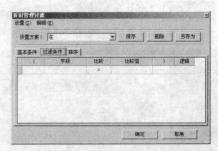

图 7-126 【过滤条件】选项卡

**步骤 03** 切换到【排序】选项卡，在其中设置固定资产的排序方式，如图 7-127 所示。单击【确定】按钮，在【方案名称】中输入方案的名称后，再次单击【确定】按钮。

**步骤 04** 进入【折旧管理】窗口，其中将显示符合条件的固定资产记录，如图 7-128 所示。

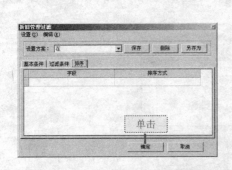

图 7-127 【排序】选项卡

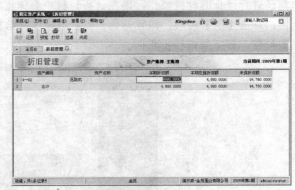

图 7-128 【折旧管理】窗口

**步骤 05** 在"本期折旧额"栏中双击数据，即可对数据进行修改，单击【保存】按钮，系统即可保存当前修改并自动修改"计提折旧凭证"的数据。

**步骤 06** 单击工具栏上的【还原】按钮，可将修改后的折旧数据恢复到上次保存的状态。

**Kingdee** ——————————————————————————————————

将折旧额修改完毕后，还可以将当前窗口中显示的折旧数据打印输出和引出。

### 7.3.4　工作总量查询

工作总量查询用来查看各项固定资产在各个会计期间的工作量以及累计工作量的数据。工作总量查询的具体操作步骤如下。

**步骤 01**　在金蝶 K/3 主控台窗口中选择【财务会计】标签，展开【固定资产管理】→【期末处理】功能项，然后双击【工作总量查询】选项，即可打开【工作量查询汇总过滤】对话框，如图 7-129 所示。

**步骤 02**　在【过滤条件】选项卡中设置具体的过滤条件后，切换到【排序】选项卡，在其中设置相应的排序方式，如图 7-130 所示。单击【确定】按钮，在【方案名称】对话框中输入当前设置的方案名称。

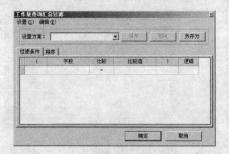

图 7-129　【工作量查询汇总过滤】对话框

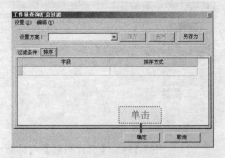

图 7-130　【排序】选项卡

**步骤 03**　继续单击【确定】按钮，即可进入【工作量汇总查询】窗口，如图 7-131 所示。

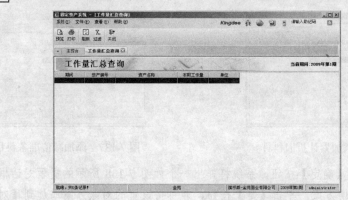

图 7-131　【工作量汇总查询】窗口

### 7.3.5　自动对账

在固定资产系统与总账系统连接使用时，自动对账功能可将固定资产系统的业务数据与总账系统的财务数据进行核对，保证双方系统数据的一致性。自动对账的具体操作步骤如下。

**步骤 01**　在金蝶 K/3 主控台窗口中选择【财务会计】标签，展开【固定资产管理】→【期末处理】功能项，然后双击【自动对账】选项，即可打开【对账方案】对话框，如图 7-132 所示。单击【增加】按钮，即可打开【固定资产对账】对话框。

**步骤 02**　在"方案名称"文本框中输入方案的名称，如图 7-133 所示。在【固定资产原值科目】选项卡中单击【增加】按钮。

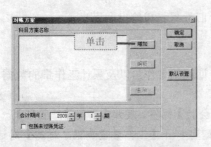

图 7-132　【对账方案】对话框

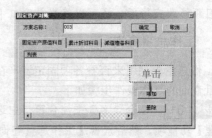

图 7-133　【固定资产对账】对话框

**步骤 03**　打开【会计科目】对话框，如图 7-134 所示。在其中为"固定资产原值科目"添加相应科目，如图 7-135 所示。

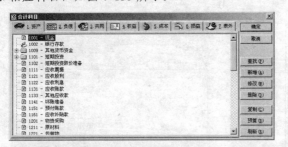

图 7-134　【会计科目】对话框

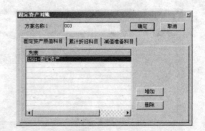

图 7-135　添加固定资产原值科目

**步骤 04**　参照上述方法，为【累计折旧科目】和【减值准备科目】选项卡添加相应的会计科目，如图 7-136 和图 7-137 所示。

图 7-136　添加累计折旧科目

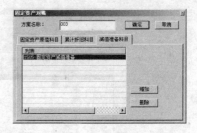

图 7-137　添加减值准备科目

**步骤 05**　单击【确定】按钮，系统将弹出一个如图 7-138 所示的提示对话框，在其中询问用户是否确定要新增方案。单击【是】按钮，即可将设置的对账方案添加到【对账方案】对话框中，并在"科目方案名称"列表中显示出来，如图 7-139 所示。

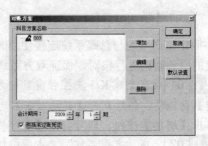

图 7-138　提示对话框

图 7-139　添加对账方案

步骤 06　在其中指定会计期间并根据需要勾选【包括未过账凭证】复选框，单击【确定】按钮，即可进入【自动对账】窗口，如图 7-140 所示。在其中拖动窗口中的水平滚动条，即可查看固定资产系统和总账系统的固定资产原值、累计折旧、减值准备的期初余额、本期发生额、期末余额及其差异等数据。

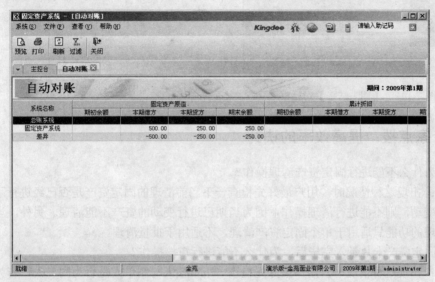

图 7-140　【自动对账】窗口

如果对账后发现数据不平衡，应及时对两系统数据进行检查，找出错误，及时更正，避免将数据错误累计到以后期间，因为系统将会控制对前期数据的修改。如果对账平衡，即可进行结账操作。自动对账时，建议审核并过账本期所有的固定资产业务凭证。

### 7.3.6　计提修购基金

计提修购基金和计提折旧不能同时进行，可由系统参数"不折旧（对整个系统）"进行控制。如果没有选中"不折旧（对整个系统）"参数，则对整个系统都允许计提固定资产折旧，但不允许对固定资产计提修购基金；选中"不折旧（对整个系统）"参数，则对整个系统都允许计提固定资产的修购基金，不允许计提固定资产折旧。

### 7.3.7　期末结账

期末结账在完成当前会计期间的业务处理结转到下一期间进行新的业务处理时进行，包括将固定资产的有关账务处理（如折旧或变动等信息）转入已结账状态。已结账的业务不能再进行修改和删除。期末结账的具体操作步骤如下。

步骤 01　在金蝶 K/3 主控台窗口中选择【财务会计】标签，展开【固定资产管理】→【期末处理】功能项，然后双击【期末结账】选项，即可打开【期末结账】对话框，如图 7-141 所示。单击【开始】按钮，即可自动完成固定资产管理系统的结账操作。

步骤 02　并弹出"结账成功"的提示对话框，如图 7-142 所示。单击【确定】按钮，即可结束期末结账操作。如果在结账后发现财务数据有问题，则可打开【期末结账】对话框，从中选择【反结账】单选项，单击【开始】按钮，将固定资产管理系统进行反结账操作。只有系统管理员才能进行反结账操作。

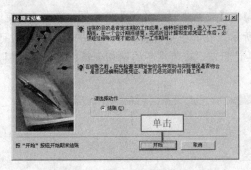

图 7-141　【期末结账】对话框

图 7-142　提示对话框

## 7.4　专家点拨：提高效率的诀窍

（1）为什么不能进行固定资产清理操作？

**解答：** 出现这种情况时，用户最好先检查一下当前清理的固定资产是否已经进行了变动，若已进行变动，则不能进行清理操作，因为当期已进行变动的资产不能清理。另外，当期新增及当期清理的功能只适用于单个固定资产清理，不适用于批量清理。

（2）固定资产卡片录入完毕后，为什么不能进行审核操作？

**解答：** 出现这种情况时，用户最好先检查一下审核人与制单人是否为同一人，若为同一人则不能进行审核操作。因为在对固定资产卡片进行审核操作时，审核人与制单人不能为同一人。

## 7.5　沙场练兵

1. 填空题

（1）固定资产管理系统可以对企业的_____进行有效管理。变动可以生成凭证并传递到_____系统。

（2）固定资产管理系统在月末处理时可以根据固定资产所设定的_____自动计提折旧、生成计提折旧凭证并传递到_____系统。

（3）固定资产管理系统以固定资产_____为基础，帮助企业实现对固定资产的全面管理，包括固定资产的新增、清理、变动，按国家会计准则的要求进行计提折旧以及与折旧相关的基金计提和分配的核算工作。

2. 选择题

（1）在使用固定资产管理系统时，需要先进行（　　　），才能进行日常业务处理操作。

　　A. 新增固定资产　　　　　　　　　　B. 系统初始设置

　　C. 凭证管理　　　　　　　　　　　　D. 报表处理

（2）清理固定资产是将固定资产清理出（　　　），使该资产的价值为零。

　　A. 账套　　　　　　　　　　　　　　B. 固定资产管理系统

　　C. 报表　　　　　　　　　　　　　　D. 账簿

（3）统计报表主要是查看有关固定资产的（　　　），以便对比和分析。

　　A. 数据统计　　　　　　　　　　　　B. 报表统计

　　C. 账表统计　　　　　　　　　　　　D. 以上答案均正确

**Kingdee**

3. 简答题

（1）在固定资产管理系统中如何清理固定资产？

（2）在固定资产管理系统中如何计提折旧？

（3）固定资产管理系统反结账的方法和要求是什么？

## 习题答案

1. 填空题

（1）固定资产物品，总账　　　（2）折旧方法，总账　　　（3）卡片管理

2. 选择题

（1）B　　　（2）D　　　（3）A

3. 简答题

（1）**解答**：在金蝶 K/3 主控台窗口中选择【财务会计】标签，展开【固定资产管理】→【业务处理】功能项，然后双击【变动处理】选项，在打开的【卡片管理】窗口中选择要进行清理的记录，单击【清理】按钮，即可在【固定资产清理-新增】对话框中设置清理日期、清理数量、清理费用、残值收入等内容。

（2）**解答**：在金蝶 K/3 主控台窗口中选择【财务会计】标签，展开【固定资产管理】→【期末处理】功能项，然后双击【计提折旧】选项，即可在【计提折旧】对话框"折旧账簿选择"列表的左侧列表中选择账簿，单击 ＞ 按钮，将其移至右侧列表中，单击【下一步】按钮进入计提折旧向导界面。单击【下一步】按钮，在其中输入凭证摘要和凭证字。单击【下一步】按钮进入开始计提折旧界面。单击【计提折旧】按钮开始本期的折旧计提。如果本期已经进行过折旧计提操作，则在计提过程中会弹出信息提示框，询问是否要重新计提折旧，单击【是】按钮开始计提折旧操作并给出计提结果。

（3）**解答**：在固定资产管理系统中进行反结账时，在金蝶 K/3 主控台窗口中单击【财务会计】标签，展开【固定资产管理】→【期末处理】功能项，双击【期末结账】选项，即可在【期末结账】对话框中选择【反结账】单选按钮，单击【开始】按钮将固定资产管理系统进行反结账操作。只有系统管理员才能进行反结账操作。

# 第 8 章

# 现金管理系统

**主要内容：**

- 日常处理与报表
- 往来结算与期末结账

本章内容可帮助读者了解现金管理系统的系统结构，掌握现金管理系统的日常处理（如管理总账数据、现金、银行存款和票据等）、报表管理（如现金日报表、银行存款日报表、余额调节表、长期未达账、资金头寸表和到期预警表）、往来结算管理和期末处理等。

## 8.1　现金的日常处理

现金管理系统的日常处理包括日常的现金日记账和存款日记账等。

现金管理系统主要用于处理企业中的日常出纳业务，包括现金管理、银行存款管理、票据管理、往来结算管理、现金流预测，并及时出具相应资金分析报表。会计人员在该系统根据出纳录入的收支信息，手动或通过设定让系统自动生成凭证并传递到总账系统，可帮助企业及时监控资金周转及余缺情况，随时把握公司的财务脉搏，合理调剂，加快资金周转速度。该系统既可独立运行，又可与总账、应收应付系统集成使用，为企业提供更完整、更全面的资金管理解决方案。现金管理系统与其他系统的数据传输关系以及现金管理系统的应用流程如图 8-1 所示。

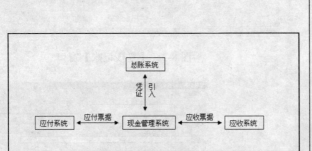
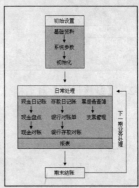

图 8-1　现金管理系统与其他系统的关系以及应用流程

### 8.1.1　总账数据

总账数据模块可以处理现金管理系统和总账系统的数据关系，主要从总账系统引入现金日记账和银行存款日记账，引入数据后可与总账系统的数据进行对比。如果现金管理系统单独使用，则不能使用该功能。

1．复核记账

复核记账是出纳人员对总账的现金和银行存款凭证进行复核登账的过程，也是将总账的有关现金、银行存款数据引入现金管理系统的一种方式，可省去手工录入日记账的繁琐。复核记账的具体操作步骤如下。

**步骤 01**　在金蝶 K/3 主控台窗口中选择【财务会计】标签，展开【现金管理】→【总账数据】功能项，然后双击【复核记账】选项，即可打开【复核记账】对话框，在其中设置会计期间并选择科目范围，如图 8-2 所示。单击【确定】按钮，即可进入【复核记账】窗口。

**步骤 02**　其中将显示符合条件的记录，如图 8-3 所示。科目范围是"初始化"时从"总账引入科目"时生成的。随着公司业务发展，可能会随时新增现金科目和银行存款科目，如果这些新增科目需要"现金管理"，可在现金管理系统的【初始数据录入】窗口中通过"从总账引入科目"引入新增的科目。

**步骤 03**　选择【文件】→【登账设置】菜单项，即可打开【登账设置】对话框，如图 8-4所示。单击【确定】按钮，即可保存登账设置。选择需要复核的凭证后，单击工具栏上的【登账】按钮，即可进行登账。稍后系统隐藏该记录，表示登账成功。双击某条记录也可以进行登账操作。

步骤 04 在【复核记账】窗口中单击【查找】按钮，即可打开【复核记账 查找】对话框，在其中设置查询条件，如图 8-5 所示。单击【确定】按钮，即可显示出查找结果。

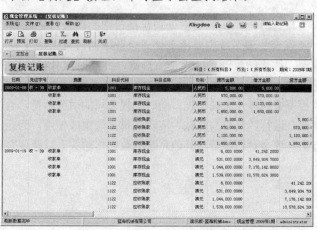

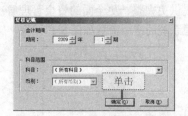

图 8-2 【复核记账】对话框        图 8-3 【复核记账】窗口

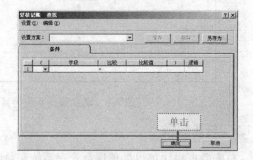

图 8-4 【登账设置】对话框      图 8-5 【复核记账 查找】对话框

步骤 05 选择【查看】→【页面设置】菜单项，即可打开【页面设置】对话框，在其中可对页面前景色、背景色、合计色和行高进行设置，如图 8-6 所示。

步骤 06 切换到【显示】选项卡中，在其中可对页面中显示项进行设置，如图 8-7 所示。

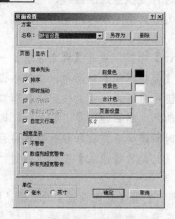

图 8-6 【页面设置】对话框       图 8-7 【显示】选项卡

步骤 07 选择【文件】→【打印预览】菜单项，即可预览当前窗口中显示内容的打印效果，如图 8-8 所示。单击工具栏上的【打印】按钮，即可在【打印】对话框中选择打印机名称并设置打印范围。单击【确定】按钮，即可将当前复核记账内容打印输出。

**步骤 08**　选择【文件】→【引出】菜单项，即可打开【引出'复核记账'】对话框，在其中将复核记账的内容以各种格式引出，如图 8-9 所示。

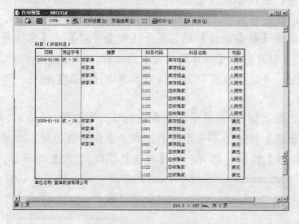

图 8-8　打印预览效果

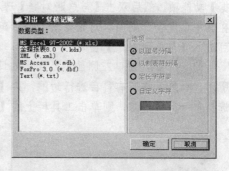

图 8-9　【引出'复核记账'】对话框

### 2. 引入日记账

引入日记账是指从总账系统中引入现金日记账和银行存款日记账。引入日记账的具体操作步骤如下。

**步骤 01**　在金蝶 K/3 主控台窗口中选择【财务会计】标签，展开【现金管理】→【总账数据】功能项，然后双击【引入日记账】选项，即可打开【引入日记账】对话框，如图 8-10 所示。在【现金日记账】选项卡中可对引入现金日记账的会计期间、会计科目、引入方式等条件进行设置，单击【引入】按钮，即可开始引入现金日记账。

**步骤 02**　切换到【银行存款日记账】选项卡，在其中可对引入银行存款日记账的会计期间、会计科目等条件进行设置，如图 8-11 所示。单击【引入】按钮，即可开始引入银行存款日记账。

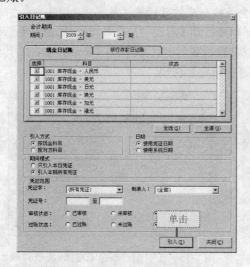

图 8-10　【引入日记账】对话框

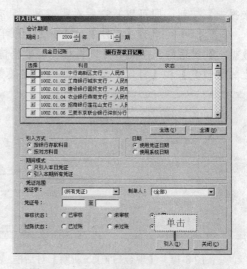

图 8-11　【银行存款日记账】选项卡

已经被禁用的科目将不会显示出来。用户可以自定义选择所引入的科目。当凭证号为空时，系统将默认为全部。输入凭证号时不能输入"0"。

### 3. 与总账对账

与总账对账是指现金管理系统中的现金、银行存款日记账与总账系统中日记账进行核对，以保证现金管理系统日记账和总账系统日记账的一致性。进行与总账对账的操作步骤如下。

**步骤01** 在金蝶 K/3 主控台窗口中选择【财务会计】标签展开【现金管理】→【总账数据】功能项，然后双击【与总账对账】选项，即可打开【与总账对账】对话框，如图 8-12 所示。在其中设置会计期间、对账要求、科目范围，并选择相应的复选框后，单击【确定】按钮，即可进入【与总账对账】窗口。

**步骤02** 窗口左侧显示已登记的日记账数据,右侧显示总账系统的日记账数据,如图 8-13 所示。如果是按所有科目进行过滤，则【新增】按钮为不可用状态，即不能新增日记账。如果选择单一科目过滤，则单击工具栏上的【新增】按钮，即可打开【现金日记账-新增】对话框。

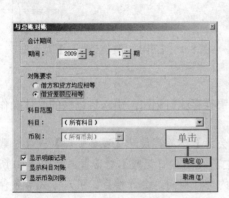

图 8-12 【与总账对账】对话框

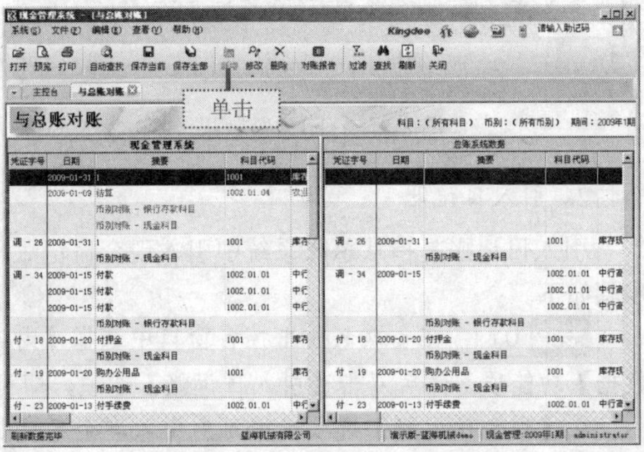

图 8-13 【与总账对账】窗口

**步骤03** 在其中可以新增日记账，如图 8-14 所示。单击【保存】按钮进行保存。若要修改、删除日记账，选中后单击工具栏上的相应按钮即可。在日记账修改后，单击工具栏上的【对账报告】按钮，即可重新查看对账情况。只有现金系统生成的日记账才能修改。

**步骤04** 选择【文件】→【引出】菜单项，即可打开【引出'与总账对账-现金管理系统数据'】对话框，在其中可以将相关的数据信息以其他格式引出，如图 8-15 所示。单击工具栏上的【预览】和【打印】按钮，即可对相关数据进行预览和打印。

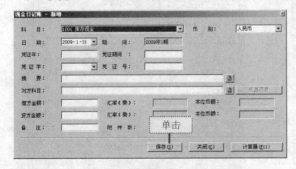

图 8-14 【现金日记账-新增】对话框

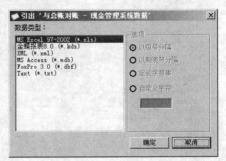

图 8-15 【引出'与总账对账-现金管理系统数据'】对话框

**Kingdee**

### 8.1.2　现金

现金管理是指企事业单位按照国家的政策规定，对现金收入、支出和库存进行预算、监督和控制，是财务管理中资金管理的重要内容。现金管理主要处理现金日记账的新增、修改、盘点和对账等操作。

#### 1. 现金日记账

现金日记账用来逐日逐笔反映库存现金的收入、支出和结存情况，以便对现金的保管、使用和现金管理制度的执行情况进行监督和核算。管理现金日记的具体操作步骤如下。

**步骤 01**　在金蝶 K/3 主控台窗口中选择【财务会计】标签，展开【现金管理】→【现金】功能项，然后双击【现金日记账】选项，即可打开【现金日记账】对话框，如图 8-16 所示。在其中设置查询条件后，单击【确定】按钮。

**步骤 02**　打开【现金日记账】窗口，如图 8-17 所示。若账套中有多个现金日记账科目，可单击工具栏上的【第一】、【上一】、【下一】和【最末】按钮进行不同科目数据的查看。

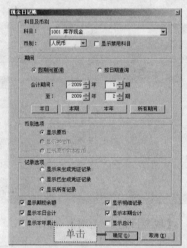

图 8-16　【现金日记账】对话框

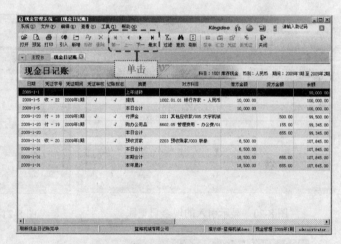

图 8-17　【现金日记账】窗口

**步骤 03**　单击工具栏上的【引入】按钮，或选择【文件】→【从总账引入现金日记账】菜单项，即可打开【引入日记账】对话框，如图 8-18 所示。

**步骤 04**　在其中设置会计期间、会计科目、引入方式和期间模式等条件后，单击【引入】按钮，即可开始引入日记账，完成后系统将弹出如图 8-19 所示的提示信息框。单击【确定】按钮关闭信息提示框，再单击【关闭】按钮退出【引入日记账】对话框。

**步骤 05**　引入的现金日记账将显示在【现金日记账】窗口中，如图 8-20 所示。在【现金日记账】窗口中单击【新增】按钮，即可打开【现金日记账-新增】对话框。

**步骤 06**　在其中可以手工录入现金日记账，如图 8-21 所示。选中某一条记录后，单击工具栏上的【修改】按钮，即可打开【现金日记账-查看】对话框。

**步骤 07**　在其中修改相关信息，如图 8-22 所示。单击【保存】按钮可进行保存。已经生成凭证的日记账或收付款单登账后生成的日记账，只能查看不能修改。

**步骤 08**　选中多条记录后，单击【汇总】按钮，即可弹出【选项】对话框，在其中进行汇总设置，如图 8-23 所示。单击【确定】按钮，即可汇总生成凭证。日记账中的记录生成的凭证如果已审核或过账，则审核和过账的信息将显示在日记账中，不能被删除。

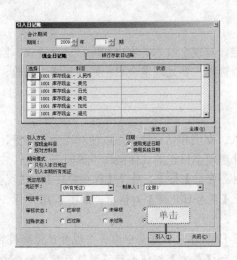

图 8-18　【引入日记账】对话框

图 8-19　信息提示框

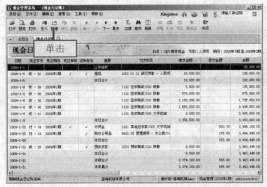

图 8-20　显示引入的现金日记账

图 8-21　【现金日记账-新增】对话框

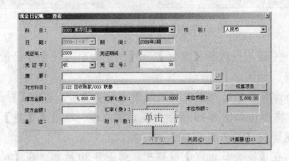

图 8-22　【现金日记账-查看】对话框

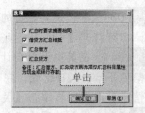

图 8-23　【选项】对话框

**步骤 09**　如果要删除某条日记账，则在【现金日记账】窗口中选中该记录，单击工具栏上的【删除】按钮即可。如果重新设置窗口项目，则单击工具栏上的【打开】按钮，在系统弹出的【现金日记账】对话框中重新设置要显示的项目即可。

提示　手工增加现金日记账时，如果输入对方科目是银行科目，则保存时应将该笔日记账保存到对方科目所制定的对应银行科目中。查看该银行科目的银行日记账时，只需双击即可显示出该笔日记账，而此时对方科目则是该现金科目。

**步骤 10** 选择【工具】→【套打设置】菜单项，即可打开【套打设置】对话框，在其中进行套打模板的设置，如图 8-24 所示。设置完毕后【保存】按钮将变为可用状态，❶单击【保存】按钮可对套打方案进行保存，❷单击【关闭】按钮退出套打设置。选择【文件】→【使用套打】菜单项，则可按已设置的套打模板进行日记账的预览和打印。

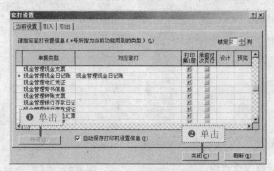

图 8-24 【套打设置】对话框

**2. 现金盘点单**

现金盘点单用来显示出纳人员在每天业务完成以后对现金进行盘点的结果。管理现金盘点单的具体操作步骤如下。

**步骤 01** 在金蝶 K/3 主控台窗口中选择【财务会计】标签，展开【现金管理】→【现金】功能选项，然后双击【现金盘点单】选项，即可打开【现金管理系统-现金盘点单】窗口，如图 8-25 所示，单击【新增】按钮。

**步骤 02** 打开【现金盘点单-新增】对话框，如图 8-26 所示。在其中选择科目、币别，设置日期，并在窗口中相应位置录入盘点数据。在录入数据时，一定要注意"把"、"卡"和"尾款数"的含义。❶如果盘点数据和上次的结果相同，也可以单击【取上次盘点数】按钮。❷在新增完成后单击【保存】按钮保存录入数据，返回【现金盘点单】窗口。

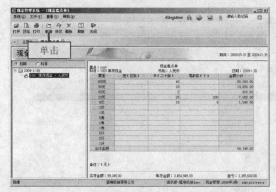

图 8-25 【现金管理系统-现金盘点单】窗口

图 8-26 【现金盘点单-新增】对话框

**步骤 03** 系统将刚才新增的盘点记录显示在窗口中，如图 8-27 所示。在其中选择某一盘点单记录，单击【修改】按钮。

**步骤 04** 打开【现金盘点单-修改】对话框，在其中对该现金盘点单进行修改。单击【保存】按钮进行保存，如图 8-28 所示。在【现金管理系统-现金盘点单】窗口中选择某一盘点单记录，单击工具栏上的【删除】按钮即可将其删除。单击【预览】、【打印】按钮可以对现金盘点单进行预览和打印。选择【文件】→【引出】菜单项，即可将现金盘点单引出为各种格式的文件。

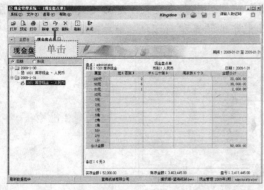

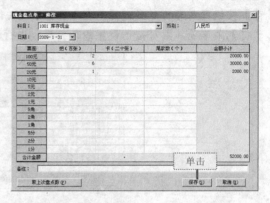

图 8-27　新增的盘点单　　　　　　　　图 8-28　【现金盘点单-修改】对话框

### 3. 现金对账

现金对账是指现金管理系统自动将出纳账与总账的日记账当期现金发生额和现金余额进行核对，并生成对账表。现金对账的具体操作步骤如下。

**步骤 01**　在金蝶 K/3 主控台窗口中选择【财务会计】标签，展开【现金管理】→【现金】功能项，然后双击【现金对账】选项，即可打开【现金对账】对话框，如图 8-29 所示。在选择科目及币别，并选择对账方式和期间范围之后，单击【确定】按钮，即可进入【现金对账】窗口。

**步骤 02**　其中将显示对账结果，如图 8-30 所示。单击工具栏上的【第一】、【上一】、【下一】和【最末】按钮，可以进行不同科目的查询。单击【预览】、【打印】按钮可以对现金对账进行预览和打印。选择【文件】→【引出】菜单项，可以将现金对账引出为各种格式的文件。

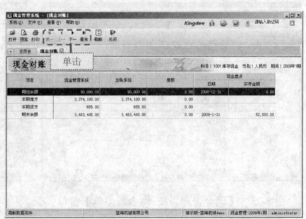

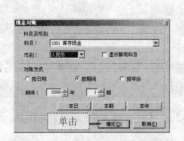

图 8-29　【现金对账】对话框　　　　　　图 8-30　【现金对账】窗口

### 4. 现金收付流水账

现金收付流水账处理出纳根据现金收付时间顺序登记的流水账。在现金收付流水账中，系统可根据收付款信息直接生成凭证并将其传递到总账系统。管理现金收付流水账的具体操作步骤如下。

步骤 01　在金蝶 K/3 主控台窗口中选择【财务会计】标签，展开【现金管理】→【现金】
功能项，然后双击【现金收付流水账】选项，即可打开【现金收付流水账】对话框，在其中设
置过滤条件，如图 8-31 所示，单击【确定】按钮。

步骤 02　打开【现金收付流水账】窗口，如图 8-32 所示。如果是第一次使用该功能，则
在金蝶 K/3 主控台窗口中选择【财务会计】标签，展开【现金管理】→【现金】功能项，双击
【现金收付流水账】选项，将打开【初始化数据录入】窗口。

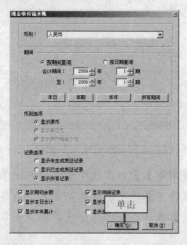

图 8-31　【现金收付流水账】对话框　　　　　　　　　图 8-32　【现金收付流水账】窗口

步骤 03　在其中录入初始数据，即对现金收付流水账进行初始化，如图 8-33 所示。

步骤 04　录入初始化数据后，选择【编辑】→【结束初始化】菜单项，系统将弹出一个
提示对话框，如图 8-34 所示，单击【确定】按钮。

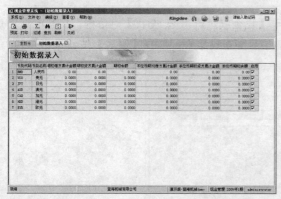

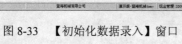

图 8-33　【初始化数据录入】窗口　　　　　　　　　图 8-34　提示对话框

步骤 05　稍后系统即可弹出信息提示框，提示完成初始化，如图 8-35 所示。单击【确定】
按钮并单击【初始数据录入】窗口工具栏中的【关闭】按钮结束现金收付流水账初始化。

步骤 06　再次在金蝶 K/3 主控台窗口中选择【财务会计】标签，展开【现金管理】→【现
金】功能项，双击【现金收付流水账】选项，即可打开【现金收付流水账】对话框，在其中设
置过滤条件后进入【现金收付流水账】窗口。

步骤 07　单击【新增】按钮，即可打开【现金收付流水账录入】窗口，如图 8-36 所示。

现金收付流水账的录入方法与现金日记账的直接新增类似，录入日期、凭证字、凭证号、摘要和金额等内容，然后单击【保存】按钮保存录入资料。

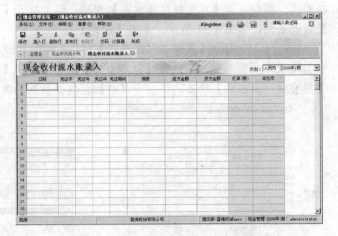

图 8-35   提示完成初始化       图 8-36   【现金收付流水账录入】窗口

**步骤 08**   如果要修改流水账记录，在【现金收付流水账】窗口中选中要修改的记录，单击【修改】按钮即可。要查看、删除该记录的凭证时，单击工具栏上的【删凭证】按钮即可。已经生成凭证的流水账不能删除。单击工具栏上的【指定】按钮，可将已经在其他业务系统中生成了凭证的流水账对应的凭证字号、凭证年期进行录入。

**提示**   录入的现金收付流水账带有凭证字和凭证号时，系统会自动检测该记录是否与总账系统中的记录相匹配，如果不匹配则不能保存。如果录入的流水账经检测有凭证字和凭证号也可以保存，在返回的【现金收付流水账】窗口中选中该条目后，单击工具栏上的【按单】和【汇总】按钮，则可以生成凭证传递到总账系统。

**步骤 09**   单击【查找】按钮，即可打开【现金收付流水账 查找】对话框，在其中设置查找条件，如图 8-37 所示。单击【确定】按钮显示出查找结果，单击【取消】按钮退出查找。

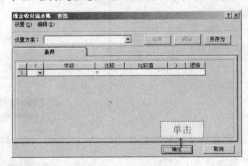

图 8-37   【现金收付流水账 查找】对话框

**5. 现金日报表**

现金日报表可为企业现金的管理提供方便，帮助管理者及时了解和掌握本企业的资金状况，合理运用资金。管理现金日报表的具体操作步骤如下。

**步骤 01**   在金蝶 K/3 主控台窗口中选择【财务会计】标签，展开【现金管理】→【现金】功能项，然后双击【现金日报表】选项，即可打开【现金日报表】对话框，如图 8-38 所示。在其中选择日期、币别显示等过滤条件后，单击【确定】按钮。

步骤 02　　打开【现金日报表】窗口，如图 8-39 所示。单击工具栏中的【预览】和【打印】按钮，即可对现金日报表进行预览和打印。选择【文件】→【引出】菜单项，即可将现金日报表引出为各种格式的文件。

图 8-38　【现金日报表】对话框

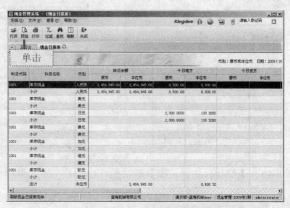

图 8-39　【现金日报表】窗口

### 8.1.3　银行存款

在现金管理系统中，银行业务主要涉及银行日记账、银行对账单、银行存款对账、余额调节表和银行存款日报表等。银行存款主要处理银行存款日记账的新增、修改等操作，并与银行对账单进行对账。

1. 银行存款日记账

银行存款日记账用于反映银行存款增减变化和结存情况，可以序时地反映每一笔银行存款收付的具体信息。管理银行存款日记账的具体操作步骤如下。

步骤 01　　在金蝶 K/3 主控台窗口中选择【财务会计】标签，展开【现金管理】→【银行存款】功能项，然后双击【银行存款日记账】选项，即可打开【银行存款日记账】对话框，在其中选择要查询的科目及币别并设置会计期间、记录选项等过滤条件，如图 8-40 所示。单击【确定】按钮，即可进入【银行存款日记账】窗口。

步骤 02　　【银行存款日记账】窗口，如图 8-41 所示。单击工具栏上的【引入】按钮，或选择【文件】→【从总账引入银行日记账】菜单项。

步骤 03　　打开【引入日记账】对话框，如图 8-42 所示，在其中可自动引入银行存款类所有凭证。使用凭证日期引入日记账时，可将凭证中的记账日期和业务日期一起引入到银行存款日记账中，单击【新增】按钮。

步骤 04　　打开【银行存款日记账录入】窗口，如图 8-43 所示。新增完毕后单击【保存】按钮保存，单击【关闭】按钮退出银行存款日记账的新增操作。

步骤 05　　用户在输入银行日记账时可不录入凭证字号的信息，而只录入日期、摘要、金额等信息，系统可根据这些信息自动生成凭证。与现金日记账相同，系统也提供了按单和汇总两种方式生成凭证。

提示　已勾对或已生成凭证日记账或收付款单登账生成的日记账，只能查看不能修改。已勾对的银行存款日记账也不允许删除。此外，以前期间的记录也不允许删除。

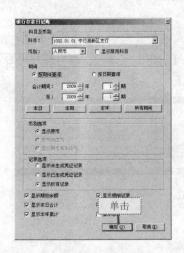

图 8-40 【银行存款日记账】对话框

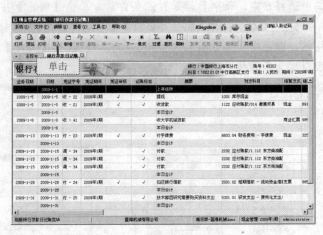

图 8-41 【银行存款日记账】窗口

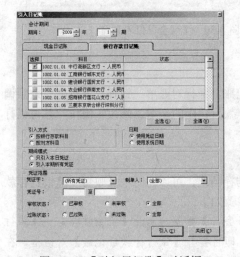

图 8-42 【引入日记账】对话框

图 8-43 【银行存款日记账录入】窗口

**步骤 06** 若要修改某一记录时，只需选中该记录后单击工具栏上的【修改】按钮，即可打开【银行存款日记账-查看】对话框，在其中对相关信息进行修改，然后单击【保存】按钮即可，如图 8-44 所示。在生成凭证后，单击工具栏上的【凭证】按钮。

**步骤 07** 打开【记账凭证-查看】窗口，如图 8-45 所示。如果要删除已经生成的凭证，单击工具栏上的【删凭证】按钮即可。删除该凭证后，在日记账中凭证字号的信息将显示为空。在日记账生成凭证后，如果已经审核或过账，则审核或过账的信息将显示在日记账中，该凭证不能删除。

2. 银行对账单

银行对账单是银行出具给企业的，反映该企业银行账号在一定时间内的收支情况，可与企业的银行存款日记账进行核对。银行对账单既可是打印文本，也可是数据文件。管理银行对账单的具体操作步骤如下。

**步骤 01** 在金蝶 K/3 主控台窗口中选择【财务会计】标签，展开【现金管理】→【银行存款】功能项，然后双击【银行对账单】选项，即可打开【银行对账单】对话框，如图 8-46 所示。在其中设置科目、币别、会计期间和其他过滤条件后，单击【确定】按钮。

**步骤 02**　打开【银行对账单】窗口，如图 8-47 所示，选择【文件】→【定义引入方案】
菜单项。

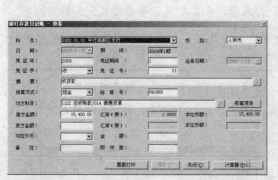

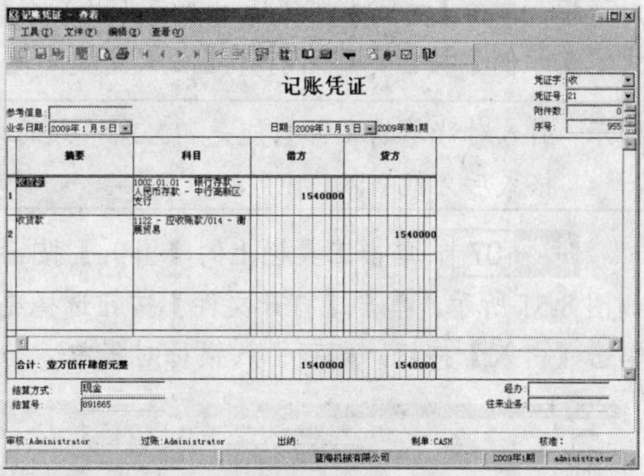

图 8-44　【银行存款日记账-查看】对话框

图 8-45　【记账凭证-查看】窗口

图 8-46　【银行对账单】对话框

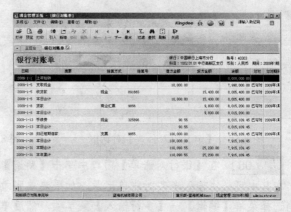

图 8-47　【银行对账单】窗口

**步骤 03**　打开【定义引入方案】对话框，如图 8-48 所示。单击【新增方案】按钮，即可
打开【新增引入方案】对话框。

**步骤 04**　在其中输入方案名称，如图 8-49 所示。单击【确定】按钮保存方案名称并返回
【定义引入方案】对话框。

图 8-48　【定义引入方案】对话框

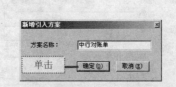

图 8-49　【新增引入方案】对话框

**步骤 05**　　如果要定义借方金额，则将光标放在"借方金额"一栏中，单击【定义公式】按钮，即可打开【定义引入公式】对话框，如图 8-50 所示。

**步骤 06**　　根据实际需要定义公式，然后单击【确定】按钮保存并返回【定义引入方案】对话框。单击【关闭】按钮退出【定义引入方案】对话框并返回【银行对账单】窗口。单击【公式定义示例】按钮，即可打开【公式定义示例】对话框，在其中可以查看公式定义帮助内容。

---

**提示**　引入对账单的文件只能是 TXT 格式的文件，如果是其他格式的文件则只能转换成 TXT 格式后才能引入。

---

**步骤 07**　　单击工具栏上的【引入】按钮，即可打开【从文件引入银行对账单】对话框，如图 8-51 所示。单击【打开文件】按钮选择要引入的文件后，单击【刷新计算结果】按钮，再单击【引入】按钮，即可引入银行对账单。

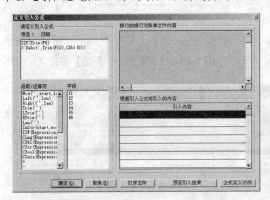

图 8-50　【定义引入公式】对话框　　　　　　　图 8-51　【从文件引入银行对账单】对话框

**步骤 08**　　在【银行对账单】窗口中单击【新增】按钮，即可打开【银行对账单录入】窗口，在其中可一次输入多条对账单记录。如果要单张录入对账单，可在【银行对账单】窗口中取消选择菜单【编辑】→【多行输入】菜单项，然后单击【新增】按钮，即可打开【银行对账单-新增】对话框，在其中选择科目、币别、日期、摘要等信息，如图 8-52 所示。❶单击【保存】按钮保存当前录入。❷单击【关闭】按钮返回【银行对账单】窗口。

**步骤 09**　　其中将显示刚才新增的银行对账单，如图 8-53 所示。若要修改、删除对账单记录，则可在选中该记录后单击相应按钮。单击【第一】、【上一】、【下一】和【最末】按钮，可以切换不同银行存款科目。

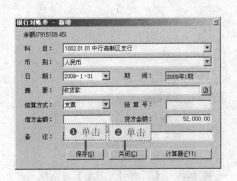

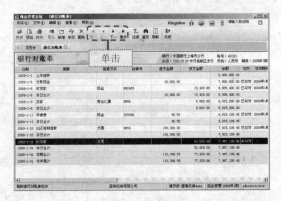

图 8-52　【银行对账单-新增】对话框　　　　　　图 8-53　显示新增的银行对账单

3. 银行存款对账

银行存款对账指将企业的银行存款日记账和银行出具的银行对账单进行核对。企业的结算业务大部分通过银行结算，但由于企业和银行账务的处理和入账时间不一样，往往会发生双方账面不一样的情况。为防止出错，必须定期将企业银行存款日记账和银行出具的对账单进行核对。管理银行存款对账的具体操作步骤如下。

**步骤 01** 在金蝶 K/3 主控台窗口中选择【财务会计】标签，展开【现金管理】→【银行存款】功能项，然后双击【银行存款对账】选项，即可打开【银行存款对账】对话框，在其中设置要对账的科目、期间范围和是否包含已勾对记录等选项，如图 8-54 所示。单击【确定】按钮，即可进入【银行存款对账】窗口。

**步骤 02** 窗口上部分显示的是"银行对账单"，窗口下部分显示的是"银行存款日记账"，如图 8-55 所示，单击工具栏上的【设置】按钮。

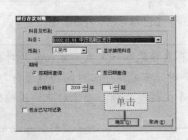

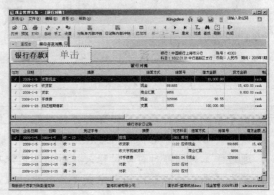

图 8-54　【银行存款对账】对话框 　　　　　　　图 8-55　【银行存款对账】窗口

**步骤 03** 打开【银行存款对账设置】对话框，如图 8-56 所示。在【自动对账设置】选项卡中可以进行自动对账的基本条件是金额相等，其余条件有摘要相同、结算方式相同、结算号相同等。用户可以根据实际需要进行自定义选择。

**步骤 04** 切换到【手工对账设置】选项卡，在其中有根据对账单记录自动查找日记账记录、根据日记账记录自动查找对账单记录、不进行自动查找 3 种选择。自动查找条件又有日期相同、摘要相同、结算方式相同等，如图 8-57 所示。

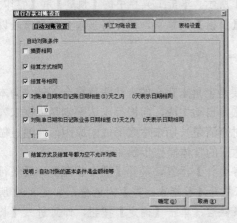

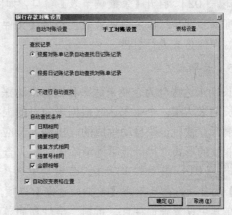

图 8-56　【银行存款对账设置】对话框 　　　　　图 8-57　【手工对账设置】选项卡

步骤 05 　切换到【表格设置】选项卡，在其中设置对账单和日记账的显示位置，如图 8-58 所示。单击【确定】按钮，即可根据所设定的条件进行对账。

步骤 06 　在【银行存款对账】窗口中单击【已勾对】按钮，即可打开【已勾对记录列表】窗口，列出已勾对的记录，如图 8-59 所示。选择【编辑】→【取消当前对账结果】菜单项，或选择【编辑】→【取消全部对账结果】菜单项，即可取消对账结果重新进行对账。

图 8-58　【表格设置】选项卡

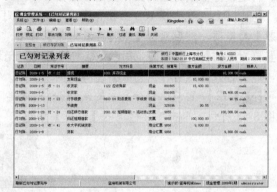

图 8-59　【已勾对记录列表】窗口

> **提示**　由于系统中银行存款日记账和银行对账单之间可能存在多笔和一笔或一笔和多笔对应的情况，而这些情况下系统又无法进行自动对账勾销，对此可采用手工对账功能进行勾销。通过手工对账可对自动对账未核对的已达账项进行手工调整勾销，确保对账的正确性。单击【手工对账】按钮可完成手工对账过程。

### 4. 余额调节表

当对账完毕后，为了检查对账结果是否正确并查询对账结果，还应该编制银行存款余额调节表。余额调节表是根据未勾对的银行存款日记账和银行对账单自动生成的。

查看余额调节表的具体操作步骤如下。

步骤 01 　在金蝶 K/3 主控台窗口中选择【财务会计】标签，展开【现金管理】→【银行存款】功能项，然后双击【余额调节表】选项，即可打开【余额调节表】对话框，如图 8-60 所示。在其中设置科目、币别、会计期间范围等过滤条件后，单击【确定】按钮。

步骤 02 　打开【余额调节表】窗口，如图 8-61 所示。单击工具栏中的【预览】和【打印】按钮可以预览和打印余额调节表。选择【文件】→【引出】菜单项，即可将当前余额调节表以不同的文件格式进行引出。

### 5. 长期未达账

长期未达账分为企业未达账和银行未达账，只要是上月末存在的未达账就将全部转化为本月的长期未达账。企业未达账根据未勾对的银行对账单自动生成，而银行未达账则是根据未勾对的银行存款日记账自动生成的。出纳人员应该及时查清楚长期未达账形成的原因，并通过做账或催款的形式，尽可能早地消除未达账。查看未达账的具体操作步骤如下。

步骤 01 　在金蝶 K/3 主控台窗口中选择【财务会计】标签，展开【现金管理】→【银行存款】功能项，然后双击【长期未达账】选项，即可打开【长期未达账】对话框，如图 8-62 所示。在其中设置查询科目、币别、会计期间范围等条件后，单击【确定】按钮，即可进入【长期未达账】窗口。

步骤 02 在其中显示了符合查询条件的长期未达账项，如图 8-63 所示。单击【预览】和【打印】按钮可以预览和打印长期未达账项。选择【文件】→【引出】菜单项，即可将当前长期未达账以不同的文件格式进行引出。

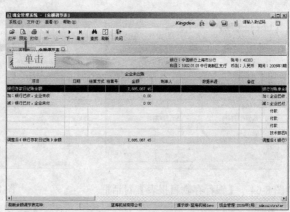

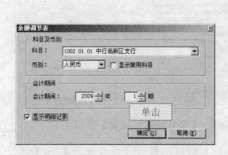

图 8-60 【余额调节表】对话框

图 8-61 【余额调节表】窗口

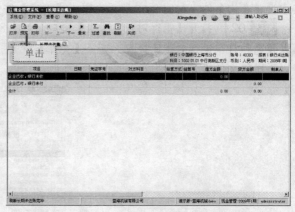

图 8-62 【长期未达账】对话框

图 8-63 【长期未达账】窗口

### 6. 银行存款日报表

银行存款日报表通过展示当日银行存款收支和账面余额的输出，不仅为银行存款的管理提供了方便，也为管理者了解和掌握企业的资金状况和合理运用资金提供了依据。查询银行存款日报表的操作步骤如下。

步骤 01 在金蝶 K/3 主控台窗口中选择【财务会计】标签，展开【现金管理】→【银行存款】功能项，然后双击【银行存款日报表】选项，即可打开【银行存款日报表】对话框，在其中设置日期、币别等查询条件，如图 8-64 所示，单击【确定】按钮。

步骤 02 打开【银行存款日报表】窗口，如图 8-65 所示。银行存款日报表是根据用户录入或引入的银行存款日记账自动生成的。单击【预览】和【打印】按钮可以预览和打印银行存款日报表。选择【文件】→【引出】菜单项，即可将当前银行存款日报表以不同的文件格式进行引出。

### 7. 银行对账日报表

通过银行对账日报表，可以详细了解当前银行存款的收支和账单余额，并掌握存在银行资金的实际余额。查询银行对账日报表的具体操作步骤如下。

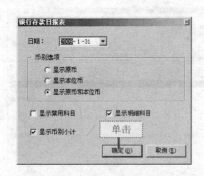

图 8-64　【银行存款日报表】对话框

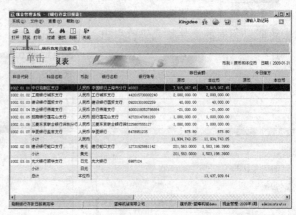

图 8-65　【银行存款日报表】窗口

**步骤 01**　在金蝶 K/3 主控台窗口中选择【财务会计】标签，展开【现金管理】→【银行存款】功能项，然后双击【银行对账日报表】选项，即可打开【银行对账日报表】对话框，在其中设置查询条件，如图 8-66 所示，单击【确定】按钮。

**步骤 02**　打开【银行对账日报表】窗口，如图 8-67 所示。单击【预览】和【打印】按钮可以预览和打印银行对账日报表。选择【文件】→【引出】菜单项，即可将当前银行对账日报表以不同的文件格式进行引出。

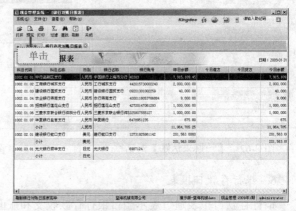

图 8-67　【银行对账日报表】窗口

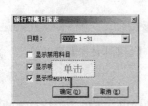

图 8-66　【银行对账日报表】对话框

8．银行存款与总账对账

银行存款与总账对账用于处理银行存款日记账与日记账（总账系统）当期银行存款发生额、余额进行核对，并生成对账表。银行存款与总账对账的具体操作步骤如下。

**步骤 01**　在金蝶 K/3 主控台窗口中选择【财务会计】标签，展开【现金管理】→【银行存款】功能项，然后双击【银行存款与总账对账】选项，即可打开【银行存款与总账对账】对话框，在其中设置要对账的科目和期间范围等内容，如图 8-68 所示，单击【确定】按钮。

**步骤 02**　打开【银行存款与总账对账】窗口，如图 8-69 所示。单击工具栏中的【预览】和【打印】按钮可以预览和打印银行存款与总账对账。选择【文件】→【引出】菜单项，可将当前银行存款与总账对账以不同的文件格式进行引出。

**Kingdee**

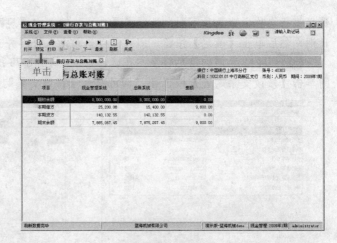

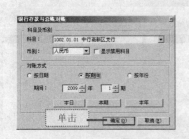

图 8-68 【银行存款与总账对账】对话框          图 8-69 【银行存款与总账对账】窗口

银行存款与总账对账也就是现金管理系统出纳账与总账之间的对账，因此，可以根据借贷方发生额的核对来找到一些差异的线索。

### 8.1.4 票据

票据主要用于管理企业往来账中使用的支票、本票和汇票等各种票据以及汇兑、托收承付、委托收款、贷记凭证和利息单等结算凭证，还可以根据出纳录入的票据信息生成凭证。

#### 1．支票管理

支票管理是指对企业的现金支票、转账支票和普通支票进行管理。支票管理的具体操作步骤如下。

**步骤 01** 　在金蝶 K/3 主控台窗口中单击【财务会计】标签，展开【现金管理】→【票据】功能项，然后双击【支票管理】选项，即可打开【支票管理】窗口，如图 8-70 所示。在【支票管理】窗口中单击工具栏上的【购置】按钮。

**步骤 02** 　打开【支票购置】窗口，如图 8-71 所示。在【支票购置】窗口中单击工具栏上的【新增支票购置】按钮 。

图 8-70 【支票管理】窗口          图 8-71 【支票购置】窗口

**步骤 03** 　打开【新增支票购置】对话框，如图 8-72 所示。在【新增支票购置】对话框中选择银行名称、账号和币别，设置支票类型、输入支票规则、起始号码、结束号码，修改购置日期，然后单击【确定】按钮，即可保存当前录入资料并返回【支票购置】窗口。

**步骤 04** 新增的信息将显示在该窗口中，如图 8-73 所示。若要修改新增的支票购置资料，则单击【修改支票购置】按钮 ，即可打开【修改支票购置】对话框。

图 8-72 【新增支票购置】对话框

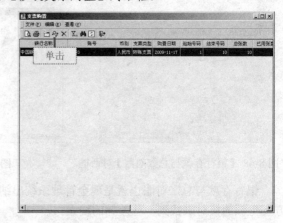

图 8-73 显示新增的支票购置

**步骤 05** 在其中进行修改，如图 8-74 所示。单击【确定】按钮保存修改资料并返回【支票购置】窗口。如果要继续新增支票购置可单击【新增支票购置】按钮 继续新增支票购置，如果不再进行新增操作可单击【关闭窗口】按钮 退出【支据购置】窗口并返回【支票管理】窗口。

**步骤 06** 其中将显示新增支票购置记录，如图 8-75 所示。在【支票管理】窗口中选中要领用的"支票购置"记录，单击工具栏上的【领用】按钮，即可打开【支票领用】对话框。

图 8-74 【修改支票购置】对话框

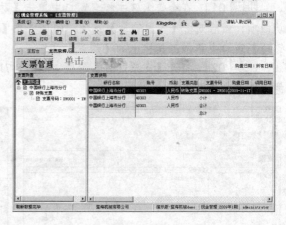

图 8-75 显示新增支票购置记录

**步骤 07** 在【支票领用】对话框中选择领用的支票账号和币别，并输入领用日期、预计报销日期、使用限额、领用部门、领用人、领用用途、对方单位，如图 8-76 所示。单击【确定】按钮，即可弹出一个处提示对话框。

**步骤 08** 其中将提示已领用的支票数目，如图 8-77 所示。单击【确定】按钮返回支票【支票管理】窗口。

**步骤 09** 在【支票管理】窗口将显示领用记录，如图 8-78 所示。若要对某支票进行修改，可在选中该支票后，单击工具栏上的【修改】按钮。

**步骤 10** 打开【支票-修改】对话框，在其中进行修改操作，如图 8-79 所示。

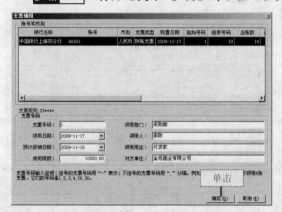

图 8-76 【支票领用】对话框　　　　　　图 8-77 信息提示对话框

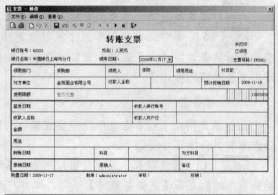

图 8-78 显示领用支票记录　　　　　　图 8-79 【支票-修改】对话框

**步骤 11** 若要对支票进行审核、核销、作废等操作，可在选择该支票后，单击工具栏上的【查看】按钮，即可打开【支票-查看】对话框，如图 8-80 所示。单击【作废支票】按钮，即可将当前支票进行作废操作，并在右上角位置显示"已作废"字样，如图 8-81 所示。

图 8-80 【支票-查看】对话框　　　　　　图 8-81 作废支票

**步骤 12** 单击工具栏上的【审核】按钮，即可对当前支票进行审核，并在支票下方的

"审核"位置处显示审核人名称，如图 8-82 所示。单击工具栏上的【核销支票】按钮 ，即可对当前支票进行核销，并在支票下方"核销"位置处显示核销人名称，如图 8-83 所示。

图 8-82　审核支票　　　　　　　　　　　图 8-83　核销支票

**步骤 13**　若要取消作废、审核和核销操作，可在【支票-查看】对话框中选择【编辑】菜单下的相应菜单项取消。支票的审核人和制单人不能为同一人。

**步骤 14**　另外，只有制单人才能取消支票作废。单击【关闭窗口】按钮 退出【支票-查看】对话框返回【支票管理】窗口。单击【支票管理】窗口工具栏中的【关闭】按钮，即可退出支票管理的操作。

**2. 票据备查簿**

票据备查簿用于对本账套中除空头支票以外的所有票据的信息进行登记和管理。管理票据备查簿的具体操作步骤如下。

**步骤 01**　在金蝶 K/3 主控台窗口中选择【财务会计】标签，展开【现金管理】→【票据】功能项，然后双击【票据备查簿】选项，即可打开【票据备查簿】对话框，如图 8-84 所示。在其中设置查询日期和各种核销情况，然后单击【确定】按钮，即可进入【票据备查簿】窗口。

**步骤 02**　窗口左侧显示当前账套中所建立的票据类型，右侧显示所选类型下的详细票据信息，如图 8-85 所示，单击工具栏上的【新增】按钮。

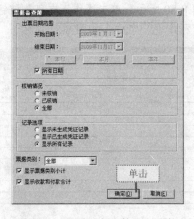

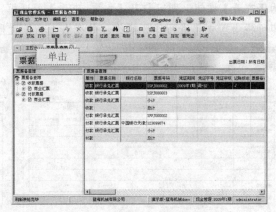

图 8-84　【票据备查簿】对话框　　　　　　图 8-85　【票据备查簿】窗口

**步骤 03**　打开【收款票据-新增】对话框，如图 8-86 所示。单击【新增收款票据】按钮 的下三角按钮，选择"商业承兑汇票"选项。

**步骤 04**　切换到【商业承兑汇票】界面，如图 8-87 所示。修改出票日期，输入票据号码、付款人全称、付款人账号、开户银行、行号、收款人信息，在右侧金额栏上录入金额数，录入汇票到期日、计息年利率，并选择计息方法，然后单击【保存票据】按钮 🖫 保存当前录入的资料。

图 8-86　【收款票据-新增】窗口

图 8-87　新增商业承兑汇票

> **提示**　收款票据中包括现金支票、转账支票、普通支票、不定额支票、定额支票、银行汇票、商业承兑汇票、银行承兑汇票、电汇凭证、信汇凭证、托收承付结算凭证、委托银行收款结算凭证、贷记凭证、利息单；付款票据包括现金支票、转账支票、普通支票、不定额支票、定额支票、银行汇票、商业承兑汇票、银行承兑汇票、电汇凭证、信汇凭证、托收承付结算凭证、委托银行收款结算凭证、贷记凭证等票据。

**步骤 05**　录入金额时先在右侧的金额处录入数字，左侧大写会自动显示。若有贴现信息可以直接录入。单击【关闭窗口】按钮 🔁 返回【票据备查簿】窗口。

**步骤 06**　系统将显示新增的票据，如图 8-88 所示。以有操作权限的用户身份登录本账套，进入【票据备查簿】窗口，选择要审核的票据，然后单击工具栏上的【查看】按钮，即可打开【收款票据-查看】窗口。

**步骤 07**　单击工具栏上的【审核】按钮 🗹，即可对当前票据进行审核并在"审核"位置处显示审核人的名字，表示审核成功，如图 8-89 所示。若要取消审核，只需选择【编辑】→【反审核】菜单项，即可进行反审核操作。

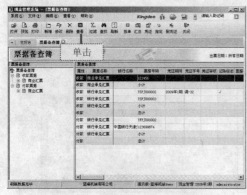

图 8-88　显示新增票据

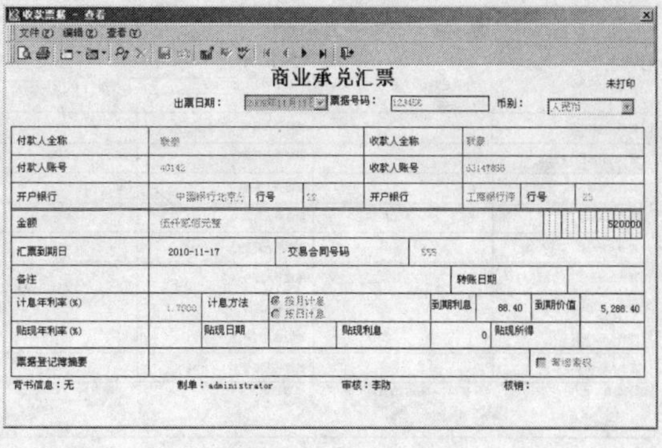

图 8-89　审核票据

**步骤 08**　单击工具栏上的【核销】按钮 🗹，即可对当前票据进行核销，并在"核销"位置处显示核销人的名字，表示核销成功，如图 8-90 所示。若要取消核销操作，只需选择【编辑】→【反核销】菜单项，即可进行反核销操作。

**步骤 09** 单击【关闭窗口】按钮  返回【票据备查簿】窗口，在其中选择要贴现、背书的票据后，单击工具栏上的【修改】按钮，即可打开【收款票据-修改】窗口，在"贴现年利率"和"贴现日期"处录入相应内容，系统会自动算出贴现所得，如图 8-91 所示。

| 图 8-90 核销票据 | 图 8-91 【收款票据-修改】窗口 |

**步骤 10** 在【收款票据-修改】窗口中选择【编辑】→【背书】菜单项，系统会自动切换到【收款票据-背书】信息录入窗口，在其中录入并保存背书信息，如图 8-92 所示。再次选择【编辑】→【背书】菜单项，切换到票据查看窗口。

**步骤 11** 若要删除新增的票据，在【票据备查簿】窗口中选中要删除的票据后，单击工具栏上的【删除】按钮即可。只有未审核过的票据才能删除。

---

**提示** 若票据要生成凭证，只需在【票据备查簿】窗口中选择要生成凭证的票据，再单击工具栏上的【按单】按钮，系统将根据选中票据的金额打开【记账凭证】对话框。修改记账凭证，然后单击【保存】按钮完成凭证的生成工作。在【票据备查簿】窗口中选择中多张要生成凭证的票据，然后单击工具栏上的【汇总】按钮，系统将按汇总方式生成凭证。

---

**步骤 12** 单击【凭证】按钮或【删除】按钮，即可查看或删除选中票据所生成的凭证。单击【指定】按钮，即可打开【指定票据凭证字号】对话框，在其中指定其他业务系统生成的凭证，如在应收应付系统、固定资产系统已经生成的凭证，如图 8-93 所示。

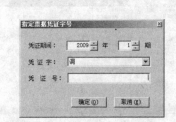

| 图 8-92 【收款票据-背书】窗口 | 图 8-93 【指定票据凭证字号】对话框 |

凭证管理工作只有具有凭证操作权限的用户才能进行。当票据备查簿管理的是商业兑汇票

时，现金管理系统与应收款、应付款管理系统中的应收、应付票据完全共享。用户可在现金管理或应收款、应付款管理系统录入外来票据，这些票据会同时在另外系统中出现。它们是启用后才同步的，票据最好在一个系统录入（如现金管理系统），这样有利于企业的管理和控制。初始化的信息必须在两个系统中分别建立。

## 8.2 报表

报表包含现金日报表、银行存款日报表、余额调节表、长期未达账、资金头寸表和到期预警表。

### 8.2.1 现金日报表

现金日报表用于查询某日的现金借贷情况，详见 8.1.2-5，这里不再赘述。

### 8.2.2 银行存款日报表

银行存款日报表用于查询某日的报表情况，详见 8.1.3-6，这里不再赘述。

### 8.2.3 余额调节表

余额调节表是在对账完毕后，为检查对账结果是否正确或查询对账结果，系统自动编制的银行存款报表，详见 8.1.3-4，这里不再赘述。

### 8.2.4 长期未达账

长期未达账分为企业未达账和银行未达账，详见 8.1.3-5，这里不再赘述。

### 8.2.5 资金头寸表

在金蝶 K/3 主控台窗口中选择【财务会计】标签，展开【现金管理】→【报表】功能项，双击【资金头寸表】选项，即可打开【资金头寸表】对话框，如图 8-94 所示。在其中设置会计期间范围，设置币别显示选项，并根据需要选择【显示禁用科目】、【显示明细科目】、【显示币别小计】和【显示总计】复选框，单击【确定】按钮，即可进入【资金头寸表】窗口，如图 8-95 所示。单击【预览】和【打印】按钮可以对资金头寸表进行预览和打印。

图 8-94 【资金头寸表】对话框

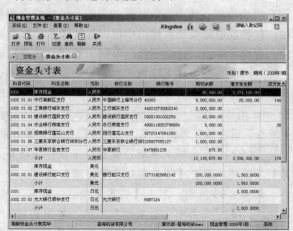

图 8-95 【资金头寸表】窗口

### 8.2.6 到期预警表

到期预警表显示应收商业票据及应付商业票据的到期情况。查询到期预警表的具体的操作步骤如下。

**步骤 01** 在金蝶 K/3 主控台窗口中选择【财务会计】标签，展开【现金管理】→【报表】功能项，然后双击【到期预警表】选项，即可打开【到期预警表】对话框，如图 8-96 所示。在其中选择预警日期、核销情况、票据属性等查询条件，单击【确定】按钮，即可进入【到期预警表】窗口，如图 8-97 所示。

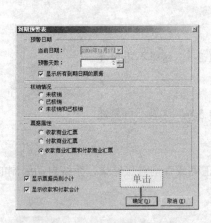

图 8-96 【到期预警表】对话框

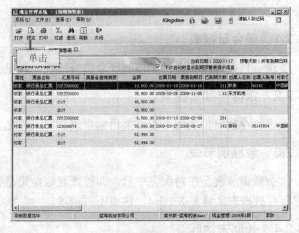

图 8-97 【到期预警表】窗口

**步骤 02** 单击【预览】和【打印】按钮可以对到期预警表进行预览和打印。

## 8.3 往来结算

往来结算功能只在现金系统和结算中心、应收应付系统集成时使用，若现金系统只是一个独立的资金管理模块，则可以不使用这部分功能。

### 8.3.1 收款通知单

在现金管理系统中，收款通知单的功能模块主要包括收款通知单录入和收款通知单序时簿两项。在收款通知单录入模块中可以进行录入，在收款通知单序时簿模块中可以新增、修改、删除、查询、审核、提交或获取单据。管理收款通知单的具体操作步骤如下。

**步骤 01** 在金蝶 K/3 主控台窗口中选择【财务会计】标签，展开【现金管理】→【往来结算】功能项，然后双击【收款通知单录入】选项，即可打开【现金收款通知单-新增】窗口，如图 8-98 所示。在其中录入单据编号、日期、科目、结算类型、付款单位类别等内容，单击【保存】按钮，即可保存单据信息。录入的收款通知单如果没有进行审核，则可以进行修改和删除。

**步骤 02** 在金蝶 K/3 主控台窗口中选择【财务会计】标签，展开【现金管理】→【往来结算】功能项，双击【收款通知单序时簿】选项，即可打开【过滤】对话框，在其中设置过滤条件，如图 8-99 所示。单击【确定】按钮，即可进入【现金收款通知单序时簿】窗口。

**步骤 03** 在其中选择某一条记录，如图 8-100 所示，单击工具栏上的【查看】按钮。

**步骤 04** 打开【现金收款通知单-查看】窗口，在其中查看收款通知单，如图 8-101 所示。

Kingdee

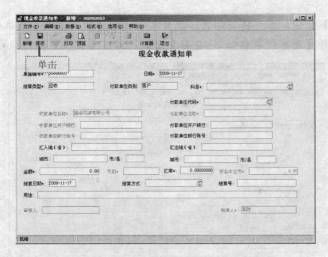

图 8-98 【现金收款通知单-新增】窗口

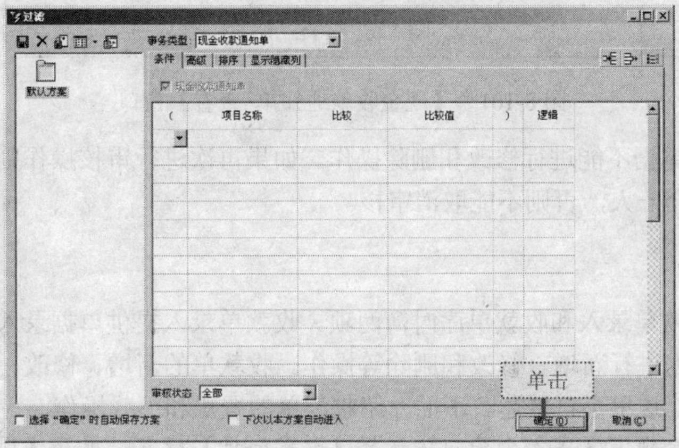

图 8-99 【过滤】对话框

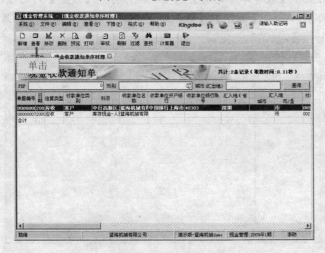

图 8-100 【现金收款通知单序时簿】窗口

步骤 05 若要修改某个收款通知单，只需单击工具栏上的【修改】按钮，即可打开【现金收款通知单-修改】窗口进行修改。若要删除某个收款通知单，只需选中该收款通知单后单击工具栏上的【删除】按钮，即可将其删除。选择某条收款通知单记录后，单击工具栏上的【审核】按钮，即可打开【现金收款通知单-查看】窗口，单击【审核】按钮即可进行审核。

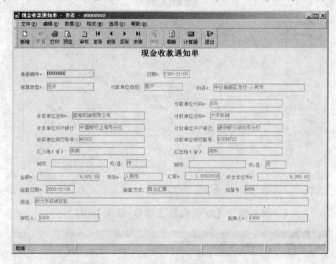

图 8-101　【现金收款通知单-查看】窗口

已经审核后的单据不能进行修改和删除操作。如果再次进行审核操作则为取消审核。审核和取消审核必须为同一人，否则不能取消审核。

### 8.3.2　收款单

收款单包括收款单录入和收款单序时簿两项。收款单录入提供单据录入功能，在收款单序时簿中则可以对单据进行新增、修改和删除等操作。收款单的新增、修改、删除和审核等操作与收款通知单类似，这里不再赘述。下面介绍收款单的登账和下载操作。

**步骤 01**　在金蝶 K/3 主控台窗口中选择【财务会计】标签，展开【现金管理】→【往来结算】功能项，然后双击【收款单序时簿】选项，即可打开【过滤】对话框，如图 8-102 所示。在其中设置过滤条件后，单击【确定】按钮，即可进入【现金收款单序时簿】窗口。

图 8-102　【过滤】对话框

**步骤 02**　在其中选择某一记录，如图 8-103 所示。单击工具栏上的【登账】按钮，即可进行发送。

**步骤 03**　发送成功后，系统将会给出单据登账成功的提示，如图 8-104 所示。

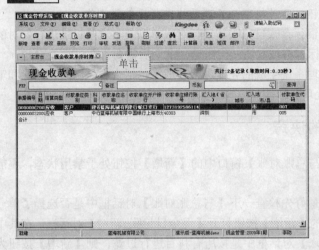

图 8-103　【现金收款单序时簿】窗口　　　　　图 8-104　信息提示框

> **提示**　登账是指将收款单内容在现金/银行存款日记账中显示成为日记账中的一条记录。至于是登记现金日记账还是银行存款日记账，则由收款单上的科目是现金科目还是银行存款科目来决定。如果科目是现金科目，则登记到现金日记账上；如果是银行科目，则登记到银行存款日记账中。此外，只有审核后的收款单才能进行登账。

## 8.4　期末结账

期末结账是总结当前会计期间资金的经营活动情况，系统结账后才能进入下一会计期间进行日常业务处理。

期末结账的具体操作步骤如下。

**步骤 01**　在金蝶 K/3 主控台窗口中选择【财务会计】标签，展开【现金管理】→【期末处理】功能项，然后双击【期末结账】选项，即可打开【期末结账】对话框，如图 8-105 所示。在其中勾选【结转未达账】复选框并选择【结账】单选按钮，单击【开始】按钮，即可进行结账操作，稍后系统便会显示结账成功的提示信息。

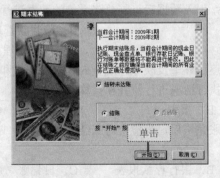

图 8-105　【期末结账】对话框

**步骤 02**　"结转未达账"是将本期（包括以前期间转为本期）未勾对的银行存款日记账和未勾对的银行对账单结转到下期。【结转未达账】复选框必须勾选，否则将造成下期余额调节表不平衡。如果在结账后发现财务数据有问题，可打开【期末结账】对话框，在其中选择【反结账】单选按钮。单击【开始】按钮，即可将现金管理系统进行反结账操作。

在进行反结账时，上期结转的银行存款日记账、银行对账单以及与这些记录进行勾对的银行存款日记账、银行对账单的勾对标志将被取消，结账返回上期后需要重新进行勾对。

会计分录序时簿是指对现金管理系统生成的凭证进行管理（包括查看、修改、删除和审核等功能），操作方法与总账中凭证处理类似。

## 8.5  专家点拨：提高效率的诀窍

（1）与总账对账时，为什么【与总账对账】窗口中的【新增】按钮处于禁用状态，不能新增日记账？

**解答：**出现这种情况时，用户最好先检查一下【与总账对账】对话框中是否选择了单一科目过滤，如果是则可单击工具栏上的【新增】按钮打开【现金日记账-新增】对话框，在其中可以新增日记账。如果在【与总账对账】对话框中是按所有科目进行过滤，则【新增】按钮为不可用状态，即不能新增日记账。

（2）为什么在管理票据时不能取消作废支票？

**解答：**当不能取消作废的支票时，请检查取消作废支票者和制单人是否为同一人，若不是则不能取消支票的作废，因为只有制单人才能取消支票作废。

## 8.6  沙场练兵

### 1．填空题

（1）现金管理系统面向_____的出纳和资金管理人员，对企业资金业务进行全面管理，并及时出具相应资金分析报表。会计人员在该系统根据出纳录入的收支信息，手动或通过设定让系统自动生成凭证并传递到_____系统。

（2）现金管理系统的日常处理包括日常的_____和_____等工作。

（3）在现金管理系统中，收款通知单的功能模块主要包括_____和_____两项。

### 2．选择题

（1）总账数据模块可以处理现金管理系统和总账系统的数据关系，主要从（    ）引入现金日记账和银行存款日记账，引入数据后可与总账系统的数据进行对比。

  A．固定资产系统      B．应收款管理系统

  C．总账系统        D．现金管理系统

（2）现金日记账是用来逐日逐笔反映库存现金的收入、支出和结存情况，以便对现金的保管、使用和现金管理制度的执行情况进行监督和核算的（    ）。

  A．账簿   B．报表    C．系统    D．账单

（3）余额调节表是在对账完毕后，为检查对账结果是否正确或查询对账结果，系统自动编制的（    ）。

  A．数据统计  B．银行存款报表  C．日记账   D．以上答案均正确

### 3．简答题

（1）在现金管理系统中如何管理银行存款日记账？

（2）在现金管理系统中如何管理银行对账单？

（3）在往来结算模块中，如何管理收款通知单？

## 习题答案

1. 填空题

（1）企业财务部门，总账　　　（2）现金日记账，存款日记账

（3）收款通知单录入，收款通知单序时簿

2. 选择题

（1）C　　　（2）A　　　（3）B

3. 简答题

（1）**解答：** 在金蝶 K/3 主控台窗口中选择【财务会计】标签，展开【现金管理】→【银行存款】功能项，然后双击【银行存款日记账】选项，在打开的【银行存款日记账】对话框中选择要查询的科目及币别并设置会计期间、记录选项等过滤条件。在【银行存款日记账】窗口中单击【引入】按钮或选择【文件】→【从总账引入银行日记账】菜单项，在【引入日记账】对话框中可自动引入银行存款类所有凭证。用户在输入银行日记账时，可以不录入凭证字号的信息，而只录入日期、摘要、金额等信息，根据这些信息，系统可以自动生成凭证。与现金日记账相同，系统也提供了按单和汇总两种方式生成凭证。生成凭证后，如果要删除已生成的凭证，单击【删凭证】按钮即可。删除该凭证后，在日记账中凭证字号的信息将显示为空。

（2）**解答：** 在金蝶 K/3 主控台窗口中选择【财务会计】标签，展开【现金管理】→【银行存款】功能项，然后双击【银行对账单】选项，在【银行对账单】对话框中设置科目、币别、会计期间和其他过滤条件。选择【文件】→【定义引入方案】菜单项，在【定义引入方案】对话框中单击【新增方案】按钮，即可打开【新增引入方案】对话框，在其中输入方案名称。

单击【引入】按钮，即可打开【从文件引入银行对账单】对话框，单击【打开文件】按钮选择要引入的文件后，单击【刷新计算结果】按钮，再单击【引入】按钮可引入银行对账单。单击【新增】按钮，即可打开【银行对账单录入】窗口，在其中可一次输入多条对账单记录。在【银行对账单-新增】对话框中选择科目、币别、日期、摘要等信息后，单击【保存】按钮可保存当前录入。单击【关闭】按钮可返回【银行对账单】窗口并显示刚才新增的银行对账单。若要修改、删除对账单记录，则可选中该记录，然后单击相应按钮。单击【第一】、【上一】、【下一】和【最末】按钮，可以切换不同银行存款科目。

（3）**解答：** 在金蝶 K/3 主控台窗口中选择【财务会计】标签，展开【现金管理】→【往来结算】功能项，然后双击【收款通知单录入】选项，即可打开【现金收款通知单-新增】窗口，在其中录入单据编号、日期、科目、结算类型、付款单位类别等内容。录入的收款通知单如果没有审核，则可以修改和删除。

在金蝶 K/3 主控台窗口中选择【财务会计】标签，展开【现金管理】→【往来结算】功能项，双击【收款通知单序时簿】选项，在【过滤】对话框中设置过滤条件。若要删除某个收款通知单，可选中该收款通知单后单击【删除】按钮将其删除。选中某条收款通知单记录后，单击【审核】按钮，在【现金收款通知单-查看】窗口中单击【审核】按钮即可进行审核。

# 第 9 章

# 工资管理系统

**主要内容：**

- 初始设置与日常处理
- 工资报表
- 期末结账

　　本章先介绍了工资管理系统的初始设置，其次介绍了工资管理系统的日常处理以及工资报表的创建与查询，最后介绍了如何对整个工资管理系统进行结账，可以为企业的工资管理提供有力的帮助。

# Kingdee

## 9.1　初始设置

初始设置主要包括类别管理和基础设置。为方便工资管理，可以将工资分成几种类别进行管理，如外籍人员工资、国内人员工资、管理人员工资和计件工资等。

在金蝶 K/3 系统中，工资管理系统采用多类别管理，可处理多种工资类型，完成各类企业的工资核算、工资发放、工资费用分配和银行代发等功能。工资管理系统能及时反映工资的动态变化，实现完备而灵活的个人所得税计算与申报，并提供各类丰富实用的管理报表，还可以根据职员工资项目数据和比例计提基金（包括社会保险、医疗保险等社会保障基金的计提），并对工资职员的基金转入、转出进行管理。

工资管理系统与其他系统的关系以及应用流程如图 9-1 所示。

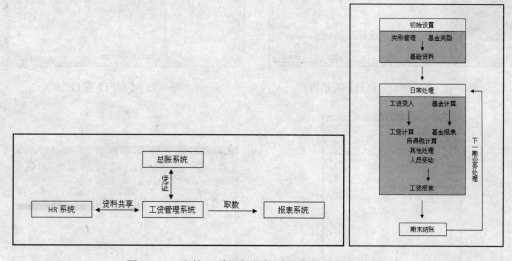

图 9-1　工资管理系统与其他系统的关系和应用流程

类别管理包括类别新增、编辑及删除等操作。基础设置主要用于设置当前工资类别下的部门、职员、工资项目和公式定义等基础资料。

### 1. 部门管理

工资管理模块中的部门管理与基础资料中的部门管理有一定区别，工资管理模块中部门管理的操作步骤如下。

步骤 01　在金蝶 K/3 主控台窗口中选择【人力资源】标签，展开【人事管理】→【组织架构】功能项，然后双击【组织管理】选项，即可打开【打开工资类别】对话框，如图 9-2 所示。在其中选择一个工资类别后，单击【选择】按钮。

步骤 02　打开【部门】窗口，如图 9-3 所示，单击工具栏中的【新增】按钮。

步骤 03　打开【部门-新增】对话框，如图 9-4 所示。在其中输入部门代码和名称，单击【保存】按钮，即可成功添加部门。

步骤 04　添加部门将在【部门】窗口中显示出来，如图 9-5 所示。如果要继续添加其他部门，只需重新单击【新增】按钮即可。

步骤 05　如果要修改某个部门信息，只需选中该部门后单击【修改】按钮，即可打开【部门-修改】对话框，在其中修改代码、名称、部门助记码、备注等内容，如图 9-6 所示。

提示 导入数据源中的"工资其他类别"是指从其他工资类别中导入部门信息，"工资单一类别"是指从某一个类别下导入部门信息。

**步骤 06** 在【部门】窗口中除了可直接新增部门外，也可从外部引入部门资料。单击【导入】按钮，系统切换到导入状态，在"导入数据源"栏中选择数据来源，并在"选择需导入的数据"列表框中选择要导入的数据，如图 9-7 所示。

图 9-2 【打开工资类别】对话框

图 9-3 【部门】窗口

图 9-4 【部门-新增】对话框

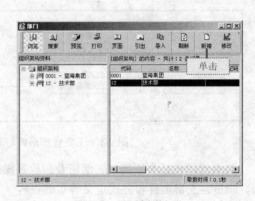

图 9-5 显示新增部门

图 9-6 【部门-修改】对话框

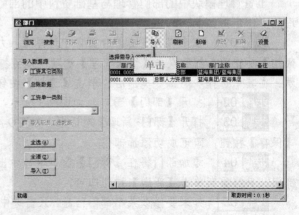

图 9-7 导入设置界面

**提示** 如果被删除的部门已有下级明细部门，需要将下级明细部门从最低起开始删除；如果被删除的某个部门在另一个工资类别已经被使用，则只在当前类别中被删除。

**步骤 07** 如果要删除某个部门，只需选中该部门后单击【删除】按钮，即可弹出一个删除提示对话框，如图 9-8 所示。单击【是】按钮，即可删除所选部门。

**步骤 08** 在【部门】窗口中单击工具栏上的【引出】按钮，即可打开【引出'部门信息表'】对话框，在其中选择要引出部门信息表的格式，如图 9-9 所示。单击【确定】按钮，即可打开相应格式的保存对话框。

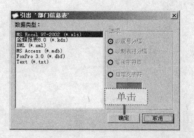

图 9-8　删除提示对话框　　　　　　图 9-9　【引出'部门信息表'】对话框

**步骤 09** 在"文件名"文本框中输入要保存的文件名，如图 9-10 所示。单击【保存】按钮，即可将工资管理系统中的部门和职员资料导出为所选文件格式，以备人力资源系统使用。

**步骤 10** 在【部门】窗口中单击【设置】按钮，即可打开【自定义附加信息-修改】对话框，在其中对部门属性进行修改、增加和删除等操作，如图 9-11 所示。

图 9-10　【选择 EXCEL 文件】对话框　　　图 9-11　【自定义附加信息-修改】对话框

2. 职员管理

在进行部门管理之后需对工资系统的主角——职员——信息进行设置管理操作，具体操作步骤如下。

**步骤 01** 在金蝶 K/3 主控台窗口中选择【人力资源】标签，展开【人事管理】→【职员管理】功能项，然后双击【职员档案管理】选项，即可打开【职员】对话框，如图 9-12 所示。在单击工具栏上的【新增】按钮，即可打开【职员-新增】对话框。

**步骤 02** 在其中输入职员的代码、名称、性别、出生日期等信息，如图 9-13 所示，单击【保存】按钮。

**步骤 03** 经过以上操作后，即可将新增职员的资料保存到【职员】窗口中，如图 9-14 所示。如果要修改某个职员信息，只需选择该职员信息后单击【修改】按钮，即可打开【职员-修改】对话框。

步骤 04　　在其中可修改职员代码、名称、性别及出生日期等内容，如图 9-15 所示。修改职员资料后，单击【保存】按钮即可将修改的保存信息。

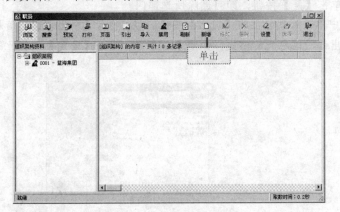

图 9-12　【职员】对话框　　　　　　　　　　　图 9-13　【职员-新增】对话框

图 9-14　【职员】窗口　　　　　　　　　　　图 9-15　【职员-修改】对话框

步骤 05　　如果要删除某个职员资料，可选中该职员后单击【删除】按钮，系统将弹出一个删除提示对话框，如图 9-16 所示。单击【是】按钮，即可将所选职员资料删除。

步骤 06　　在【职员】窗口中单击工具栏上的【禁用】按钮，即可切换到禁用设置界面，如图 9-17 所示。在其中查找需要恢复禁用的职员信息并将其选中，单击【恢复职员】按钮，即可将其解除禁用。

职员信息的禁用应在人员变动模块中进行。职员属性中的类别选项如果不选取，进行工资费用分配时会出现最终工资分配数据小于工资发放表数据的情况。职员信息中各类日期填列不全时，相关的年龄工龄分析表将会出现空白。此外，还可将职员信息进行引入、导出和设置等，其方法和部门设置方法一样，这里不再赘述。

3. 银行管理

若企业采用银行代发工资，要在银行管理中录入银行名称，并在职员管理中录入每位职员的"银行账号"，方便输出相应的银行代发工资表。银行管理的具体操作步骤如下。

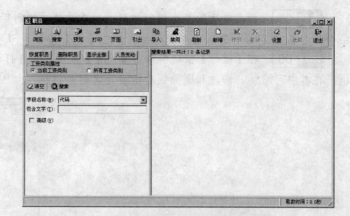

图 9-16　删除提示对话框　　　　　　　　　图 9-17　禁用设置界面

**步骤 01**　在金蝶 K/3 主控台窗口中选择【人力资源】标签，展开【工资管理】→【设置】
功能项，然后双击【银行管理】选项，即可打开【银行】对话框，如图 9-18 所示，单击【新增】
按钮。

**步骤 02**　打开【银行-新增】对话框，在其中输入银行代码、名称和账号长度等信息，如
图 9-19 所示，单击【保存】按钮。

图 9-18　【银行】对话框　　　　　　　　　图 9-19　【银行-新增】对话框

**步骤 03**　经过以上操作后，即可将添加的银行信息保存到【银行】窗口中，如图 9-20 所
示。如果要修改某个银行信息，只需选中该银行信息，单击工具栏上的【修改】按钮。

**步骤 04**　打开【银行-修改】对话框，在其中可对银行信息进行修改，如图 9-21 所示。

图 9-20　显示新增银行信息　　　　　　　　图 9-21　【银行-修改】对话框

**步骤 05** 如果要删除某个银行信息，可在选择该银行后单击【删除】按钮，系统将弹出一个如图 9-22 所示的删除信息提示框。单击【是】按钮，即可完成删除操作。

**步骤 06** 在【银行】窗口中单击【设置】按钮，即可打开【自定义附加信息-修改】对话框，在其中可增加、修改和删除银行的自定义附加信息，如图 9-23 所示。

图 9-22  删除信息提示框　　　　　　图 9-23  【自定义附加信息-修改】对话框

### 4. 项目设置

项目是工资管理系统中的重要组成部分，是在工资计算时的一些计算和判断数据。项目设置的具体操作步骤如下。

**步骤 01** 在金蝶 K/3 主控台窗口中选择【人力资源】标签，展开【工资管理】→【设置】功能项，然后双击【项目管理】选项，即可打开【工资核算项目设置】对话框。对话框中预设了部分项目，选中后可以对其进行编辑或删除操作，如图 9-24 所示。在对话框中选择需要修改的项目，单击【编辑】按钮。

**步骤 02** 打开【工资项目-修改】对话框，在其中修改项目属性，如图 9-25 所示。单击【新增】按钮，即可打开【工资项目-新增】对话框。

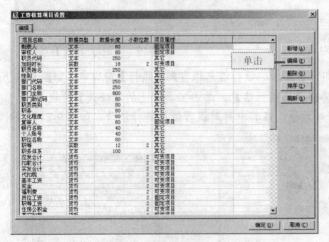

图 9-24  【工资核算项目设置】对话框　　　　图 9-25  【工资项目-修改】对话框

**步骤 03** 在其中输入项目名称、数据类型、数据长度、小数位数等内容，如图 9-26 所示。然后单击【新增】按钮，即可保存新增项目。

**步骤 04** 在【工资核算项目设置】对话框中单击【排序】按钮，即可打开【设置工资项目显示顺序】对话框,如图 9-27 所示。单击【上移】或【下移】按钮,即可更改所选项目的排列顺序。排序后工资录入和工资报表等将按调整后的工资项目顺序进行显示。

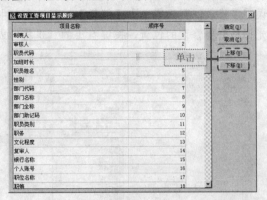

图 9-26 【工资项目-新增】对话框            图 9-27 【设置工资项目显示顺序】对话框

只有定义了的工资项目,才能在公式设置时被引用,否则系统将提示某变量未定义。可在工资系统中设置考勤数据和绩效考核数据对应的工资项目,根据这些项目的内容计算工资。

**5. 公式设置**

由于企业不同,其工资的计算方法也不一样,所以各个公司企业还需要根据本公司的财务制度设置相应公式。公式设置是指建立当前工资类别下的工资计算公式。公式设置的具体操作步骤如下。

**步骤 01** 在金蝶 K/3 主控台窗口中选择【人力资源】标签,展开【工资管理】→【设置】功能项,然后双击【公式设置】选项,即可打开【工资核算项目设置】对话框,如图 9-28 所示。

**步骤 02** 其中的【计算方法】选项卡用于对工资计算公式进行管理。切换到【计算公式说明】选项卡,可在其中阅读计算公式所使用的自定义函数使用规则,如图 9-29 所示。

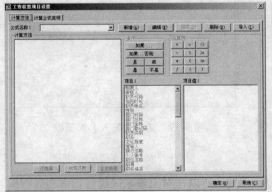

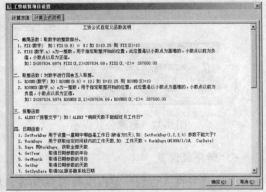

图 9-28 【工资核算项目设置】对话框            图 9-29 【计算公式说明】选项卡

**步骤 03** 在【计算方法】选项卡中单击【新增】按钮,使【计算方法】组件处于编辑状态,然后在"公式名称"下拉列表框中输入新增计算公式的名称,并在"条件"、"运算符"、"项目"和"项目值"栏中选择不同的选项,再根据计算公式制作规则设计出符合要求的计算公式,如图 9-30 所示。

**步骤 04** 单击【公式检查】按钮,可在其中对设计的计算公式进行检查,看是否存在错误，系统将提示检查结果，如图 9-31 所示。公式可以手工录入，手工录入时一定要注意所录入的项目是否存在，且录入时一定要注意光标的位置，以防公式录入错误。如果设计的公式存在错误需要修改，则只需单击【编辑】按钮，在其中对错误的公式进行修改。修改公式的方法是将光标移到要修改的位置，按键盘上的"退格"或"删除"键进行修改。

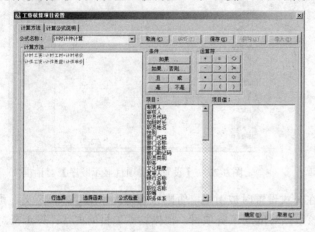

图 9-30　设计计算公式　　　　　　　　　　图 9-31　公式检查结果显示

**步骤 05**　如果要删除某设计公式，只需选中需要删除的公式后，单击【删除】按钮，即可弹出一个如图 9-32 所示的信息提示框。单击【是】按钮，即可完成删除操作。

**步骤 06**　单击【导入】按钮，即可打开【公式导入】对话框，如图 9-33 所示。在其中选择需要导入的公式后，单击【导入】按钮，即可完成导入操作。

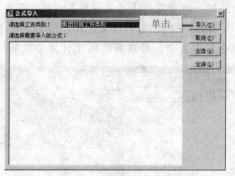

图 9-32　删除公式提示　　　　　　　　　　图 9-33　【公式导入】对话框

### 6. 所得税设置

个人工资收入达到一定程度时需要缴纳个人所得税，所以在对工资系统进行管理的过程中，还需要对所得税进行相应的设置。所得税设置的具体操作步骤如下。

**步骤 01**　在金蝶 K/3 主控台窗口中选择【人力资源】标签，展开【工资管理】→【设置】系统功能选项，然后双击【所得税设置】选项，即可打开【个人所得税初始设置】对话框，在其中可以查看已建立的个人所得税方案，如图 9-34 所示。

**步骤 02**　切换到【编辑】选项卡，在其中可以新增、修改、删除和查看所得税具体设置方案，如图 9-35 所示，单击【新增】按钮。

**步骤 03**　进入所得税设置新建状态，如图 9-36 所示。单击"税率类别"右侧的按钮，即可打开

【个人所得税税率设置】对话框，在其中可以增加、修改和删除个人所得税率方案，如图 9-37 所示。

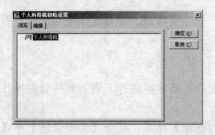

图 9-34  【个人所得税初始设置】对话框

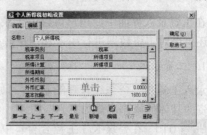

图 9-35  【编辑】选项卡

图 9-36  新增个人所得税

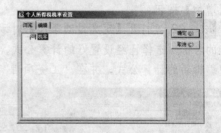

图 9-37  【个人所得税税率设置】对话框

**步骤 04**  切换到【编辑】选项卡，如图 9-38 所示。单击【新增】按钮，即可弹出如图 9-39 所示的信息提示框。单击信息提示框中的【是】或【否】按钮，即可进入新建税率界面。在定义完税率后单击【保存】和【确定】按钮，即可返回【个人所得税初始设置】对话框。

**步骤 05**  单击【税率项目】和【所得计算】右侧的按钮，即可打开【所得项目计算】对话框，在其中选择需要的所得项目，如图 9-40 所示。单击【确定】

图 9-38  【编辑】选项卡

按钮，即可返回到【个人所得税初始设置】对话框并设置所得期间、外币币别、外币汇率、基本扣除和其他扣除等选项。

图 9-39  信息提示框

图 9-40  【所得项目计算】对话框

## 9.2  日常处理

工资管理系统的日常业务包括工资的录入、计算、审核、发放、个人所得税的计算、工资费用的分配、工资凭证管理和期末结账等内容。

### 9.2.1 工资业务

在工资录入界面中，用户可以手工录入或引入一些工资项目，并对这些项目进行计算及审核，还可以对工资数据进行引入和引出操作。

1. 工资录入

录入工资是工资系统管理的基础，只有录入相应的工资才能进行工资的相应管理操作。录入工资的具体的操作步骤如下。

**步骤 01** 在金蝶 K/3 主控台窗口中选择【人力资源】标签，展开【工资管理】→【工资业务】功能项，然后双击【工资录入】选项，即可打开【过滤器】对话框，如图 9-41 所示，单击【增加】按钮。

**步骤 02** 打开【定义过滤条件】对话框，如图 9-42 所示。在"过滤名称"文本框中输入相应的名称，选择已经设置好的计算公式，也可以单击【公式编辑】按钮，然后在打开的对话框中编辑新的计算公式，并在"工资项目"列表框中选择相应的工资项目。

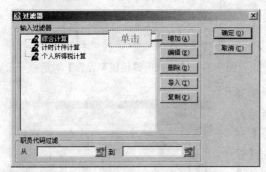

图 9-41 【过滤器】对话框　　　　　　　　图 9-42 【定义过滤条件】对话框

**步骤 03** 切换到【条件】选项卡设置工资项目的过滤条件，如图 9-43 所示。

**步骤 04** 切换到【排序】选项卡，在其中可以设置工资项目的排序方式，如图 9-44 所示。单击【确定】按钮，系统将弹出一个信息提示框，提示是否新增过滤条件，确认后即可将该过滤方案添加到【过滤器】对话框中。

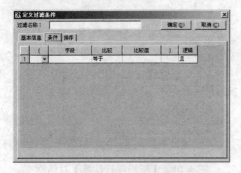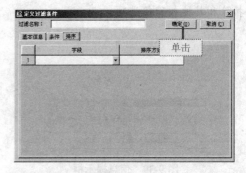

图 9-43 【条件】选项卡　　　　　　　　图 9-44 【排序】选项卡

**步骤 05** 如果要修改已存在的过滤方案，只需选中需要修改的方案，然后单击【编辑】按钮，即可从弹出的对话框中进行修改操作。

**步骤 06** 如果要删除已存在的过滤方案，只需选中需要删除的方案，然后单击【删除】按钮，系统弹出一个信息提示框，确认后可完成删除操作。

**Kingdee**

步骤 07　单击【导入】按钮，即可打开【方案导入】对话框，在其中选择工资类别及过滤方案，如图 9-45 所示。单击【导入】按钮，即可导入过滤方案并返回【过滤器】对话框。

步骤 08　在【职员代码过滤】选项组中设置职员代码范围。然后单击【确定】按钮，即可进入【工资数据录入】窗口，如图 9-46 所示。在白色区域中单击，即可录入相应的工资数据。如果单击【计算器】按钮，则可打开【工资项目辅助计算器】对话框。

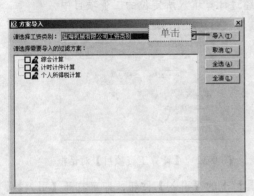

图 9-45　【方案导入】对话框

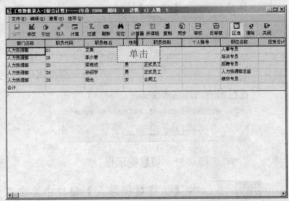

图 9-46　【工资数据录入】窗口

步骤 09　在其中设置变动项目、变动公式及职员范围，如图 9-47 所示。单击【确定】按钮，可将所选变动项目在职员范围内按变动公式计算的数值进行录入。

步骤 10　在引入所得税的非固定工资项目或该列工资项目的某一单元格中单击，单击工具栏上的【所得税】按钮，系统将弹出一个如图 9-48 所示的信息提示框。单击【确定】按钮，即可打开【引入所得税】对话框。

图 9-47　【工资项目辅助计算器】对话框

图 9-48　信息提示框

步骤 11　在对话框中选择相应的引入方式，如图 9-49 所示。若某个工资项目的历史记录中的计算结果与当前工资项目数据相同，则单击【工资数据录入】窗口工具栏中的【复制】按钮，即可打开【数据复制】对话框。

步骤 12　在其中设置工资项目来源、会计年度、会计期间等选项，如图 9-50 所示。

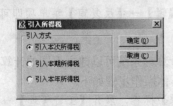

图 9-49　【引入所得税】对话框

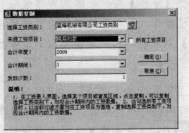

图 9-50　【数据复制】对话框

步骤 13 在【工资数据录入】窗口中选择需要导入其他工资项目栏处，单击工具栏上的【计算】按钮，系统将弹出如图 9-51 所示的信息提示框。单击【确定】按钮，即可打开【计算工资项目】对话框。

步骤 14 在其中可将工资系统历史工资数据的某项工资项目，经过平均值、最大值等方式计算出当前工资计算中某项工资项目的数据，如图 9-52 所示。在【计算参数】选项组中选择计算方法后，单击【确定】按钮，即可将工资项目经过计算填入所定位的工资项目中。

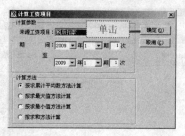

图 9-51　信息提示框

图 9-52　【计算工资项目】对话框

步骤 15 在【工资数据录入】窗口中单击工具栏上的【引入】按钮，即可打开【引入数据】对话框，在其中设置好各种选项，如图 9-53 所示，然后单击【执行引入】按钮，即可完成工资数据的引入操作。

图 9-53　【引入数据】对话框

步骤 16 当所有工资项目都设置完毕后，选择需要审核的职员工资所在行中的任意单元格，单击【审核】按钮，即可审核该职员工资。若发现还需要修改，可单击【反审核】按钮进行反审核操作。若在系统参数设置时要求对工资表进行复审，则在审核之后，选择【编辑】→【复审】菜单项即可；若需要取消复审操作，则选择【编辑】→【反复审】菜单项即可。

2. 工资计算

在工资数据录入完毕后，可以根据录入的数据进行计算。系统可以建立不同的计算方案，利用计算机进行高速运算，提高工作效率。工资计算的具体操作步骤如下。

步骤 01 在金蝶 K/3 主控台窗口中选择【人力资源】标签，展开【工资管理】→【工资业务】功能项，然后双击【工资计算】选项，即可打开【工资计算向导】对话框，如图 9-54 所

**Kingdee**

示，单击【增加】按钮。

**步骤 02** 　打开【定义过滤条件】对话框，如图 9-55 所示。在"过滤名称"文本框中输入过滤名称，在"计算公式"下拉列表框中选择公式，再在"工资项目"列表框中选择过滤的工资项目，然后单击【确定】按钮，在弹出的是否新增过滤条件提示信息框中单击【确定】按钮，即可新增计算。

图 9-54　【工资计算向导】对话框

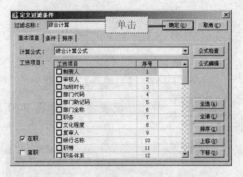

图 9-55　【定义过滤条件】对话框

**步骤 03** 　单击【删除】按钮，即可删除所选的计算方案。在【工资计算向导】对话框中选择需要参与计算的工资方案，单击【下一步】按钮，即可打开【工资计算向导】界面，如图 9-56 所示，单击【计算】按钮。

**步骤 04** 　经过以上操作后，即可开始计算并显示最终报告，如图 9-57 所示。单击【完成】按钮，即可完成工资的计算操作。

图 9-56　【工资计算向导】对话框

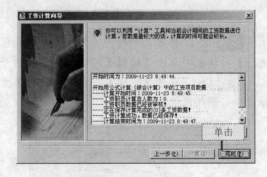

图 9-57　显示计算报告

3. 计算所得税

工资达到一定数量就需要缴纳相应的个人所得税，所以还需要对个人所得税进行计算。所得税计算的具体操作步骤如下。

**步骤 01** 　在金蝶 K/3 主控台窗口中选择【人力资源】标签，展开【工资管理】→【工资业务】系统功能选项，然后双击【所得税计算】选项，即可打开【过滤器】对话框，如图 9-58 所示，单击【增加】按钮。

**步骤 02** 　打开【定义过滤条件】对话框，如图 9-59 所示。在"过滤名称"文本框中输入相应的名称并设置所得税过滤条件。

**步骤 03** 　切换到【排序】选项卡在其中选择相应的排序方式，如图 9-60 所示，单击【确定】按钮。

图 9-58 【过滤器】对话框

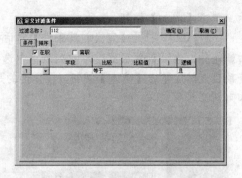

图 9-59 【定义过滤条件】对话框

**步骤 04** 弹出信息提示框，如图 9-61 所示。单击【确定】按钮，即可完成所得税方案的添加操作。

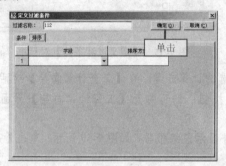

图 9-60 【排序】选项卡

图 9-61 信息提示框

**步骤 05** 添加的所得税方案将在【过滤器】对话框中显示出来，如图 9-62 所示。在【过滤器】对话框中单击【编辑】按钮，可以修改所选所得税过滤方案。

**步骤 06** 单击【删除】按钮，系统将弹出如图 9-63 所示的信息提示框。单击【确定】按钮，即可删除所选所得税方案。

图 9-62 添加的所得税方案

图 9-63 删除提示信息框

**步骤 07** 在【过滤器】对话框中单击【导入】按钮，即可打开【方案导入】对话框，在其中选择需要导入的所得税方案，如图 9-64 所示，单击【导入】按钮。

**步骤 08** 经过以上操作后，即可将所选方案添加到【过滤器】对话框，如图 9-65 所示。在其中选择所得税计算方案后，单击【确定】按钮。

**步骤 09** 进入所得税录入窗口，如图 9-66 所示。在白色区域中输入所得税数据后，单击工具栏上的【计算器】按钮，即可批量填入所得税数据。

**步骤 10** 单击所得税录入窗口工具栏中的【方法】按钮，即可打开【所得税计算】对话框，在其中选择所得税计算方法，如图 9-67 所示。

Kingdee

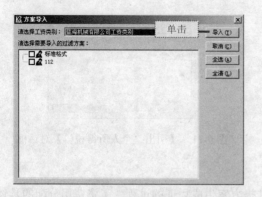

图 9-64 【方案导入】对话框

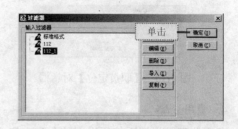

图 9-65 导入的方案

图 9-66 所得税录入窗口

图 9-67 【所得税计算】对话框

**步骤 11** 单击所得税录入窗口工具栏中的【税率】按钮，即可打开【个人所得税税率设置】对话框，在其中设置所得税税率的计算方案，如图 9-68 所示。单击【所得项】按钮，即可打开【所得项目计算】对话框，在其中设置所得税的所得项目计算方式，如图 9-69 所示。

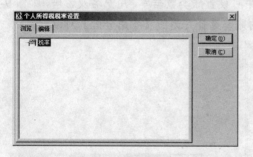

图 9-68 【个人所得税税率设置】对话框

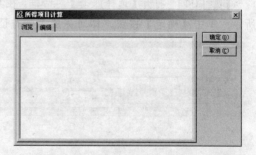

图 9-69 【所得项目计算】对话框

**步骤 12** 单击【计税】按钮，即可重新计算所得税数据。单击【定位】按钮，即可打开【职员定位】对话框，在其中定位查找公司职员信息，如图 9-70 所示。单击【引出】按钮，即可打开【引出‘个人所得税’】对话框，在其中将当前数据引出为各种格式的文件，如图 9-71 所示。

图 9-70　【职员定位】对话框　　　　　　　图 9-71　【引出'个人所得税'】对话框

### 4. 费用分配

费用分配是根据系统所设置的分配方案或计提方案生成凭证的过程。工资费用分配的具体操作步骤如下。

**步骤 01**　在金蝶 K/3 主控台窗口中选择【人力资源】标签，展开【工资管理】→【工资业务】功能项，然后双击【费用分配】选项，即可打开【费用分配】对话框，如图 9-72 所示。

**步骤 02**　选择【编辑】选项卡，即可进入"编辑"设置界面，如图 9-73 所示。

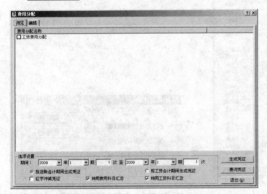
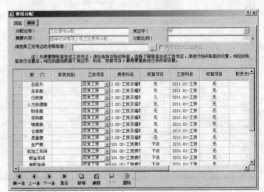

图 9-72　【费用分配】对话框　　　　　　　图 9-73　【编辑】选项卡

**步骤 03**　单击【新增】按钮，在其中设置分配名称、凭证字、摘要内容和分配比例等内容，如图 9-74 所示。如果勾选【跨账套生成工资凭证】复选框，则单击 按钮。

**步骤 04**　打开【选择账套】对话框，在其中可设置账套数据库、用户名及密码，如图 9-75 所示。单击【确定】按钮，即可完成工资凭证的账套选择并返回【费用分配】对话框。

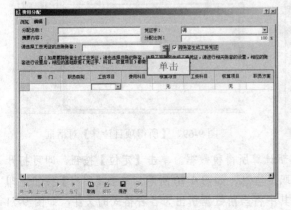

图 9-74　新增费用分配　　　　　　　　　　图 9-75　【选择账套】对话框

步骤 05　在【费用分配】对话框下方设置部门、职员类别、工资项目、费用科目、核算项目等内容，如图 9-76 所示。单击【保存】按钮，即可将费用分配方案保存到系统中。运用同样方法可添加其他费用方案。

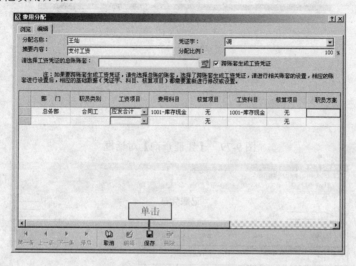

图 9-76　输入费用分配内容

步骤 06　在【费用分配】对话框的【浏览】选项卡中选择费用分配方案及生成凭证方式后，单击【生成凭证】按钮，系统将弹出如图 9-77 所示的信息提示框。单击【确定】按钮，即可按费用分配方案生成凭证，如图 9-78 所示。

图 9-77　信息提示框

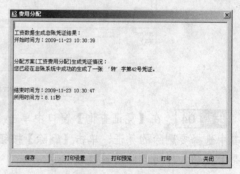

图 9-78　生成凭证

**5．工资凭证管理**

凭证管理用于对工资管理系统生成的凭证进行处理，如查看、打印和删除等。工资凭证管理的具体操作步骤如下。

步骤 01　在金蝶 K/3 主控台窗口中选择【人力资源】标签，展开【工资管理】→【工资业务】功能项，然后双击【工资凭证管理】选项，即可打开【凭证查询】窗口，如图 9-79 所示，双击某一凭证记录。

步骤 02　打开【记账凭证-查看】窗口，在其中查看凭证内容，如图 9-80 所示，单击【选择】按钮。

步骤 03　在其中选择账套数据库，输入用户名和密码后单击【确定】按钮，即可切换到所选账套查看其相应的凭证记录。

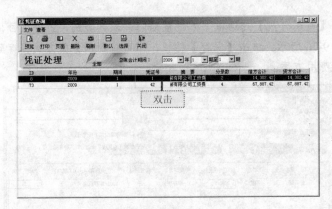

图 9-79 【凭证查询】对话框

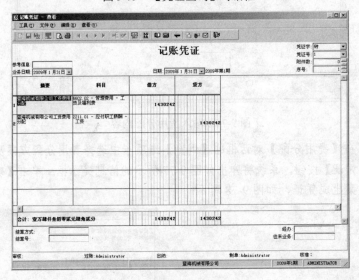

图 9-80 【记账凭证-查看】窗口

**步骤 04** 在【凭证查询】窗口中单击【默认】按钮，即可将账套切换到系统默认账套。在其中选择要删除的凭证，单击【删除】按钮，系统将弹出如图 9-82 所示的信息提示框。单击【是】按钮，即可删除所选凭证记录。

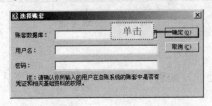

图 9-81 【选择账套】对话框

图 9-82 信息提示框

### 6. 工资审核

为了确保工资的正确性，需要对工资数据进行审核，审核后的工资数据不能修改，只有反审核后才能修改。工资审核具体的操作步骤如下。

**步骤 01** 在金蝶 K/3 主控台窗口中选择【人力资源】标签，展开【工资管理】→【工资业务】功能项，然后双击【工资审核】选项，即可打开【工资审核】对话框，如图 9-83 所示。

**步骤 02** 　若在对话框中勾选【按部门处理】复选框，则审核和反审核等操作按部门进行，否则将按单一职员进行；若勾选【级联选择】复选框，则当用户选取上级部门时，其下级部门将自动处于被选中状态。在其中选择【审核】单选按钮并选择需要审核的工资数据之后，单击【确定】按钮，即可完成审核操作；勾选【复审】单选按钮再选择需要复审的工资数据，单击【确定】按钮，即可完成复审操作。如果工资数据需要修改，则可选择【反复审】或【反审核】单选按钮。

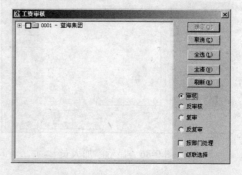

图 9-83　【工资审核】对话框

## 9.2.2　人员变动

人员变动用于处理企业中职员的信息变动，如部门更换、职位变动等，以保证财务人员核算工资时的准确性。

### 1. 人员变动处理

处理人员变动包括人员变动处理、人员变动查询和人员属性变动查询 3 项工作。人员变动处理的具体操作步骤如下。

**步骤 01** 　在金蝶 K/3 主控台窗口中选择【人力资源】标签，展开【人事管理】→【职员管理】功能项，然后双击【人员变动】选项，即可打开【职员变动】对话框，如图 9-84 所示。单击【新增】按钮，即可打开【职员】窗口，如图 9-85 所示。

图 9-84　【职员变动】对话框　　　　　　　　　图 9-85　【职员】窗口

**步骤 02** 　在其中选择需要人事变动的人员，单击【选择】按钮将其添加到【职员变动】人员列表中，如图 9-86 所示。在【职员变动】对话框中选择参与人员后，单击【下一步】按钮，即可进入职员变动设置界面，如图 9-87 所示。

**步骤 03** 　在其中勾选【禁用凭证】复选框并选择工资类别后，单击【完成】按钮，系统将弹出如图 9-88 所示的信息提示框。单击【是】按钮，即可删除工资类别下相应的本次发放数据和所得税数据。

**步骤 04** 　完成禁用操作并给出提示，如图 9-89 所示。若属于人员变动，则只需设置其"职员项目"与"变动参数"项，然后单击【完成】按钮，即可完成人员变动处理操作。

图 9-86　显示添加人员

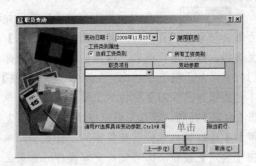

图 9-87　职员变动设置界面

图 9-88　信息提示框

图 9-89　完成信息提示框

**2. 人员变动查询**

如果要查询人员变动的具体信息，则可通过人员变动查询操作来完成。查询人员变动的具体操作步骤如下。

**步骤 01**　在金蝶 K/3 主控台窗口中选择【人力资源】标签，展开【人事管理】→【职员管理】功能项，然后双击【人员变动一览表】选项，即可打开【请选择过滤条件】对话框，在其中设置职员代码范围，如图 9-90 所示。单击【确定】按钮，即可进入【人员变动一览表】窗口。

**步骤 02**　其中将显示符合条件的职员名单，如图 9-91 所示。如果在职员管理中对职员属性进行修改，则不会反映到人员变动一览表中；只有在人员变动模块中进行变动，才会反映到人员变动一览表中。

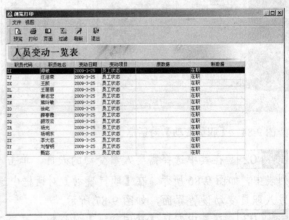

图 9-90　请选择过滤条件　　　　　图 9-91　【人员变动一览表】窗口

## 9.3　工资报表

金蝶 K/3 工资管理系统提供了丰富的工资报表，如工资发放表，工资汇总表，银行所需用的代发文件表等。通过这些报表能全面掌握企业工资总额、分部门水平构成、人员工龄和年龄结构等，为制定合理的薪资管理提供详细的信息。

### 9.3.1　工资条

工资条用于分条输出每位员工的工资数据信息。如果要打印输出职员的工资条，必须进行如下操作。

**步骤 01**　在金蝶 K/3 主控台窗口中选择【人力资源】标签，展开【查询报表】→【工资报表】功能项，然后双击【工资条】选项，即可打开【过滤器】对话框，如图 9-92 所示。单击【增加】按钮。

**步骤 02**　打开【定义过滤条件】对话框，如图 9-93 所示。

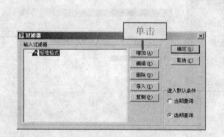

图 9-92　【过滤器】对话框

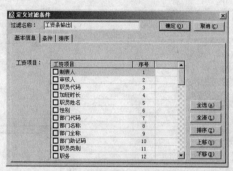

图 9-93　【定义过滤条件】对话框

**步骤 03**　在"过滤名称"文本框中输入过滤名称并从"工资项目"列表框中选择需要打印的工资项目后，切换到【条件】选项卡，在其中可以设置相应的过滤条件，如图 9-94 所示。

**步骤 04**　切换到【排序】选项卡，在其中设置相应的排序方式，如图 9-95 所示。单击【确定】按钮，系统将弹出一个如图 9-96 所示的信息提示框，单击【确定】按钮。

**步骤 05**　经过以上操作后，即可将新增的过滤方案添加到【过滤器】对话框中，如图 9-97 所示。在其中选择设置好的过滤方案，单击【确定】按钮。

**步骤 06**　打开【工资条打印】对话框，如图 9-98 所示。在"字体设置"选项组中分别单击【更改数值字体】和【更改文本字体】按钮。

**步骤 07**　打开【字体】对话框，在其中可设置字体、字体大小，如图 9-99 所示。在"显示设置"选项组中设置工资条的列宽、行高、行距、左边距等选项。在工资项目列表中可设置各工资项目的宽度，并根据需要决定是否勾选【数据为零不打印工资项目】和【使用套打】复选框。

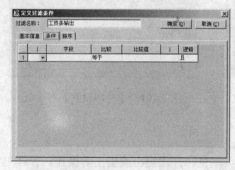

图 9-94　【条件】选项卡

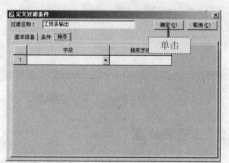

图 9-95　【排序】选项卡

图 9-96　信息提示框　　　　　　　　　　　　　图 9-97　显示新增的过滤方案

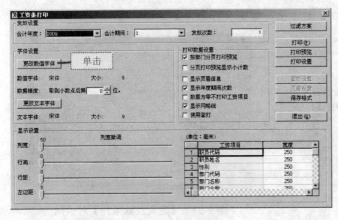

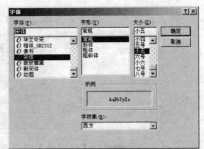

图 9-98　【工资条打印】对话框　　　　　　　　　　图 9-99　【字体】对话框

**步骤 08**　单击【打印预览】按钮，即可查看工资条的打印效果，如图 9-100 所示。单击
【打印设置】按钮，即可打开【打印设置】对话框。

**步骤 09**　在其中对打印机和纸张进行设置，如图 9-101 所示。

为了方便工资的打印输出，用户可以选中【按部门分页打印预览】复选框，使工资条按
部门分别打印输出。

图 9-100　打印预览效果　　　　　　　　　　　图 9-101　【打印设置】对话框

### 9.3.2　工资发放表

通过工资发放表可以对工资发放表数据进行分页浏览、打印输出或引出等操作。管理工资
发放表的具体操作步骤如下。

**步骤 01** 在金蝶 K/3 主控台窗口中单击【人力资源】标签，展开【查询报表】→【工资报表】功能选项，然后双击【工资发放表】选项，即可打开【过滤器】对话框，如图 9-102 所示。工资发放表的设置方法与【工资条】功能中【过滤器】对话框的设置方法完全相同。增加过滤方案后再选择设置好的过滤方案，单击【确定】按钮，即可打开【工资发放表】窗口。

**步骤 02** 在其中可设置期间范围并查看工资发放情况，如图 9-103 所示。

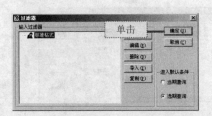

图 9-102 【过滤器】对话框

图 9-103 【工资发放表】窗口

### 9.3.3 工资汇总表

工资汇总表中存放着所有职工的工资数据，可以从中查看工资的发放情况。查看工资汇总表的具体操作步骤如下。

**步骤 01** 在金蝶 K/3 主控台窗口中选择【人力资源】标签，展开【查询报表】→【工资报表】功能项，然后双击【工资汇总表】选项，即可打开【过滤器】对话框，如图 9-104 所示。单击【增加】按钮，即可打开【定义过滤条件】对话框。

**步骤 02** 在其中设置相应选项，如图 9-105 所示。

图 9-104 【过滤器】对话框

图 9-105 【定义过滤条件】对话框

**步骤 03** 切换到【条件】选项卡，在其中设置相应的过滤条件，如图 9-106 所示。

**步骤 04** 切换到【其他选项】选项卡，在其中设置汇总关键字，如图 9-107 所示。单击【确定】按钮。

**步骤 05** 弹出信息提示框，如图 9-108 所示，询问用户是否要新增过滤条件，单击【确定】按钮。

**步骤 06** 经过以上操作后，即可将设置的方案添加到【过滤器】对话框中，如图 9-109 所示。在【过滤器】对话框中选择过滤方案后，单击【确定】按钮。

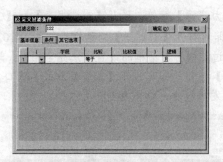

图 9-106 【条件】选项卡

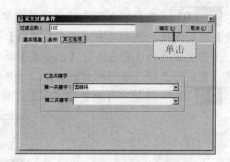

图 9-107 【其他选项】选项卡

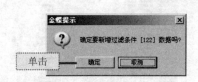

图 9-108 信息提示框

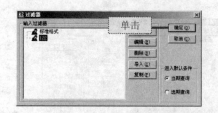

图 9-109 显示新增方案

**步骤 07** 打开【工资汇总表】窗口，如图 9-110 所示。单击工具栏上的【职员】按钮，即可查看每个职员的工资发放情况，如图 9-111 所示。单击【部门分级】按钮，即可打开【设置分级汇总的级次】对话框。

图 9-110 【工资汇总表】窗口

图 9-111 查看职员工资发放情况

**步骤 08** 在其中设置分级汇总的级次范围，如图 9-112 所示。单击【确定】按钮，即可按所设部门级次进行分级汇总，如图 9-113 所示。

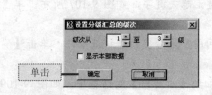

图 9-112 【设置分级汇总的级次】对话框

图 9-113 分级汇总

### 9.3.4 工资统计表

工资统计表存储着工资的组合体，要通过工资统计表对职员的工资详情进行查阅。查看工资统计表的具体操作步骤如下。

**步骤 01** 在金蝶 K/3 主控台窗口中单击【人力资源】标签，展开【查询报表】→【工资报表】功能选项，然后双击【工资统计表】选项，即可打开【过滤器】对话框，如图 9-114 所示。在其中选择过滤方案，单击【确定】按钮。

**步骤 02** 打开【工资统计表】窗口，如图 9-115 所示。

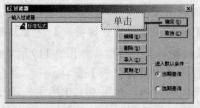

图 9-114 【过滤器】对话框        图 9-115 【工资统计表】窗口

**步骤 03** 单击工具栏上的【项目】按钮，即可按项目查看统计数据，如图 9-116 所示。

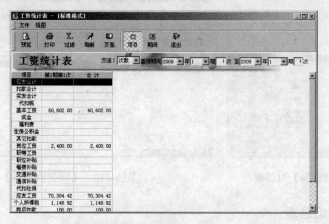

图 9-116 查看统计数据

### 9.3.5 银行代发表

在工资报表中还可以查看银行代发表，具体的操作步骤如下。

**步骤 01** 在金蝶 K/3 主控台窗口中选择【人力资源】标签，展开【查询报表】→【工资报表】功能项，然后双击【银行代发表】选项，即可打开【过滤器】对话框，如图 9-117 所示。在选择设置好的过滤方案之后，单击【确定】按钮，即可打开【银行代发表】窗口。

**步骤 02** 在其中可查看相应的银行代发信息，如图 9-118 所示。

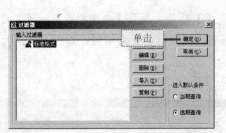

图 9-117　【过滤器】对话框　　　　　　　图 9-118　【银行代发表】窗口

### 9.3.6　职员台账表

在工资报表中还可以查看职员台账表，具体的操作步骤如下。

**步骤 01**　在金蝶 K/3 主控台窗口中选择【人力资源】标签，展开【查询报表】→【工资报表】功能项，然后双击【职员台账表】选项，即可打开【过滤器】对话框，如图 9-119 所示。在选择设置好的过滤方案之后，单击【确定】按钮，即可打开【职员台账表】窗口。

**步骤 02**　在其中可查看每位职员在一定期间内的工资发放情况，如图 9-120 所示。还可单击工具栏上的【第一条】、【上一条】、【下一条】或【最后】按钮，查看不同的职员账表记录。

图 9-119　【过滤器】对话框　　　　　　　图 9-120　【职员台账表】窗口

### 9.3.7　职员台账汇总表

职员台账汇总表是职员台账表的汇总，所以在工资报表中也可以查看职员台账汇总表。查看职员台账汇总表的具体操作步骤如下。

**步骤 01**　在金蝶 K/3 主控台窗口中选择【人力资源】标签，展开【查询报表】→【工资报表】功能项，然后双击【职员台账汇总表】选项，即可打开【过滤器】对话框，在其中选择过滤方案，如图 9-121 所示。单击【确定】按钮，即可打开【职员台账汇总表】窗口。

**步骤 02**　在其中可查看每位职员在一定期间内的工资发放汇总情况，如图 9-122 所示。

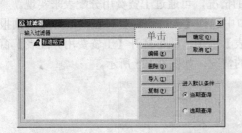

图 9-121　【过滤器】对话框　　　　　　　图 9-122　【职员台账汇总表】窗口

### 9.3.8　个人所得税报表

如果要查看每位职员在一定期间内的个人所得税的缴纳情况，可以通过个人所得税报表来实现。具体的操作步骤如下。

**步骤 01**　在金蝶 K/3 主控台窗口中选择【人力资源】标签，展开【查询报表】→【工资报表】功能项，然后双击【个人所得税报表】选项，即可打开【过滤器】对话框，在其中选择过滤方案。单击【确定】按钮，即可打开【个人所得税报表】窗口，在其中查看每位职员在一定期间内的个人所得税的缴纳情况，如图 9-123 所示。

图 9-123　【个人所得税报表】窗口

**步骤 02**　单击【个人所得税报表】窗口工具栏上的【汇总】按钮，即可按不同税率进行汇总查询，如图 9-124 所示。汇总必须在同年、同月、同期、同次之间进行。

图 9-124　个人所得税汇总查询

### 9.3.9 工资费用分配表

如果要查看按不同分配方案进行工资费用分配的情况，可通过工资费用分配表来实现。

操作方法很简单，只需在金蝶 K/3 主控台窗口中选择【人力资源】标签，展开【查询报表】→【工资报表】功能项，双击【工资费用分配表】选项，即可打开【工资费用分配表】窗口，在其中查看按不同分配方案进行工资费用分配的情况，如图 9-125 所示。

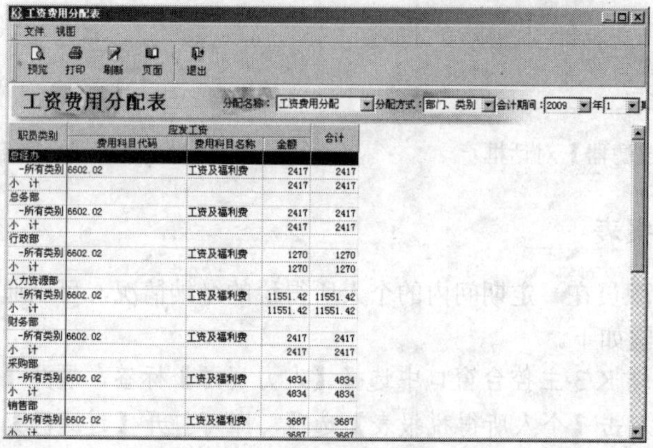

图 9-125 【工资费用分配表】窗口

### 9.3.10 人员结构分析表

人员结构分析主要是对不同的工资项目按不同的标准进行数据分析，输出数据与图表，形象地显示企业的工资分布情况。人员结构分析的具体操作步骤如下。

**步骤 01** 在金蝶 K/3 主控台窗口中选择【人力资源】标签，展开【查询报表】→【工资报表】功能项，然后双击【人员结构分析表】选项，即可打开【人员工资结构分析】窗口，如图 9-126 所示。

**步骤 02** 在"工资项目"下拉列表框中可以选择不同的工资项目；在"分类标准"下拉列表框中可以选择不同的分类，如性别、职员类别、部门、职务等；选择工资发放的期间范围，单击【刷新】按钮，即可按用户设置的条件显示出人员工资结构分析表、人员结构图、人员工资比较图。若要将所得到的数据及图表保存起来便于以后查看，只需选择【文件】→【保存图形】菜单项即可。

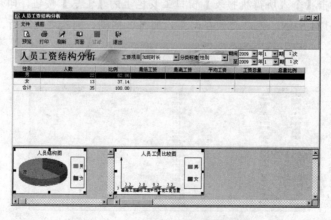

图 9-126 【人员工资结构分析】窗口

### 9.3.11　年龄工龄分析表

在一个企业中，员工的年龄不同，进公司的时间不同，待遇也就不同，可以通过查看工资报表中的年龄工龄分析表来了解相应的情况。

年龄工龄分析表的具体操作步骤如下。

**步骤 01**　在金蝶 K/3 主控台窗口中选择【人力资源】标签，展开【查询报表】→【工资报表】功能项，然后双击【年龄工龄分析表】选项，即可打开【年龄工龄定义】对话框，在其中选择【工龄分析】单选按钮并设置相应分析表的第一关键字、第二关键字及截止日期、分段标准，如图 9-127 所示。若需要统计禁用人员，则勾选【是否统计禁用人员】复选框，然后单击【确定】按钮。

**步骤 02**　打开【年龄工龄分析表】窗口，如图 9-128 所示。

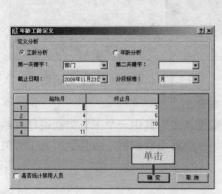

图 9-127　【年龄工龄定义】对话框

图 9-128　【年龄工龄分析表】窗口

**步骤 03**　如果要定义年龄分析情况，则在【年龄工龄定义】对话框中选择"年龄分析"单选项，并对年龄分析进行相应的设置，如图 9-129 所示，单击【确定】按钮。

**步骤 04**　打开【年龄工龄分析表】窗口，如图 9-130 所示。单击工具栏上的【设置】按钮，即可打开【年龄工龄定义】对话框，在其中重新设置分析条件查询年龄工龄分析表。

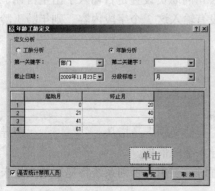

图 9-129　【年龄工龄定义】对话框

图 9-130　【年龄工龄分析表】窗口

如果在职员设置中没有输入出生日期、入职日期、离职日期 3 个字段的内容，则年龄工龄分析表数据将会无数据或数据不全。

## 9.4 期末结账

工资的日常处理已经就绪，接下来就需要对这些日常处理工作进行期末结账，彻底完成工资的日常处理工作。

期末结账主要是指在月末对相应的数据进行结账处理，以便处理新的工资业务。期末结账的具体操作步骤如下。

**步骤 01** 在金蝶 K/3 主控台窗口中选择【人力资源】标签，展开【工资管理】→【工资业务】功能项，然后双击【期末结账】选项，即可打开【期末结账】对话框，如图 9-131 所示。

**步骤 02** 如果是整个期间的期末结账，可选择【本期】单选按钮，否则可选择【本次】单选按钮。选择【结账】单选按钮，单击【开始】按钮，即可完成结账操作。系统同时提供了反结账功能，在【期末结账】对话框中选择【反结账】单选按钮，然后单击【开始】按钮即可将已结账的账套恢复到未结账状态。

图 9-131 【期末结账】对话框

结账时系统会自动复制每个类别下的固定工资项目数据。当对其中一个工资类别进行反结账操作时，若选择【删除当前工资数据】功能，则自动删除当前工资数据，而其他所有工资类别也同时跟着反结账并自动删除当前工资数据。

## 9.5 专家点拨：提高效率的诀窍

（1）在运用设置的公式计算工资时，为什么总是出现"某变量未定义"提示，不能进行计算操作？

**解答：** 当出现这种情况时，用户最好先检查一下在公式设置时引用的工资项目是否已经过了定义，因为只有在定义了工资项目之后，公式设置才可在计算工资时被引用。

（2）根据本公司的实际情况创建了一个工龄分析表，为什么表中的数据不全？

**解答：** 当出现这种情况时，用户最好先检查一下本公司的职员设置是否输入了出生日期、入职日期和离职日期 3 个字段内容，如果在职员设置中没有输入这 3 个字段内容，则年龄工龄分析表数据将会显示为无数据或数据不全。

## 9.6 沙场练兵

1. 填空题

（1）在部门管理操作过程中，导入数据源中的"工资其他类别"是指从_____中导入部门信息，"工资单一类别"是指从_____下导入部门信息。

（2）只有_____了的工资项目，才能在公式设置时被引用，否则系统将提示某变量未定义。

（3）工资条用于_____每位员工的工资数据信息。

2. 选择题

（1）引入所得税的方式有（　　）

  A．1 种   B．2 种     C．3 种    D．4 种

（2）所得税的计算方法有（　　）

  A．1 种   B．2 种     C．3 种    D．4 种

（3）在工资录入界面中，用户可以手工录入或（　　）一些工资项目，并对这些项目进行计算及审核，还可以将工资数据进行引入和引出操作。

  A．引入  B．引出    C．自动录入  D．以上答案均正确

3. 简答题

（1）如何计算所得税？

（2）如何查询工资发放表？

（3）如何查询工资费用分配表？

## 习题答案

1. 填空题

（1）其他工资类别  某一个类别  （2）定义  （3）分条输出

2. 选择题

（1）C  （2）C  （3）A

3. 简答题

（1）**解答**：在金蝶 K/3 主控台窗口中选择【人力资源】标签，展开【工资管理】→【工资业务】功能项，然后双击【所得税计算】选项，在【过滤器】对话框中单击【增加】按钮，再在【定义过滤条件】对话框的"过滤名称"文本框中输入相应名称并设置所得税过滤条件，然后在【排序】选项卡中选择相应排序方式。最后单击【确定】按钮，即可完成所得税方案的添加。新增的方案将在【过滤器】对话框中显示出来。

在【过滤器】对话框中单击【编辑】按钮修改所选所得税过滤方案。单击【导入】按钮，可在【方案导入】对话框中选择需要导入的所得税方案并将其添加到【过滤器】对话框。在白色区域中输入所得税数据后，单击【计算器】按钮可批量填入所得税数据。单击【方法】按钮可在【所得税计算】对话框中选择所得税计算方法。单击【税率】按钮，可在【个人所得税税率设置】对话框中设置所得税税率的计算方案。单击【计税】按钮，可对所得税数据重新计算。单击【定位】按钮，可在【职员定位】对话框中定位查找公司职员信息。单击【引出】按钮，可在【引出'个人所得税'】对话框中将当前数据引出为各种格式的文件。

（2）**解答**：在金蝶 K/3 主控台窗口中选择【人力资源】标签，展开【查询报表】→【工资报表】功能项，然后双击【工资发放表】选项，在【过滤器】对话框中选择设置好的过滤方案，然后单击【确定】按钮，即可在【工资发放表】窗口中设置期间范围并查看工资发放情况。

（3）**解答**：在金蝶 K/3 主控台窗口中选择【人力资源】标签，展开【查询报表】→【工资报表】功能项，双击【工资费用分配表】选项，即可在【工资费用分配表】窗口中查看按不同分配方案进行工资费用分配的情况。

# 第 10 章

# 金蝶 K/3 账务处理实验例程

**主要内容：**

- 总账系统日常业务处理
- 出纳管理与账簿管理
- 总账期末业务处理
- 工资管理系统与固定资产管理
- 日常经营业务
- 报表编制与日常管理

## 实验 1　系统管理

### Sy1.1　账套信息

1. 新建账套

- 账套号：005
- 账套类型：工业企业通用解决方案
- 数据库文件路径："我的文档"文件夹
- 数据库日志文件路径："我的文档"文件夹
- 使用 Windows 身份验证方式

- 账套名称：金苑环保有限公司
- 数据库实体：SHILI

- 登录账套使用传统认证方式

2. 账套属性

- 机构名称：河南华盛科技有限公司
- 电话：63266260
- 本位币名称：人民币
- 会计期间界定方式：自然月份

- 地址：郑州市宋寨南街 20 号
- 记账本位币代码：RMB
- 小数位数：2
- 启用日期：2009 年 09 月

### Sy1.2　岗位设置

会计主管、会计、出纳 3 人，权限分配如下。

- 会计主管（李金亭）：报表、总账、固定资产、财务分析、现金管理、工资、应收账、应付账、数据引入、数据引出的管理与查询权。
- 会计（李银婷）：报表、固定资产、应收账、应付账的管理与查询权。
- 出纳（李小敏）：总账、工资、现金管理、现金流量表的管理与查询权。

### Sy1.3　基础设置

用户名及对应登录密码如下。

- 李金亭的用户名：李金亭；登录密码为 123456。
- 李银婷的用户名：李银婷；登录密码为 654321。
- 李小敏的用户名：李小敏；登录密码为 L0000M。

## 实验 2　总账系统日常业务处理

### Sy2.1　总账系统初始化

- 公司名称：河南华盛科技有限公司
- 电话：63266260
- 选择【启用往来业务核销】复选框和【凭证过账前必需审核】复选框

- 地址：郑州市宋寨南街 20 号
- 本年利润科目：321-本年利润

### Sy2.2　会计科目及期初余额

引入金蝶预设的工业企业标准会计科目，并在此基础上增加明细科目。具体会计科目及期初余额如下。

## 会计科目属性及期初余额表

| 科目代码 | 科目名称 | 期初余额（借） | 期初余额（贷） | 外币核算 | 期末调汇 | 往来业务核算 | 数量金额 | 计量单位 | 辅助核算说明 |
|---|---|---|---|---|---|---|---|---|---|
| 101 | 现金 | 75.00 | | | 否 | 否 | 否 | | |
| 102 | 银行存款 | 314 000.00 | | | 否 | 否 | 否 | | |
| 10201 | 人民币 | 292 750.00 | | | | | | | |
| 1020101 | 工行存款 | 292 750.00 | | | | | | | |
| 10202 | 美元 | USA 2 500.00 | | 美元 | 是 | | | | |
| 1020201 | 中行存款 | USA 2 500.00 | | 美元 | 是 | | | | |
| 10203 | 港币 | | | 港币 | 是 | | | | |
| 109 | 其他货币资金 | 37 500.00 | | | | | | | |
| 10901 | 外埠存款 | | | | | | | | |
| 10902 | 银行汇票存款 | 37 500.00 | | | | | | | |
| 10903 | 银行本票存款 | | | | | | | | |
| 10904 | 信用证存款 | | | | | | | | |
| 10905 | 在途货币资金 | | | | | | | | |
| 111 | 短期投资 | 3 750.00 | | | | | | | 客户 |
| 11101 | 股票投资 | | | | | | | | 客户 |
| 11102 | 债券投资 | 37 500.00 | | | | | | | 客户 |
| 112 | 应收票据 | 61 500.00 | | | | | | | 客户 |
| 113 | 应收账款 | −25 000.00 | | | | 是 | | | 客户 |
| 11301.001 | 天津机械公司 | | 75 000.00 | | | | | | 客户 |
| 11301.002 | 天津市民生配件厂 | 50 000.00 | | | | | | | 客户 |
| 11301.003 | 河北机械厂 | | | | | | | | 客户 |
| 11302.001 | 豫北钢铁厂 | | | | | | | | 客户 |
| 11302.002 | 华北钢铁有限公司 | | | | | | | | 客户 |
| 11302.003 | 西北轴承有限公司 | | | | | | | | 客户 |
| 114 | 坏账准备 | | 225.09 | | | | | | |
| 115 | 预付账款 | 250 90.00 | | | | | | | 客户 |
| 11501 | 永生轻工集团 | USA 2 940.00 | | | | | | | 客户 |
| 118 | 应收补贴款 | | | | | | | | |
| 119 | 其他应收款 | 10 1250.00 | | | | | | | |
| 11901 | 销售部 | 1 250.00 | | | | | | | |
| 1190101 | 赵六 | 1 250.00 | | | | | | | |
| 11902 | 保证金 | 100 000.00 | | | | | | | |
| 121 | 材料采购 | 125 000.00 | | | | | | | |
| 12101 | 卷钢 | 25 000.00 | | | | | | 25 | 吨 | |
| 12102 | 304 不锈钢 | 100 000.00 | | | | | | 109 | 吨 | |

（续）

| 科目代码 | 科目名称 | 期初余额（借） | 期初余额（贷） | 外币核算 | 期末调汇 | 往来业务核算 | 数量金额 | 计量单位 | 辅助核算说明 |
|---|---|---|---|---|---|---|---|---|---|
| 123 | 原材料 | 225 000.00 | | | | | | | |
| 12301 | 冷轧钢 | 175 000.00 | | | | | 175 | 吨 | |
| 12302 | 316 不锈钢 | 50 000.00 | | | | | 50 | 吨 | |
| 128 | 包装物 | 25 000.00 | | | | | | | |
| 129 | 低值易耗品 | 125 000.00 | | | | | | | |
| 131 | 材料成本差异 | 20 000.00 | | | | | | | |
| 133 | 委托加工材料 | | | | | | | | |
| 135 | 自制半成品 | | | | | | | | |
| 137 | 产成品 | 125 000.00 | | | | | | | |
| 138 | 分期收款发出商品 | | | | | | | | |
| 139 | 待摊费用 | 25 000.00 | | | | | | | |
| 151 | 长期投资 | 62 500.00 | | | | | | | |
| 15101 | 长期债权投资 | | | | | | | | |
| 15102 | 长期股权投资 | 62 500.00 | | | | | | | |
| 161 | 固定资产 | 375 000.00 | | | | | | | |
| 164 | 固定资产减值准备 | | | | | | | | |
| 165 | 折旧费用 | | 100 000.00 | | | | | | |
| 166 | 固定资产清理 | | | | | | | | |
| 169 | 在建工程 | 375 000.00 | | | | | | | |
| 171 | 无形资产 | 150 000.00 | | | | | | | |
| 17101 | 土地使用权 | | | | | | | | |
| 181 | 递延资产 | | | | | | | | |
| 191 | 待处理财产损益 | | | | | | | | |
| 120 | 长期待摊费用 | 50 000.00 | | | | | | | |
| 201 | 短期借款 | | 75 000.00 | 综合 | 是 | | | | |
| 202 | 应付票据 | | 50 000.00 | 综合 | 是 | | | | 供应商 |
| 20201.003 | 华北钢材集团 | | | | | | | | 供应商 |
| 203 | 应付账款 | | 238 450.00 | 综合 | 是 | | | | 供应商 |
| 20301.001 | 山东钢材股份有限公司 | | 100 000.00 | | | | | | 供应商 |
| 20301.002 | 河南安阳钢材有限公司 | | 138 450.00 | | | | | | 供应商 |
| 204 | 预付账款 | | 0.00 | | | | | | 供应商 |
| 20401.001 | 南京不锈钢有限公司 | 25 000.00 | | | | | | | 供应商 |
| 20401.002 | 浙江不锈钢有限公司 | | 25 000.00 | | | | | | 供应商 |
| 209 | 其他应付款 | | 12500.00 | | | | | | |
| 211 | 应付工资 | | 25000.00 | | | | | | |
| 214 | 应付福利费 | | 2500.00 | | | | | | |

| 科目代码 | 科目名称 | 期初余额（借） | 期初余额（贷） | 外币核算 | 期末调汇 | 往来业务核算 | 数量金额 | 计量单位 | 辅助核算说明 |
|---|---|---|---|---|---|---|---|---|---|
| 221 | 应交税金 | | 250.00 | | | | | | |
| 22101 | 应交增值税 | | −500.00 | | | | | | |
| 2210101 | 进项税额 | | −500.00 | | | | | | |
| 2210102 | 已交税金 | | | | | | | | |
| 2210103 | 销项税额 | | | | | | | | |
| 2210104 | 出口退税 | | | | | | | | |
| 2210105 | 进项税额转出 | | | | | | | | |
| 22102 | 应交消费税 | | | | | | | | |
| 22103 | 营业税 | | | | | | | | |
| 22104 | 应交城建税 | | | | | | | | |
| 22105 | 应交所得税 | | 8 000.00 | | | | | | |
| 223 | 应付利润 | | | | | | | | |
| 229 | 其他应交款 | | 1 650.00 | | | | | | |
| 22901 | 应交教育费附加 | | 1 650.00 | | | | | | |
| 231 | 预提费用 | | 250.00 | | | | | | |
| 241 | 长期借款 | | 400 000.00 | | | | | | |
| 24101 | 一年以上到期长期负债 | | 187 500.00 | | | | | | |
| 2410101 | 工行借款 | | 187 500.00 | | | | | | |
| 24102 | 一年内到期长期负债 | | 212 500.00 | | | | | | |
| 2410201 | 工行借款 | | 212 500.00 | | | | | | |
| 251 | 应付债券 | | | | | | | | |
| 270 | 延递税款 | | | | | | | | |
| 272 | 专项应付款 | | | | | | | | |
| 275 | 住房周转金 | | | | | | | | |
| 301 | 实收资本 | | 1 250 000.00 | | | | | | |
| 30101 | 人民币 | | 1 203 760.00 | | | | | | |
| 30102 | 美元 | | USA 5 440.00 | | | | | | |
| 311 | 资本公积 | | | | | | | | |
| 313 | 盈余公积 | | 37 500.00 | | | | | | |
| 31301 | 法定盈余公积 | | 37 500.00 | | | | | | |
| 31302 | 公益金 | | | | | | | | |
| 321 | 本年利润 | | | | | | | | |
| 322 | 利润分配 | | | | | | | | |
| 32201 | 未分配利润 | | | | | | | | |
| 32202 | 盈余公积补亏 | | | | | | | | |
| 32203 | 提取盈余公积 | | | | | | | | |

（续）

| 科目代码 | 科目名称 | 期初余额（借） | 期初余额（贷） | 外币核算 | 期末调汇 | 往来业务核算 | 数量金额 | 计量单位 | 辅助核算说明 |
|---|---|---|---|---|---|---|---|---|---|
| 32204 | 应付利润 | | | | | | | | |
| 32205 | 转作奖金的利润 | | | | | | | | |
| 32206 | 应交特种基金 | | | | | | | | |
| 32207 | 归还借款的利润 | | | | | | | | |
| 32208 | 单项留用的利润 | | | | | | | | |
| 401 | 生产成本 | | | | | | | | 产品费用 |
| 40101 | 车床 | | | | | | | | 产品费用 |
| 40102 | 分切机 | | | | | | | | 产品费用 |
| 405 | 制造费用 | | | | | | | | 部门 |
| 40501 | 折旧费 | | | | | | | | 部门 |
| 40502 | 修理费 | | | | | | | | 部门 |
| 40503 | 运输费 | | | | | | | | 部门 |
| 40504 | 广告费 | | | | | | | | 部门 |
| 40505 | 工资 | | | | | | | | 部门 |
| 501 | 产品销售收入 | | | | | | | | 客户、部门、职员 |
| 50101 | 主营业务收入 | | | | | | | | 客户、部门、职员 |
| 50102 | 辅营业务收入 | | | | | | | | 客户、部门、职员 |
| 502 | 产品销售成本 | | | | | | | | |
| 503 | 营业费用 | | | | | | | | |
| 504 | 产品销售税金及附加 | | | | | | | | |
| 511 | 其他业务收入 | | | | | | | | |
| 512 | 其他业务支出 | | | | | | | | |
| 521 | 管理费用 | | | | | | | | 部门 |
| 52101 | 工资及福利费 | | | | | | | | 部门 |
| 52102 | 办公费 | | | | | | | | 部门 |
| 52103 | 差旅费 | | | | | | | | 部门 |
| 52104 | 折旧费 | | | | | | | | 部门 |
| 52105 | 业务招待费 | | | | | | | | 部门 |
| 52106 | 无形资产摊销 | | | | | | | | 部门 |
| 52107 | 工会费 | | | | | | | | 部门 |
| 52108 | 修理费 | | | | | | | | 部门 |
| 52109 | 其他费用 | | | | | | | | 部门 |
| 522 | 财务费用 | | | | | | | | |

（续）

| 科目代码 | 科目名称 | 期初余额（借） | 期初余额（贷） | 外币核算 | 期末调汇 | 往来业务核算 | 数量金额 | 计量单位 | 辅助核算说明 |
|---|---|---|---|---|---|---|---|---|---|
| 52201 | 利息费用 | | | | | | | | |
| 52202 | 金融机构手续费 | | | | | | | | |
| 52203 | 汇兑损益 | | | | | | | | |
| 52204 | 现金折扣 | | | | | | | | |
| 531 | 投资收益 | | | | | | | | |
| 53101 | 股票投资 | | | | | | | | |
| 532 | 补贴收入 | | | | | | | | |
| 541 | 营业外收入 | | | | | | | | |
| 542 | 营业外支出 | | | | | | | | |
| 550 | 所得税 | | | | | | | | |
| 560 | 以前年度损益调整 | | | | | | | | |
| 合计 | | 2 300 575.00 | 2 300 575.00 | | | | | | |

以上为河南华盛科技有限公司 2009 年的期初余额，未给出期初余额的会计科目余额为零。长期借款年初余额中，2009 年 12 月 1 日从工行借入 500 500 元一年期借款，2009 年 5 月 1 日从工行借入 207 500 元二年期借款。中行存款年初余额为 2 500 美元，汇率为 8.50。

## Sy2.3　辅助核算

1. 往来单位

| 客户编码 | 客户名称 | 所属分类 | 供应商编码 | 供应商名称 | 所属分类 |
|---|---|---|---|---|---|
| 01 | 批发客户 | | 05 | 原料供应商 | |
| 02 | 零售客户 | | 06 | 成品供应商 | |
| 03 | 代销客户 | | | | |
| 04 | 专柜客户 | | | | |
| 001 | 华宏公司 | 01 | 001 | 兴华公司 | 05 |
| 002 | 昌新贸易公司 | 02 | 002 | 建昌公司 | 05 |
| 003 | 精益公司 | 04 | 003 | 泛美商行 | 06 |
| 004 | 利氏公司 | 03 | 004 | 艾德公司 | 06 |

2. 部门核算

| 部门编码 | 部门名称 | 部门编码 | 部门名称 | 部门编码 | 部门名称 |
|---|---|---|---|---|---|
| 1 | 管理中心 | 2 | 供销中心 | 3 | 制造中心 |
| 101 | 总经理办公室 | 201 | 销售部 | 301 | 一车间 |
| 102 | 财务部 | 202 | 采购部 | 302 | 二车间 |

3. 职员档案

| 职员编码 | 职员名称 | 所属部门 | 职员编码 | 职员名称 | 所属部门 |
|---|---|---|---|---|---|
| 1 | 王灿 | 总经理办公室 | 2 | 李方方 | 财务部 |

（续）

| 职员编码 | 职员名称 | 所属部门 | 职员编码 | 职员名称 | 所属部门 |
|---|---|---|---|---|---|
| 3 | 李小朵 | 财务部 | 6 | 王冰冰 | 采购部 |
| 4 | 陈思睿 | 财务部 | 7 | 李伟 | 销售部 |
| 5 | 孙世宁 | 采购部 | 8 | 邢娜 | 销售部 |

4. 项目设置

| 项目编码 | 项目名称 | 项目编码 | 项目名称 |
|---|---|---|---|
| 001 | 生产成本 | | |
| 001001 | 自行开发项目 | 001001001 | 普通打印纸-A4 |
| 001002 | 委托开发项目 | 001002001 | 凭证套打纸-8X |

5. 计量单位

| 重 量 组 | | 数 量 组 | |
|---|---|---|---|
| 001 | 吨（主） | 001 | 件（主） |
| 002 | 千克 | 002 | 台 |
| 003 | 克 | 003 | 套 |

6. 银行

中国建设银行，账号：7363830010103

中国农业银行，账号：8200002838339

7. 仓库

001 原料仓库

002 成品库

003 设备配件库

004 其他物料仓库

8. 币别设置

美元$

## Sy2.4  凭证类型

凭证字：记、收、付、转

## Sy2.5  结算方式

JF01 现金　　　　JF02 电汇　　　　JF03 信汇　　　　JF04 商业汇票　　　　JF05 银行汇票

## 实验 3  出纳管理

以"王烁"的身份重新注册进入企业应用平台。

1. 现金日记账

（1）在金蝶 K/3 主控台窗口中选择【财务会计】标签，展开【现金管理】→【现金】功能项，然后双击【现金日记账】选项，即可打开【现金日记账】对话框。

（2）在其中选择科目"库存现金（1001）"，默认月份，然后单击【确定】按钮，即可进入

【现金日记账】窗口。

（3）双击某行或将光标置于某行之后，再单击【凭证】按钮，即可查看相应的凭证。

（4）在选中某一条记录后，单击工具栏上的【修改】按钮，即可打开【现金日记账-查看】对话框，在其中修改相关信息。单击【保存】按钮，即可进行保存。

2. 银行存款日记账

银行存款日记账查询与现金日记账查询操作基本相同，不同的只是银行存款日记账设置了结算号栏，主要是对账时用。

3. 银行存款日报表

（1）在金蝶 K/3 主控台窗口中选择【财务会计】标签，展开【现金管理】→【银行存款】功能项，然后双击【银行存款日报表】选项，即可打开【银行存款日报表】对话框。

（2）在设置日期、币别等查询条件后，单击【确定】按钮，即可进入【银行存款日报表】窗口，在其中进行相应操作。

4. 支票管理

（1）在金蝶 K/3 主控台窗口中选择【财务会计】标签，展开【现金管理】→【票据】功能项，然后双击【支票管理】选项，即可打开【支票管理】窗口。单击工具栏上的【购置】按钮，即可打开【支票购置】窗口。

（2）单击【新增支票购置】按钮 🔲，即可打开【新增支票购置】对话框，在其中选择银行名称、账号和币别，设置支票类型、输入支票规则、起始号码、结束号码，修改购置日期，然后单击【确定】按钮，即可保存当前录入资料并返回【支票购置】窗口，新增的信息将显示在该窗口中。

（3）在【支票管理】窗口中选中要领用的"支票购置"记录，单击工具栏上的【领用】按钮，即可打开【支票领用】对话框，在其中选择要领用的支票账号和币别，输入领用日期、预计报销日期、使用限额、领用部门、领用人、领用用途、对方单位等信息。

（4）单击【确定】按钮，系统将弹出一个处理提示对话框，在其中提示已领用的支票数目。单击【确定】按钮返回【支票管理】窗口，同时窗口中将显示领用记录。

# 实验 4　账簿管理

以"陈明"的身份重新注册进入企业应用平台。辅助账的查询只介绍部门账，其他账簿查询同此。

1. 查询总分类账

（1）在金蝶 K/3 主控台窗口中选择【财务会计】标签，展开【总账】→【账簿】系统功能项，双击【总分类账】选项，即可弹出【过滤条件】对话框。

（2）在其中设置会计期间范围、科目级别范围、币别等，并选择【无发生额不显示】、【包括未过账凭证】、【显示核算项目所有级次】等复选框后，单击【确定】按钮，即可进入【总账系统-总分类账】窗口并显示相应的总分类账。

2. 明细分类账

（1）在金蝶 K/3 主控台窗口中选择【财务会计】标签，展开【总账】→【账簿】功能项，双击【明细分类账】选项，即可打开【过滤条件】对话框，在其中设置相应的过滤条件。

（2）单击【确定】按钮，即可进入【明细分类账】窗口，其中将显示查询结果。

## 实验 5　总账期末业务处理

1. 转账生成

生成期间损益凭证，审核，记账

2. 结账

## 实验 6　工资管理系统

### Sy6.1　业务控制参数

1. 账套启用日期：2009 年 5 月

2. 工资类别

| 类 别 名 称 | 在职职工 | 合同工 | 临时工 |
| --- | --- | --- | --- |
| 是否多类别 | 否 | 否 | 否 |
| 币　　别 | 人民币 | 人民币 | 人民币 |

### Sy6.2　基本分类档案

1. 部门管理

| 代　　码 | 部 门 名 称 | 代　　码 | 部 门 名 称 |
| --- | --- | --- | --- |
| 01 | 总经办 | 06 | 供应部 |
| 02 | 人力资源部 | 07 | 生产部 |
| 03 | 财务部 | 08 | 技术部 |
| 04 | 销售部 | 09 | 研发部 |
| 05 | 设备部 | 10 | 医务室 |

2. 职员资料

| 代　　码 | 姓　　名 | 职 员 类 别 | 部　　门 |
| --- | --- | --- | --- |
| 001 | 段玲华 | 管理人员 | 总经办 |
| 002 | 王肖苗 | 管理人员 | 总经办 |
| 003 | 李伟 | 管理人员 | 总经办 |
| 004 | 孙世宁 | 管理人员 | 总经办 |
| 005 | 杨平 | 干事 | 总经办 |
| 006 | 郑静 | 管理人员 | 人力资源部 |
| 007 | 王英英 | 干事 | 人力资源部 |
| 008 | 陈艳艳 | 干事 | 人力资源部 |
| 009 | 李防 | 管理人员 | 财务部 |
| 010 | 王灿 | 会计 | 财务部 |
| 011 | 李小梅 | 出纳 | 财务部 |
| 012 | 陈思思 | 管理人员 | 销售部 |

（续）

| 代　码 | 姓　　名 | 职　员　类　别 | 部　　门 |
|:---:|:---:|:---:|:---:|
| 013 | 王帅 | 销售员 | 销售部 |
| 014 | 王冰冰 | 销售员 | 销售部 |
| 015 | 张晓新 | 销售员（合同工） | 销售部 |
| 016 | 王烁 | 销售员（合同工） | 销售部 |
| 017 | 王一 | 销售员（合同工） | 销售部 |
| 018 | 刘茵茵 | 管理人员 | 设备部 |
| 019 | 陈卫柯 | 维修员 | 设备部 |
| 020 | 陈慧军 | 维修员 | 设备部 |
| 021 | 邢娜 | 管理人员 | 供应部 |
| 022 | 白雪 | 采购员 | 供应部 |
| 023 | 马艳丽 | 管理人员 | 生产部 |
| 024 | 张丹 | 技术员 | 生产部 |
| 025 | 张丽 | 生产工人（临时工） | 生产部 |
| 026 | 柳永良 | 生产工人（临时工） | 生产部 |
| 027 | 徐斌 | 生产工人（临时工） | 生产部 |
| 028 | 王艳华 | 生产工人（合同工） | 生产部 |
| 029 | 李红帅 | 生产工人（合同工） | 生产部 |
| 030 | 李行 | 生产工人（合同工） | 生产部 |
| 031 | 陈恩波 | 生产工人（合同工） | 生产部 |
| 032 | 陈芳 | 生产工人（合同工） | 生产部 |
| 033 | 王光光 | 生产工人 | 生产部 |
| 034 | 黄彬友 | 生产工人（合同工） | 生产部 |
| 035 | 李秋菊 | 生产工人（临时工） | 生产部 |
| 036 | 潘峰 | 生产工人（临时工） | 生产部 |
| 037 | 秦连清 | 生产工人（临时工） | 生产部 |
| 038 | 邓琼 | 生产工人 | 生产部 |
| 039 | 杨艳 | 生产工人（临时工） | 生产部 |
| 040 | 张慧 | 生产工人（临时工） | 生产部 |
| 041 | 张克歌 | 管理人员 | 技术部 |
| 042 | 张鑫 | 干事 | 技术部 |
| 043 | 张良 | 干事（合同工） | 技术部 |
| 044 | 田俊阳 | 干事（合同工） | 技术部 |
| 045 | 李艳松 | 管理人员 | 研发部 |
| 046 | 陈志恒 | 干事（合同工） | 研发部 |
| 047 | 崔志伟 | 干事（合同工） | 研发部 |
| 048 | 崔志强 | 医生 | 医务室 |
| 049 | 崔华 | 护士（临时工） | 医务室 |

3．增加银行资料

| 代　　码 | 名　　称 | 账 号 长 度 |
|---|---|---|
| 03 | 中国农业银行黄河路支行 | 13 |

## Sy6.3　工资项目及公式

1．工资项目

基本工资、奖励工资、交通补贴、应发合计、请假天数、请假扣款、养老保险金、扣款合计、实发合计。

2．公式设置

交通补贴条件公式，名称"交通补贴"，默认值"100"，条件：人员类型=经营人员；50

应发合计=基本工资+奖励工资+交通补贴

请假扣款=请假天数*20

养老保险金=（基本工资+奖励工资）*0.08

扣款合计=请假扣款+养老保险金

实发合计=应发合计-扣款合计

## Sy6.4　工资业务处理

1．工资录入

（1）在金蝶 K/3 主控台窗口中选择【人力资源】标签，展开【工资管理】→【工资业务】功能项，然后双击【工资录入】选项，即可打开【过滤器】对话框。

（2）单击【增加】按钮，即可打开【定义过滤条件】对话框。在"过滤名称"文本框中输入相应名称，选择已设置好的计算公式，或单击【公式编辑】按钮，在打开的对话框中编辑新的计算公式，并在"工资项目"列表框中选择相应工资项目。切换到【条件】选项卡，在其中设置工资项目的过滤条件。切换到【排序】选项卡，在其中设置工资项目的排序方式。

（3）单击【确定】按钮，系统将弹出一个信息提示框，提示是否新增过滤条件，确认后即可将该过滤方案添加到【过滤器】对话框中。

（4）单击【导入】按钮，即可打开【方案导入】对话框，在其中选择工资类别及过滤方案，然后单击【导入】按钮，即可导入过滤方案并返回到【过滤器】对话框。

（5）单击【确定】按钮，即可进入【工资数据录入】窗口。在白色区域中单击可录入相应的工资数据。如果单击【计算器】按钮可打开【工资项目辅助计算器】对话框，在其中设置变动项目、变动公式及职员范围，然后单击【确定】按钮，即可将所选变动项目在职员范围内按变动公式计算的数值进行录入。

（6）在【工资数据录入】窗口中单击工具栏上的【引入】按钮，即可打开【引入数据】对话框，在其中设置好各种选项，然后单击【执行引入】按钮，即可完成工资数据的引入操作。

（7）当所有工资项目都设置完毕后，在其中选择需要审核的职员工资所在行中的任意单元格，单击【审核】按钮，即可审核该职员工资。

2．工资计算

（1）在金蝶 K/3 主控台窗口中选择【人力资源】标签，展开【工资管理】→【工资业务】功能项，然后双击【工资计算】选项，即可打开【工资计算向导】对话框。单击【增加】按钮，即可打开【定义过滤条件】对话框。

（2）在"过滤名称"文本框中输入过滤名称，在"计算公式"下拉列表框中选择公式，然后在"工资项目"列表框中选择过滤的工资项目，最后单击【确定】按钮，在弹出的是否新增过滤条件提示信息框中单击【确定】按钮，即可新增计算公式。

（3）在选择需要参与计算的工资方案后，单击【下一步】按钮，即可打开【工资计算向导】对话框。单击【计算】按钮，即可开始计算并显示最终报告。

3. 所得税计算

（1）在金蝶 K/3 主控台窗口中选择【人力资源】标签，展开【工资管理】→【工资业务】功能项，然后双击【所得税计算】选项，即可打开【过滤器】对话框。单击【增加】按钮，即可打开【定义过滤条件】对话框。

（2）在"过滤名称"文本框中输入相应的名称并设置所得税过滤条件，切换到【排序】选项卡，在其中选择相应的排序方式，然后单击【确定】按钮。在弹出的信息提示框中单击【确定】按钮，即可完成所得税方案的添加并在【过滤器】对话框中显示出来。

（3）单击【导入】按钮，即可打开【方案导入】对话框，在其中选择需要导入的所得税方案，然后单击【导入】按钮，即可将所选方案添加到【过滤器】对话框。

（4）在【过滤器】对话框中选择所得税计算方案后，单击【确定】按钮，即可进入所得税录入窗口。在白色区域中输入所得税数据后，单击【计算器】按钮批量填入所得税数据。单击【方法】按钮，即可打开【所得税计算】对话框，在其中选择所得税的计算方法。

（5）单击【税率】按钮，即可打开【个人所得税税率设置】对话框，在其中设置所得税税率的计算方案。单击【所得项】按钮，即可打开【所得项目计算】对话框，在其中设置所得税的所得项目计算方式。

（6）单击【计税】按钮，即可对所得税数据重新计算。单击【定位】按钮，即可打开【职员定位】对话框，在其中定位查找公司职员信息。

4. 费用分配

（1）在金蝶 K/3 主控台窗口中选择【人力资源】标签，展开【工资管理】→【工资业务】功能项，然后双击【费用分配】选项，即可打开【费用分配】对话框。

（2）选择【编辑】选项卡，单击【新增】按钮，在其中设置分配名称、凭证字、摘要内容和分配比例等内容。如果勾选【跨账套生成工资凭证】复选框，则单击 ▣ 按钮，即可打开【选择账套】对话框，在其中设置账套数据库、用户名及密码。

（3）单击【确定】按钮，即可完成工资凭证的总账账套并返回【费用分配】对话框。在下方设置部门、职员类别、工资项目、费用科目、核算项目等内容。单击【保存】按钮，即可将费用分配方案保存到系统中。运用同样方法可添加其他费用方案。

（4）在【费用分配】对话框的【浏览】选项卡中，选择费用分配方案及生成凭证方式后，单击【生成凭证】按钮，在弹出的提示框中单击【确定】按钮，即可按费用分配方案生成凭证。

# 实验 7　固定资产管理

## Sy7.1　业务控制参数

1. 账套启用日期

2009 年 9 月 1 日

2. 变动方式类别

01 增加

    01.001 购入

    01.002 接受投资

    01.003 接受捐赠

    01.004 融资租入

    01.005 自建

    01.006 盘盈

    01.007 在建工程转入

    01.008 其他增加

02 减少

    02.001 出售

    02.002 盘亏

    02.003 其他减少

03 其他

3. 使用状态

01 使用中

    01.001 正常使用

    01.002 融资租入

    01.003 经常性租出

    01.004 季节性停用

    01.005 大修理停用

02 未使用

03 不需用

## Sy7.2　固定资产类别

| 代码 | 名　　称 | 使用年限 | 净残值率 | 计量单位 | 预设折旧方法 | 卡片编码规则 | 是否计提折旧 |
|------|---------|---------|---------|---------|------------|------------|------------|
| 001 | 房屋建筑物 | 30 | 5% | 栋 | 平均年限法 | FW- | 不管使用状态如何一定折旧 |
| 002 | 运输设备 | 10 | 3% | 辆 | 工作量法 | YS- | 由使用状态决定是否折旧 |
| 003 | 生产设备 | 10 | 5% | 台 | 平均年限法 | SS- | 由使用状态决定是否折旧 |
| 004 | 办公设备 | 5 | 3% | 台 | 平均年限法 | BS- | 由使用状态决定是否折旧 |

## Sy7.3　部门对应折旧科目

    生产设备、生产厂房对应折旧科目：40501-制造费用-折旧费

    办公设备、办公房屋对应折旧科目：52104-管理费用-折旧费

## Sy7.4　增减方式对应入账科目

    固定资产增加科目：161-固定资产

    固定资产减少科目：166-固定资产清理

                     165-折旧费用

减值准备科目：164-固定资产减值准备

## Sy7.5 固定资产原始卡片

| 代码 | SS001 | SS002 | FW001 | BS001 |
|---|---|---|---|---|
| 名称 | 生产机床 | 自动生产线 | 生产厂房 | 计算机 |
| 固定资产科目 | 161 | 161 | 161 | 161 |
| 累计折旧科目 | 165 | 165 | 165 | 165 |
| 类别 | 生产设备 | 生产设备 | 房屋建筑物 | 办公设备 |
| 使用情况 | 使用中 | 使用中 | 使用中 | 使用中 |
| 使用部门 | 生产部 | 生产部 | 厂部 | 行政部 |
| 入账日期 | 2001-11-8 | 2001-11-22 | 2003-10-25 | 2004-11-3 |
| 增加方式 | 购入 | 购入 | 购入 | 购入 |
| 原值本位币 | 200 000.00 | 400 000.00 | 600 000.00 | 300 000.00 |
| 入账累计折旧 | 0.00 | 0.00 | 0.00 | 0.00 |
| 折旧方法 | 平均年限法 | 平均年限法 | 平均年限法 | 平均年限法 |
| 预计使用期间数 | 16 | 16 | 14 | 15 |
| 账套启用期初原值 | 200 000.00 | 400 000.00 | 600 000.00 | 300 000.00 |
| 期初累计折旧 | 167 500.00 | 125 000.00 | 107 500.00 | 0.00 |
| 预计净残值 | 0.00 | 0.00 | 5 000.00 | 0.00 |
| 累计已记提折旧期间数 | 13 | 5 | 2 | 0 |
| 预计每期折旧 | 12 500.00 | 25 000.00 | 42 500.00 | 20 000.00 |
| 折旧费用摊销科目代码 | 40501 | 40501 | 40501 | 52104 |
| 折旧费用摊销科目名称 | 制造费用-折旧费 | 制造费用-折旧费 | 制造费用-折旧费 | 管理费用-折旧费 |

# 实验 8 日常经营业务

## Sy8.1 资金业务

（1）2 日，到期的短期债券 5 750 元兑现，收到本金 5 750 元，利息 575 元，本息均存入工商银行。

（2）3 日，计提在建工程应交土地使用税 40 000 元。

（3）4 日，计提在建工程应付工资 50 000 元，应付福利费 6 000 元。

（4）5 日，工程完工计算应负担长期借款（去年 12 月份借入 217 500 元）利息 38 500 元。

（5）6 日，从工商银行借入 5 年期借款 100 000 元，借款存入银行，该项借款用于购置固定资产。

（6）7 日，收到股息 10 000 元，已存入工商银行。

（7）7 日，用工行存款归还短期借款本金 62 700 元，利息 3 125 元。

（8）13 日，支付产品广告费 3 500 元。

（9）17 日，从工商银行提取现金 205 000 元准备发放工资。

（10）18 日，支付工资 205 000 元，其中包括支付给工程人员的工资 50 000 元。

（11）21 日，分配应支付的职工工资 95 000 元（不包括工程应负担的工资），其中：生产工人工资 68 750 元，车间管理人员工资 35 000 元，行政管理部门人员工资 4 750 元。

（12）21 日，分配应支付的职工福利费 10 500 元（不包括工程应负担的福利费），其中：生产工人福利费 9 625 元，车间管理人员福利费 350 元，行政管理部门人员福利费 525 元。

（13）23 日，生产部领用冷轧钢，计划成本 17 500 元，低值易耗品 12 500 元，采用一次摊销法摊销。

（14）24 日，计算并结转领用 316 不锈钢应分摊的材料成本差异。原材料价值 8 750 元，物耗 625 元，材料成本差异 9 375 元。

（15）24 日，预提应计入本期损益的借款利息 5 375 元，其中：短期借款利息 2 875 元，长期借款（去年 5 月 11 日借入 187 500 元）利息 2 500 元。

（16）25 日，产品完工入库，计算并结转本期产品成本。

（17）25 日，用工商银行存款支付广告费 2 500 元。

（18）26 日，从工行提取现金 12 500 元，准备支付退休金。

（19）27 日，支付退休金 12 500 元。

（20）28 日，计算并结转已销产品的销售税金，该企业交纳消费税 25 000 元、城市维护建设税 1 750 元、教育附加费 500 元。

（21）29 日，用工行存款交纳消费税 25 000 元、城市维护建设税 1 750 元、教育附加费 500 元。

（22）30 日，用工商银行存款偿还长期借款本息 250 000 元。

（23）31 日，用工行存款交纳所得税 24 759.63 元，应付利润 10 381.78 元。

## Sy8.2　部门、个人往来项目辅助核算业务

（1）2 日，供应部钱三明从华北钢材集团购入在建工程用钢筋 55 吨，价款 39 500 元，已用工行存款支付。

（2）5 日，供应部韩婕从河南安阳钢材有限公司购入冷轧钢 37.5 吨，单价 1 500 元/吨，增值税 6375 元。货款已用工行存款支付，材料未到。

（3）8 日，收到原材料－冷轧钢 45 吨，单价 1 000 元/吨，实际成本 25 000 元，计划成本 23 750 元。材料已验收入库，货款已于上月支付。

（4）11 日，销售部赵六销售给永生轻工集团机床 5 台，收到货款 204 750 元，其中增值税销项税额 29750 元。收到的货款已存入工商银行。该批产品的实际成本为 105 000 元。

（5）13 日，销售部丁建军销售给豫北钢铁厂分切机 12 台，销售价款 75 000 元，增值税销项税额 12 750 元。该批产品的实际成本为 45 000 元，产品已发出，货款尚未收到。

## Sy8.3　外币业务

（1）25 日，以中国银行存款预付定金，其中南京不锈钢有限公司 250.25 美元，浙江不锈钢有限公司 750.5 美元（当月折合汇率为 8.50，年末汇率为 8.50）。

（2）29 日，向国外销售机床 7 台，分切机 14 台，收到货款 28 400 美元，已存入中国银行（当月折合汇率为 8.50，年末汇率为 8.50）。

## Sy8.4　应付业务

（1）7 日，用工商银行汇票支付 32 吨 304 不锈钢采购款，企业收到开户银行转来银行汇票结讫通知书，价款及运费共 27 950 元。原材料已验收入库，该批 304 不锈钢材料计划成本

26 000 元。

（2）23 日，用工商银行存款支付到期的商业承兑汇票 33 000 元。

（3）26 日，供应部钱三明向湖南不锈钢集团采购 304 不锈钢 40 吨，316 不锈钢 19 吨，304 不锈钢单价 1 050 元/吨，316 不锈钢 1 370 元/吨。使用银行汇票结算，价款 61 800 元，增值税销项税额 10 506 元。

（4）28 日，向深圳科技有限公司购入计算机 10 台，价款 30 300 元，现金支票支付。

## Sy8.5 应收业务

（1）3 日，企业将到期的银行承兑汇票一张（面值为 60 000 元）连同进账单交工商银行办理。款项工商银行已收妥，收到银行盖章退回的进账单一联。

（2）16 日，销售部李晓佳采用商业承兑汇票结算方式销售产品机床 5 台，分切机 7 台，收到承兑的商业汇票一张，价款 72 500 元，增值税销项税额 11 625 元。该批产品的实际成本为 37 500 元。

（3）17 日，企业持上述承兑汇票到银行办理贴现，贴现息为 6 000 元。

（4）24 日，按应收账款的 0.003 补提坏账准备。

## Sy8.6 工资业务

1. 工资数据录入

（1）在职职工

| 职工姓名 | 基本工资 | 补 贴 | 加班天数 | 病假天数 | 事假天数 | 房租水电 | 医疗保险 | 养老保险 |
|---|---|---|---|---|---|---|---|---|
| 段玲华 | 1 800 | 200 | 2 |  | 1 | 320 | 24 | 60 |
| 王肖苗 | 1 600 | 800 |  |  |  | 450 | 20 | 50 |
| 李伟 | 1 600 | 400 | 2 |  |  | 250 | 16 | 40 |
| 孙世宁 | 1 200 | 200 |  | 2 |  | 280 | 24 | 60 |
| 杨平 | 1 100 | 200 |  |  |  | 200 | 22 | 55 |
| 郑静 | 1 000 | 500 | 3 |  |  | 340 | 20 | 50 |
| 王英英 | 1 500 | 1000 | 4 |  | 2 | 540 | 30 | 75 |
| 陈艳艳 | 800 | 400 | 2.5 |  |  | 210 | 16 | 40 |
| 李防 | 1 600 | 900 |  |  |  | 360 | 20 | 50 |
| 王灿 | 1 200 | 600 |  |  | 1 | 260 | 20 | 45 |
| 李小梅 | 1 200 | 600 | 2 |  |  | 240 | 20 | 45 |
| 陈思思 | 1 600 | 900 |  |  |  | 400 | 30 | 25 |
| 王帅 | 800 | 400 |  |  |  | 200 | 22 | 55 |
| 王冰冰 | 800 | 400 |  | 1 |  | 340 | 20 | 50 |
| 刘茵茵 | 1 600 | 900 |  |  |  | 540 | 30 | 75 |
| 陈卫柯 | 800 | 400 | 4 |  |  | 210 | 16 | 40 |
| 陈慧军 | 800 | 400 |  |  | 3 | 360 | 20 | 50 |
| 邢娜 | 1 600 | 900 |  |  |  | 260 | 20 | 45 |
| 白雪 | 800 | 400 |  |  |  | 240 | 20 | 45 |

（续）

| 职工姓名 | 基本工资 | 补　　贴 | 加班天数 | 病假天数 | 事假天数 | 房租水电 | 医疗保险 | 养老保险 |
|---|---|---|---|---|---|---|---|---|
| 马艳丽 | 1 600 | 900 | 3 | | 1 | 400 | 30 | 25 |
| 张丹 | 800 | 400 | 4 | | | 210 | 16 | 40 |
| 王光光 | 800 | 400 | 4 | | | 360 | 20 | 50 |
| 邓琼 | 1 000 | 400 | 4 | | 4 | 260 | 20 | 45 |
| 张克歌 | 800 | 400 | 2 | 1 | | 240 | 20 | 45 |
| 张鑫 | 800 | 400 | 1 | | | 400 | 30 | 25 |
| 李艳松 | 900 | 600 | | 3 | | 240 | 20 | 45 |
| 崔志强 | 800 | 400 | 2 | | | 400 | 30 | 25 |

（2）合同工

| 职工姓名 | 基本工资 | 加班天数 | 病假天数 | 事假天数 | 医疗保险 | 养老保险 |
|---|---|---|---|---|---|---|
| 王艳华 | 800 | | | | 20 | 45 |
| 李红帅 | 800 | | | | 20 | 45 |
| 李行 | 900 | 1 | 2 | | 30 | 25 |
| 陈恩波 | 1 000 | | | 3 | 16 | 40 |
| 陈芳 | 800 | | | | 20 | 50 |
| 黄彬友 | 800 | | | | 20 | 45 |
| 张良 | 900 | 2 | 3 | | 20 | 45 |
| 田俊阳 | 800 | | 3 | | 30 | 25 |
| 陈志恒 | 1 000 | | 2 | | 20 | 45 |
| 崔志强 | 800 | 4 | | 4 | 30 | 25 |
| 张晓新 | 900 | | 2 | | 20 | 45 |
| 王烁 | 800 | 4 | | | 30 | 25 |
| 王一 | 900 | | | | 30 | 25 |

（3）临时工

| 职工姓名 | 基本工资 | 加班天数 | 病假天数 | 事假天数 |
|---|---|---|---|---|
| 张丽 | 800 | 2 | | 2 |
| 柳永良 | 800 | | | |
| 徐斌 | 800 | 2 | 1 | |
| 李秋菊 | 800 | 3 | | 1 |
| 潘峰 | 800 | 4 | | |
| 秦连清 | 800 | | 1 | |
| 崔华 | 800 | 2 | | |
| 杨艳 | 800 | 4 | 2 | 1 |
| 张慧 | 800 | | | |

2. 工资费用分配

| 分配名称 | 职工工资分配 | | | |
|---|---|---|---|---|
| 凭证字 | 转 | | | |
| 摘要内容 | 分配在职职工工资费用 | | 分配比例 | 100% |
| 部门 | 职员类别 | 工资项目 | 费用科目 | 工资科目 |
| 总经办 | 管理人员 | 应发合计 | 管理费用-工资及福利费 | 应付工资 |
| 人力资源部 | 管理人员 | 应发合计 | 管理费用-工资及福利费 | 应付工资 |
| 销售部 | 销售人员 | 应发合计 | 营业费用-工资及福利费 | 应付工资 |
| 生产部 | 生产人员 | 应发合计 | 生产成本-工资及福利费 | 应付工资 |
| 生产部 | 生产管理人员 | 应发合计 | 制造费用-工资及福利费 | 应付工资 |
| 技术部 | 管理人员 | 应发合计 | 管理费用-工资及福利费 | 应付工资 |
| 设备部 | 管理人员 | 应发合计 | 管理费用-工资及福利费 | 应付工资 |
| 供应部 | 管理人员 | 应发合计 | 管理费用-工资及福利费 | 应付工资 |
| 财务部 | 管理人员 | 应发合计 | 管理费用-工资及福利费 | 应付工资 |
| 研发部 | 管理人员 | 应发合计 | 管理费用-工资及福利费 | 应付工资 |
| 医务室 | 福利人员 | 应发合计 | 管理费用-工资及福利费 | 应付工资 |

3. 福利费用分配

| 分配名称 | 职工福利费分配 | | | |
|---|---|---|---|---|
| 凭证字 | 转 | | | |
| 摘要内容 | 分配在职职工福利费用 | | 分配比例 | 100% |
| 部门 | 职员类别 | 工资项目 | 费用科目 | 工资科目 |
| 总经办 | 管理人员 | 应发合计 | 管理费用-工资及福利费 | 应付福利费 |
| 人力资源部 | 管理人员 | 应发合计 | 管理费用-工资及福利费 | 应付福利费 |
| 销售部 | 销售人员 | 应发合计 | 营业费用-工资及福利费 | 应付福利费 |
| 生产部 | 生产人员 | 应发合计 | 生产成本-工资及福利费 | 应付福利费 |
| 生产部 | 生产管理人员 | 应发合计 | 制造费用-工资及福利费 | 应付福利费 |
| 技术部 | 管理人员 | 应发合计 | 管理费用-工资及福利费 | 应付福利费 |
| 设备部 | 管理人员 | 应发合计 | 管理费用-工资及福利费 | 应付福利费 |
| 供应部 | 管理人员 | 应发合计 | 管理费用-工资及福利费 | 应付福利费 |
| 财务部 | 管理人员 | 应发合计 | 管理费用-工资及福利费 | 应付福利费 |
| 研发部 | 管理人员 | 应发合计 | 管理费用-工资及福利费 | 应付福利费 |
| 医务室 | 福利人员 | 应发合计 | 管理费用-工资及福利费 | 应付福利费 |

要求：录入工资数据，计算个人所得税，分配工资费用。

## Sy8.7　固定资产业务

（1）3 日，某项工程完工，办理竣工结算手续，交付使用，固定资产价值 260 000 元。

（2）15 日，企业出售不需用设备 2 台，收到价款 150 000 元，该设备原价 100 000 元，已提折旧 37 500 元。

（3）18 日，生产车间 1 台机床报废，原价 60 000 元，已提折旧 55 000 元，清理费用 125 元，残值收入 200 元，已通过工商银行存款收支。该项固定资产已清理完毕。

（4）22 日，购入一辆轿车，价款 250 000 元，以工商银行存款支付。

（5）24 日，摊销无形资产 18 000 元，摊销印花税 2 800 元，基本生产车间固定资产修理费（已列入待摊费用）22 500 元。

（6）25 日，计提固定资产折旧 28 000 元，其中应计入制造费用 20 000 元，应计入管理费用 5 000 元。

（7）25 日，购入不需要安装的设备 2 台，价款 50 000 元，支付包装费用及运费 500 元，价款及包装费、运费均以工行存款支付。

## Sy8.8　期末转账

（1）31 日，将各收支科目结转本年利润（系统自动结转）。

（2）31 日，按税后利润的 10%提取法定盈余公积金 4 152.71 元，按税后利润的 5%提取公益金 2076.36 元。

（3）31 日，将利润分配各明细科目的余额转入未分配利润明细科目，结转本年利润。

（4）31 日，将各系统模块进行期末结账。

# 实验 9　报表编制与日常管理

## Sy9.1　利用系统模板编制利润表

### 利　润　表

编制单位：　　　　　　　　　　　　年　月　　　　　　　　　　　　单位：元

| 项　目 | 行次 | 本月数 | 本年累计数 |
|---|---|---|---|
| 一、主营业务收入 | 1 | | |
| 　减：主营业务成本 | 2 | | |
| 　　　主营业务税金及附加 | 5 | | |
| 二、主营业务利润（亏损以"－"号填列） | 10 | | |
| 　加：其他业务利润（亏损以"－"号填列） | 11 | | |
| 　减：营业费用 | 13 | | |
| 　　　管理费用 | 14 | | |
| 　　　财务费用 | 15 | | |
| 三、营业利润（亏损以"－"号填列） | 18 | | |
| 　加：投资收益（损失以"－"号填列） | 19 | | |
| 　　　补贴收入 | 22 | | |
| 　　　营业外收入 | 23 | | |
| 　减：营业外支出 | 25 | | |
| 四、利润总额（亏损总额以"－"号填列） | 27 | | |
| 　减：所得税 | 28 | | |
| 五、净利润（净亏损以"－"号填列） | 30 | | |

（续）

补充资料：

| 项　目 | 本年累计数 | 上年实际数 |
|---|---|---|
| 1. 出售、处理部门或被投资单位所得收益 | | |
| 2. 自然灾害发生的损失 | | |
| 3. 会计政策变更增加（或减少）净利润 | | |
| 4. 会计估计变更增加（或减少）净利润 | | |
| 5. 债务重组损失 | | |
| 6. 其他 | | |

## Sy9.2　利用系统模板编制资产负债表

### 资　产　负　债　表

编制单位：　　　　　　　　　　　年　月　日　　　　　　　　　　　单位：元

| 资　产 | 行次 | 年初数 | 期末数 | 负债和股东权益 | 行次 | 年初数 | 期末数 |
|---|---|---|---|---|---|---|---|
| 流动资产： | | | | 流动负债 | | | |
| 货币资金 | 1 | | | 短期借款 | 68 | | |
| 短期投资 | 2 | | | 应付票据 | 69 | | |
| 应收票据 | 3 | | | 应付账款 | 70 | | |
| 应收股利 | 4 | | | 预收账款 | 71 | | |
| 应收利息 | 5 | | | 应付工资 | 72 | | |
| 应收账款 | 6 | | | 应付福利费 | 73 | | |
| 其他应收款 | 7 | | | 应付股利 | 74 | | |
| 预付账款 | 8 | | | 应交税金 | 75 | | |
| 应收补贴款 | 9 | | | 其他应交款 | 80 | | |
| 存货 | 10 | | | 其他应付款 | 81 | | |
| 待摊费用 | 11 | | | 预提费用 | 82 | | |
| 一年内到期的长期债权投资 | 21 | | | 预计负债 | 83 | | |
| 其他流动资产 | 24 | | | 一年内到期的长期负债 | 86 | | |
| 流动资产合计 | 31 | | | 其他流动负债 | 90 | | |
| 长期投资： | | | | | | | |
| 长期股权投资 | 32 | | | 流动负债合计 | 100 | | |
| 长期债权投资 | 34 | | | 长期负债 | | | |
| 长期投资合计 | 38 | | | 长期借款 | 101 | | |
| 固定资产： | | | | 应付债券 | 102 | | |
| 固定资产原价 | 39 | | | 长期应付款 | 103 | | |
| 减：累计折旧 | 40 | | | 专项应付款 | 106 | | |
| 固定资产净值 | 41 | | | 其他长期负债 | 108 | | |
| 减：固定资产减值准备 | 42 | | | 长期负债合计 | 110 | | |
| 固定资产净额 | 43 | | | 递延税项 | | | |

（续）

| 资　产 | 行次 | 年初数 | 期末数 | 负债和股东权益 | 行次 | 年初数 | 期末数 |
|---|---|---|---|---|---|---|---|
| 工程物资 | 44 | | | 递延税款贷项 | 111 | | |
| 在建工程 | 45 | | | 负债合计 | 114 | | |
| 固定资产清理 | 46 | | | | | | |
| 固定资产合计 | 50 | | | 所有者权益（或股东权益） | | | |
| 无形资产及其他资产： | | | | 实收资本（或股本） | 115 | | |
| 无形资产 | 51 | | | 减：已归还投资 | 116 | | |
| 长期待摊费用 | 52 | | | 实收资本（或股本）净额 | 117 | | |
| 其他长期资产 | 53 | | | 资本公积 | 118 | | |
| 无形资产及其他资产合计 | 60 | | | 盈余公积 | 119 | | |
| | | | | 其中：法定公益金 | 120 | | |
| | | | | 未分配利润 | 121 | | |
| 递延税项： | | | | 所有者权益（股东权益）合计 | 122 | | |
| 递延税款借项 | 61 | | | | | | |
| 资产总计 | 67 | | | 负债和所有者权益（或股东权益）总计 | 135 | | |

　　金蝶系统模板中的资产负债表中已经将各单元格的公式设置好，用户使用时，只需设置取数账套或手工录入所需数据即可生成自己需要的资产负债表。

本书是指导初学者学习PowerPoint 2010的入门书籍。书中详细地介绍了初学者学习PowerPoint 2010必须掌握的基础知识、使用方法和操作技巧，并对初学者在使用PowerPoint 2010时经常遇到的问题进行了专家级的指导，以免初学者在起步的过程中走弯路。

作者：华诚科技　编著
ISBN：978-7-111-30236-0
定价：49.80

本书是指导初学者学习Office 2010的入门书籍。书中详细地介绍了初学者学习Office 2010必须掌握的基础知识、使用方法和操作技巧，并对初学者在使用Office 2010时经常遇到的问题进行了专家级的指导，以免初学者在起步的过程中走弯路。

作者：华诚科技　编著
ISBN：978-7-111-30049-6
定价：49.80

本书从Excel 2010工作簿的基础知识开始对Excel 2010的各项功能进行了全面的介绍。全书共分18章，分别对Excel 2010的基础知识、数据表现、函数应用、数据分析、安全管理以及输出共享的操作进行了讲解。

作者：华诚科技　编著
ISBN：978-7-111-30097-7
定价：49.80

![HZ BOOKS logo] 专业成就人生 立体服务大众
www.hzbook.com

**填写读者调查表　加入华章书友会**
**获赠精彩技术书　参与活动和抽奖**

**尊敬的读者：**

　　感谢您选择华章图书。为了聆听您的意见，以便我们能够为您提供更优秀的图书产品，敬请您抽出宝贵的时间填写本表，并按底部的地址邮寄给我们（您也可通过www.hzbook.com填写本表）。您将加入我们的"华章书友会"，及时获得新书资讯，免费参加书友会活动。我们将定期选出若干名热心读者，免费赠送我们出版的图书。请一定填写书名书号并留全您的联系信息，以便我们联络您，谢谢！

书名：　　　　　　　　　　　　书号：7-111-(　　　　　　　　)

| 姓名： | 性别：□男　　□女 | | 年龄： | 职业： |
|---|---|---|---|---|
| 通信地址： | | E-mail： | | |
| 电话： | 手机： | 邮编： | | |

**1. 您是如何获知本书的：**
□ 朋友推荐　　　□ 书店　　　□ 图书目录　　　□ 杂志、报纸、网络等　　　□ 其他

**2. 您从哪里购买本书：**
□ 新华书店　　　□ 计算机专业书店　　　□ 网上书店　　　□ 其他

**3. 您对本书的评价是：**

技术内容　　□ 很好　　　□ 一般　　　□ 较差　　　□ 理由＿＿＿＿＿＿

文字质量　　□ 很好　　　□ 一般　　　□ 较差　　　□ 理由＿＿＿＿＿＿

版式封面　　□ 很好　　　□ 一般　　　□ 较差　　　□ 理由＿＿＿＿＿＿

印装质量　　□ 很好　　　□ 一般　　　□ 较差　　　□ 理由＿＿＿＿＿＿

图书定价　　□ 太高　　　□ 合适　　　□ 较低　　　□ 理由＿＿＿＿＿＿

**4. 您希望我们的图书在哪些方面进行改进？**

＿＿＿＿＿＿＿＿＿＿＿＿＿＿＿＿＿＿＿＿＿＿＿＿＿＿＿＿＿＿＿＿＿＿＿＿＿＿＿＿

**5. 您最希望我们出版哪方面的图书？如果有英文版请写出书名。**

＿＿＿＿＿＿＿＿＿＿＿＿＿＿＿＿＿＿＿＿＿＿＿＿＿＿＿＿＿＿＿＿＿＿＿＿＿＿＿＿

**6. 您有没有写作或翻译技术图书的想法？**
□ 是，我的计划是＿＿＿＿＿＿＿＿＿＿＿＿＿＿＿＿＿＿＿＿＿＿＿＿　□ 否

**7. 您希望获取图书信息的形式：**
□ 邮件　　　□ 信函　　　□ 短信　　　□ 其他＿＿＿＿＿＿

请寄：北京市西城区百万庄南街1号　机械工业出版社　华章公司　计算机图书策划部收

邮编：100037　电话：(010) 88379512　传真：(010) 68311602　E-mail: hzjsj@hzbook.com